Die Kommunikationsstrategie entwickeln

Jörg Pfannenberg/Anne Tessmer/Manuel Wecker

Die Kommunikationsstrategie entwickeln

111 Tools ready-to-use

Schäffer-Poeschel Verlag Stuttgart

Bibliografische Information der Deutschen Nationalbibliothek

Die Deutsche Nationalbibliothek verzeichnet diese Publikation in der Deutschen Nationalbibliografie; detaillierte bibliografische Daten sind im Internet über http://dnb.dnb.de abrufbar.

Print: ISBN 978-3-7910-4554-2 Bestell-Nr. 10347-0001
ePDF: ISBN 978-3-7910-4556-6 Bestell-Nr. 10347-0150

Jörg Pfannenberg/Anne Tessmer/Manuel Wecker
Die Kommunikationsstrategie entwickeln
1. Auflage, Juli 2019

www.schaeffer-poeschel.de
service@schaeffer-poeschel.de

Bildnachweis (Cover): Katharina Stangler/JP KOM, Visual Generation
Illustrationen im Innenteil: Stephanie Mazagg

Produktmanagement: Dr. Frank Baumgärtner
Lektorat: Elke Schindler, Spabrücken
Satz: La Ultima, Marianne Wagner

Schäffer-Poeschel Verlag
Ein Unternehmen der Haufe Group

INHALT

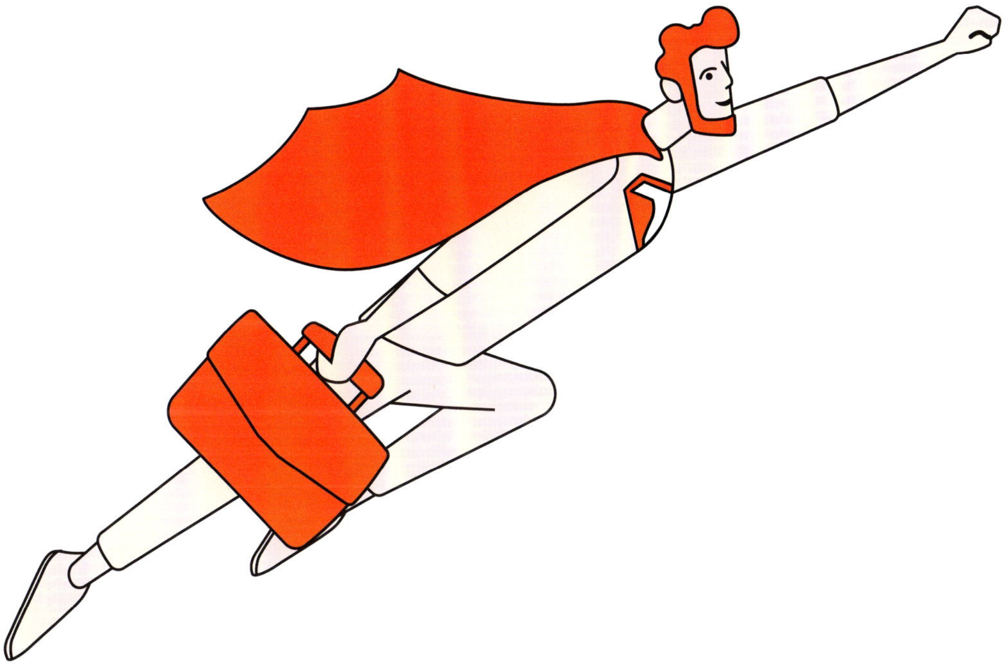

1 DIE KOMMUNIKATIONSSTRATEGIE ENTWICKELN: INHALTE, PROZESS UND GÜTEKRITERIEN

Die Strategieentwicklung gehört zu den wertvollsten und komplexesten Leistungen, die Kommunikationsverantwortliche in Unternehmen, Organisationen und Agenturen erbringen. Dabei sind die Ansprüche an die Strategie und das Management der Kommunikation in den letzten Jahren gestiegen. Die Gründe liegen in der immer komplexeren Umwelt mit immer unübersichtlicheren Stakeholder-Konstellationen, in der Vielfalt der Issues, in der zersplitterten Medienlandschaft und dem neuen Mediennutzungsverhalten. Außerdem hat das Portfolio an verfügbaren Maßnahmen durch die sozialen Medien und weitere digitale Anwendungen, wie zum Beispiel Augmented, Mixed und Virtual Reality oder das Internet of Things, ständig Erweiterungen erfahren. Nicht zuletzt hat der strategische Beitrag von Kommunikation für den Unternehmens-/Organisationserfolg in der Management-Theorie wie auch in der Unternehmensführung inzwischen Anerkennung gefunden.

Damit steigen allerdings auch die Ansprüche an die Kommunikation. Wer in Unternehmen und anderen Organisationen etwas bewirken und dafür auch ein Budget erhalten will, muss einen Entscheidungsvorschlag machen. Dies sollte explizit und schriftlich geschehen. Wenn es um die Strategie der Kommunikation geht, tragen diese Entscheidungsvorschläge traditionell das Label »Kommunikationskonzept«.

Der Gegenstand (Scope) dieser Konzepte kann die Unternehmenskommunikation, die interne Kommunikation, die Finanzkommunikation oder auch die Marketing-Kommunikation sein, und natürlich auch integrierte Kommunikation (Kampagnen), die mehrere dieser Kommunikationsfelder in einer zeitlichen und medialen Dramaturgie verbindet. Darüber hinaus gibt es Strategien für Themenbereiche (z. B. Veränderungskommunikation, Innovationskommunikation), Maßnahmengruppen (z. B. Werbekonzept, Digitalstrategie) und Konzepte für Projekte. Weiterhin unterscheiden sich Kommunikationsstrategien nach dem Zeitraum, für den sie planen (zum Beispiel Jahreskonzept).

Kommunikationsstrategien folgen dem Prozess des Projektmanagements

Wie alle Strategien sind auch Kommunikationskonzepte grundsätzlich nach dem vierstufigen Prozess des Projektmanagements strukturiert: Analyse, Strategie, Maßnahmen und Controlling. Das vierstufige Modell des Kommunikationsprozesses von Cutlip/Center/Broom (2006) gibt einen Überblick über die Aufgaben und Leitfragen in den Phasen zur Entwicklung von Kommunikationsstrategien.

Vierstufige Entwicklung des Kommunikationsprozesses

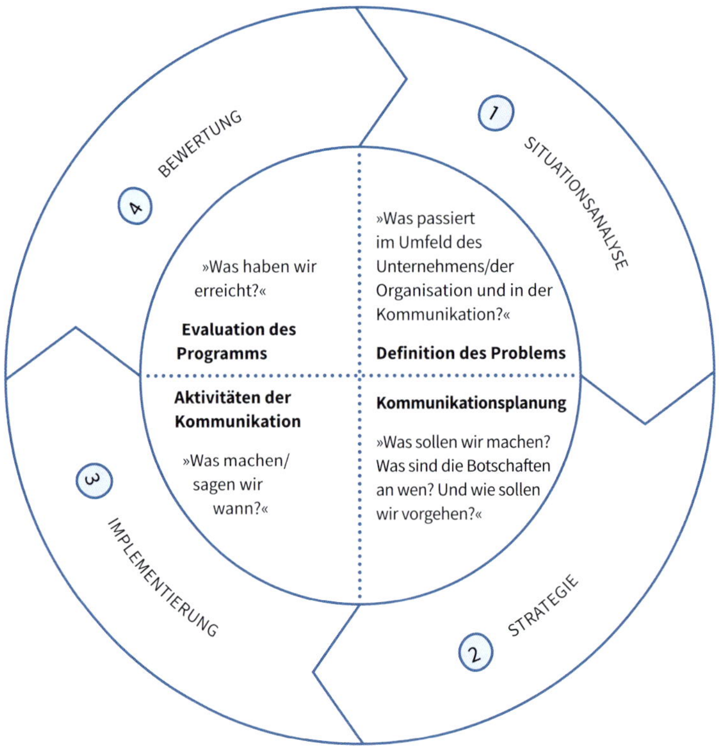

(nach Cutlip/Center/Broom 2006)

In Deutschland gebührt das Verdienst, den Prozess des Projektmanagements auf die Strategieentwicklung der Kommunikation übertragen zu haben, dem Trainer Klaus Dörrbecker. Durch seine Seminare und Trainings sind in den 1970er- und 1980er-Jahren Hunderte von Kommunikationsmanagern gegangen, die später Führungspositionen in Unternehmen, Agenturen und anderen Organisationen bekleidet haben. Dementsprechend sind die Grundzüge dieses Modells bis heute prägend sowohl in Forschung und Lehre als auch in der Praxis – und auch wesentliche Anbieter von Seminaren in Deutschland setzen bis heute darauf auf.

Die Dörrbecker'sche Rakete

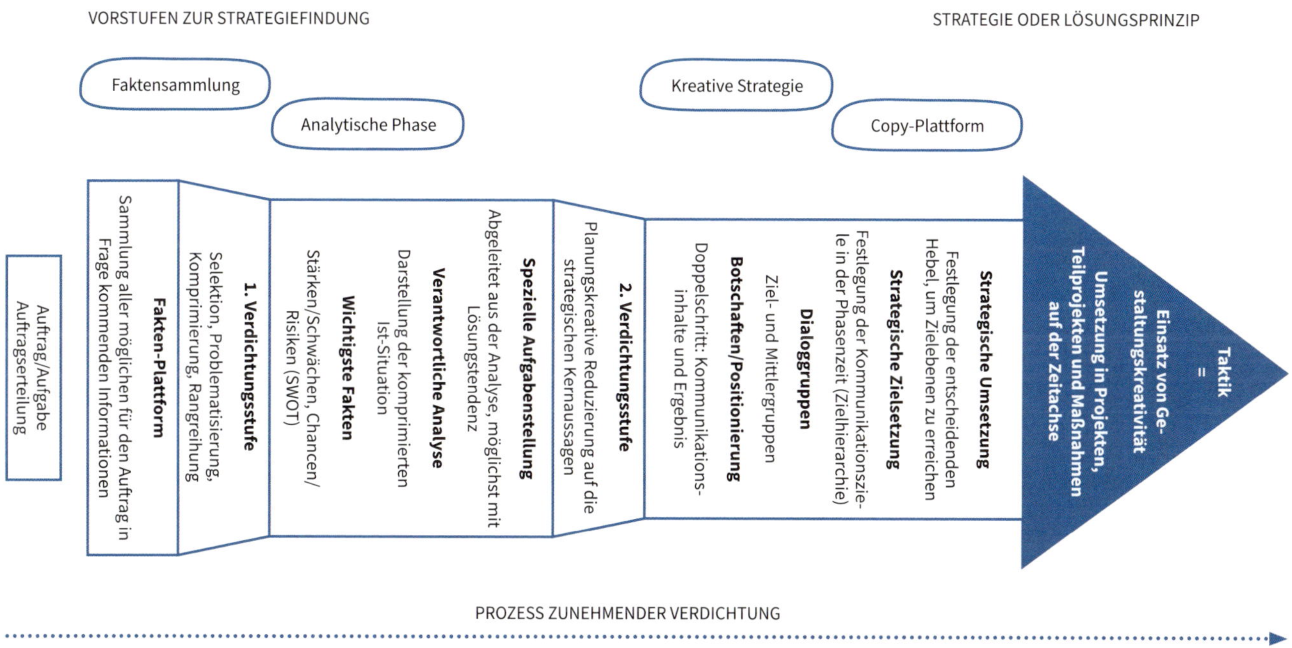

(nach Szyszka 2008)

Regelkreis Strategische Kommunikation

(nach Leipziger 2009)

Weitere Schemata von deutschen Wissenschaftlern und Praktikern folgen im Wesentlichen dem vierstufigen Prozessmodell, so die Vorschläge von Leipziger (2009) und Merten (2013). Diese Modelle zeigen durch ihre Struktur als Regelkreise auf, dass die Ergebnisse des Controllings in die Analysephase einfließen und damit der Strategieprozess in der nächsten Periode von neuem beginnt. Bei Leipziger ist die *Evaluation* in die Implementierungsphase – die operative Umsetzung mit Maßnahmen – integriert, daher reduziert sich das Modell auf drei Phasen. Bei Merten wird dagegen die Implementierung ausdifferenziert in Taktik mit *Instrumenten, Maßnahmenplan und Zeit-/Kostenplan* sowie *Umsetzung,* und es entstehen fünf Phasen mit zwölf Schritten. Offensichtlich werden hier Strategieentwicklung (Planung) und deren Umsetzung (Implementierung) gleichgesetzt.

Münsteraner Schule: PR-Konzeption in 12 Schritten

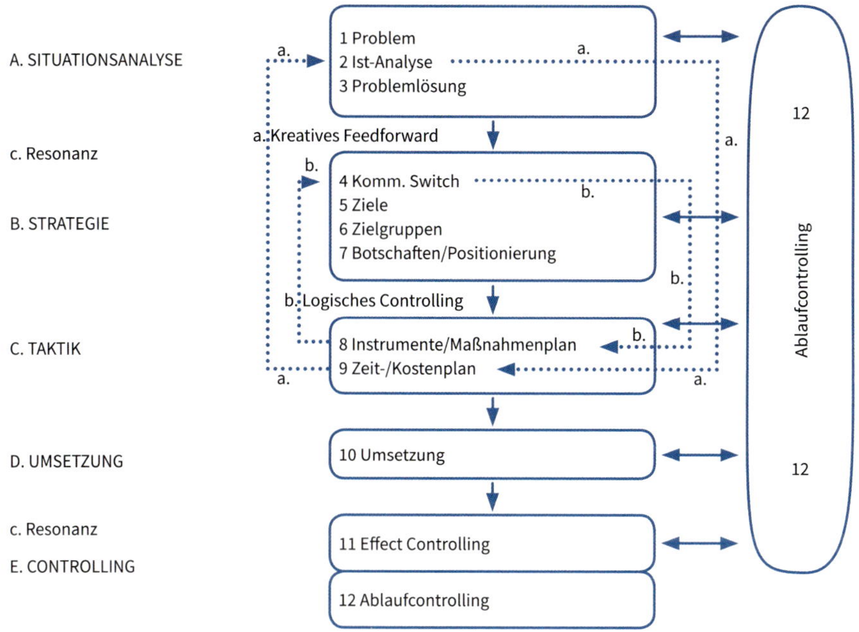

(Merten 2013)

Das Modell von Pelz (2004) zielt auf die Entwicklung von Online-Kampagnen. Es folgt ebenfalls dem Vierschritt *Analyse – Strategie – Maßnahmen – Controlling*, hier ergänzt um den ersten Teil *Aufgabe*. Dem Scope Online-Kampagne entsprechend, weisen die Prozessschritte für die Strategieentwicklung im Zeitalter integrierter und digitaler Kommunikation Inhalte auf, wie *Kunden-/Stakeholderanalyse (Benchmarking), Kreative Leitidee, Content: Botschaften/Storyline, Kanalstrategie, Mediennutzung in der Customer Journey, Meshing, Design, User Experience, Governance* und *Wirksamkeit des Mediamixes*. Das Modell setzt in den Prozessschritten bekannte Tools aus Management und Marketing ein. Es stellt unter *Aufgabe und Zielsetzungen* offensichtlich die Verbindung zwischen operativen und kommunikativen Zielsetzungen her. Allerdings sind die Zielsetzungen abweichend von der typischen Abfolge im Projektmanagement zusammen mit der Aufgabenstellung behandelt – und damit vor der Analyse der Situation. Doch können Zielsetzungen nur auf der Basis des IST-Zustandes sauber definiert werden.

Kommunikationsplanung – Erstellung einer Online-Kampagne

1 AUFGABE UND ZIELSETZUNGEN	2 ANALYSE	3 STRATEGIE	4 MASSNAHMEN	5 STEUERUNG UND CONTROLLING
• Scope/Task • Strategische und operative Ziele • Markt- und kundenbezogene Ziele • Kommunikationsziele • Finanzielle Ziele	• (A) IST-Analyse • (B) Kunden-/Stakeholderanalyse, Benchmarking • (C) Markt-, Umfeld-/Wettbewerbsanalyse	• Kreative Leitidee • Content: Botschaften/Storyline • Kanalstrategie • Mediennutzung in der Customer Journey	• Medien • Meshing • Design • User Experience • Governance	• Wirksamkeit der Strategie • Wirksamkeit des Mediamixes • Erreichung der KPIs

(Pelz 2004)

Das Interaktive Analyse- und Entscheidungsmodell von Szyszka (2008) entwickelt das zirkuläre (rekursive) Modell von Leipziger weiter. Szyszka fokussiert auf die Vorgehensweise – den Prozess. Dabei ist unklar, ob das Modell beschreibend oder normativ zu verstehen ist. Die Periodizität (der Planungszeitraum) ist nicht spezifiziert: Je nach Entscheidungsebene kann das von Szyszka beschriebene bzw. aufgestellte rekursive Verhalten im Tagesgeschäft oder auch in der Jahresplanung oder für eine andere Periode greifen. Als Anleitung für die Strategieentwicklung bzw. die Erstellung einer dementsprechenden Entscheidungsvorlage (Kommunikationskonzept) ist das Modell von Szyszka kaum verwendbar.

Die hier vorliegende Toolbox für die Strategieentwicklung der Kommunikation fokussiert auf Tools des Kommunikationsmanagements, die für die Strategieentwicklung von Kommunikation eingesetzt werden können. Methoden des General Managements, die Kommunikation mit anderen Funktionen wie Controlling, Einkauf, Strategie und HR gemeinsam hat, werden nicht behandelt (vgl. dagegen Anonym 2017). Als Ziel der Strategieentwicklung wird die Erstellung einer Entscheidungsvorlage (Kommunikationskonzept) angesehen. Dementsprechend ist die Gliederung dieser Toolbox, die dem vierstufigen Prozess des Projektmanagements plus vorgeschalteter Aufgabenstellung folgt, auch als Vorschlag für die Gliederung des schriftlichen Entscheidungsvorschlags zu verstehen.

Interaktives Analyse- und Entscheidungsmodell (AE-Modell)

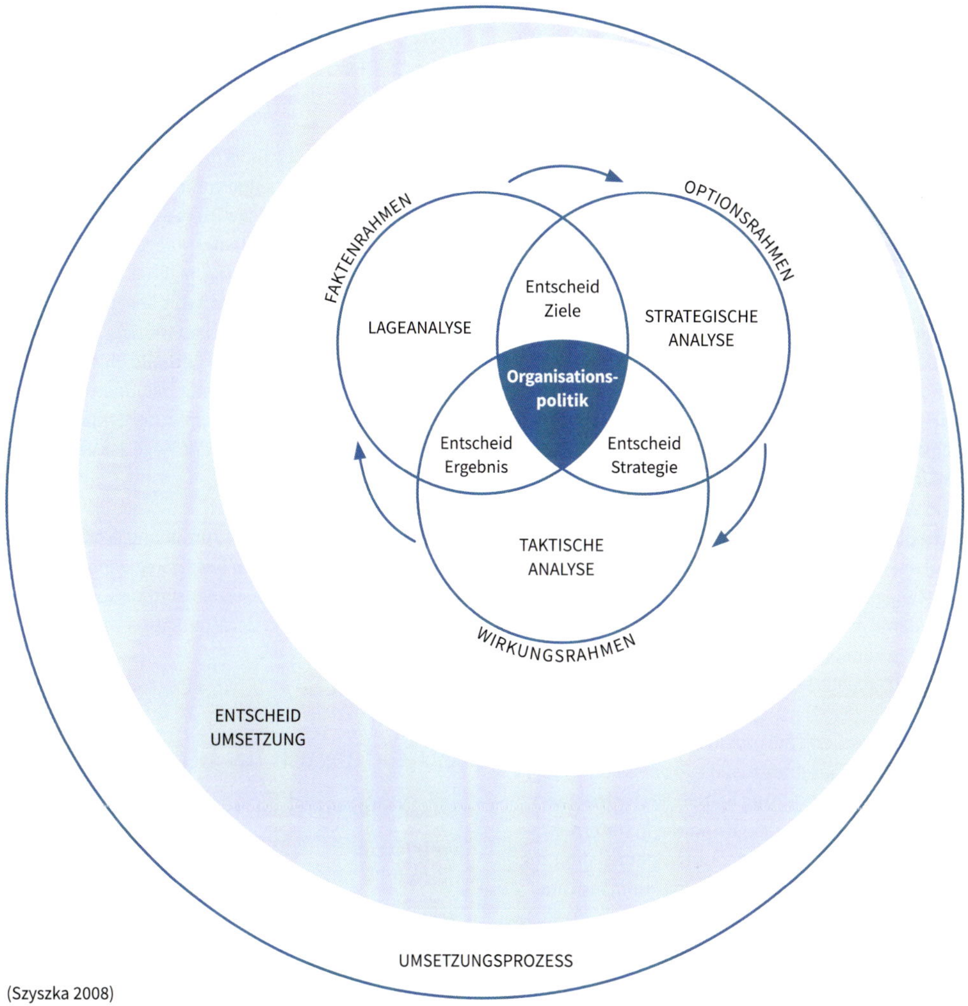

(Szyszka 2008)

Strategieprozess: Abfolge von Management-Tools

Bei Dörrbecker, Leipziger und auch bei vielen Journalisten und Praktikern, die nach wie vor die Kommunikations- und Marketingabteilungen von Unternehmen und Organisationen und nicht zuletzt Agenturen bevölkern, stellt sich die Strategieentwicklung unverändert als Handwerkskunst dar, die durch die Erfahrung des Beraters/des Teams beglaubigt werden soll.

Doch werden heute an Kommunikationsstrategien in Unternehmenskommunikation und Marketing Anforderungen wie im General Management bzw. wie an die Strategien anderer Bereiche und Zentralfunktionen gestellt (vgl. Statements von Ansgar Zerfaß in Selbach 2018, S. 45). Beratungsunternehmen und Wissenschaftler insbesondere an den Business Schools entwickeln seit den 1980er-Jahren Modelle und entsprechende Werkzeuge (Tools), um Aufgaben im Management von Unternehmen standardisiert und damit effizient, wirkungsvoll und transparent lösen zu können (vgl. Statement von Christoph Lautenbach in Selbach 2018, S. 45).

Dementsprechend müssen in die Entwicklung von Kommunikationsstrategien die Prozesse und Tools des Managements Einzug halten. Strategieentwicklungen müssen heutzutage – so wie in Unternehmensberatungen und in der Unternehmensführung schon seit langem – als Management-Prozess mit transparenten Tools erfolgen (vgl. Selbach 2018, S. 45 f.). Nur wenn der Strategieentwicklungsprozess als Sequenz von aufeinanderfolgenden Arbeitsinstrumenten konfiguriert ist, entstehen nachvollziehbare und überzeugende Entscheidungsvorlagen, in denen die Strategie der Kommunikation an die Strategie des Unternehmens/der Organisation angedockt wird (vgl. dagegen zur Praxis des Kommunikationsmanagements die Befragung von Universität Leipzig/Lautenbach Sass 2018, dargestellt in Selbach 2018, S. 46 f.).

Dieses Buch stellt 111 Tools für die Entwicklung von Kommunikationsstrategien vor und beschreibt ihre Anwendung. Dabei sind die Tools den typischen Phasen des Strategie-Entwicklungsprozesses – Aufgabe, Analyse, Strategische Planung, Maßnahmen und Controlling – zugeordnet. Die Tools liegen fertig zur Benutzung vor, die theoretischen Hintergründe und Modelle werden erläutert, musterhafte Eintragungen in die Tools erleichtern die Arbeit mit ihnen. Zur Generierung von Ideen im Rahmen der Strategieentwicklung werden 16 Kreativwerkzeuge zur Verfügung gestellt.

Die Tools sind in der Praxis erprobt und ermöglichen einen einfachen Einstieg in die Strategieentwicklung der Kommunikation. Einsetzbar sind sie sowohl in Einzelarbeit als auch in der Moderation von Workshops mit Teams.

Gütekriterien für Strategieprozess und Entscheidungsvorlage

Während es zahlreiche Prozessmodelle für die Strategieentwicklung und – implizit – Strukturvorschläge für die Entscheidungsvorlage gibt, finden sich in der Literatur keine expliziten Kriterien für die Bewertung von Prozessschritten und/oder Ergebnissen. Damit bleibt unklar, wodurch sich eine gute Kommunikationsstrategie von einer schlechten unterscheidet.

Erste Anhaltspunkte können die Kriterienlisten für Awards geben. So werden die PR Report Awards seit 15 Jahren nach drei gleichgewichteten Kriterien vergeben (PR Report 2017):

- Kreativität/Innovation: Inwiefern wurden bei den Maßnahmen neue/innovative Wege beschritten?
- Zielerreichungsgrad: Inwiefern wurden die definierten Ziele erreicht?
- Ressourceneffizienz: Verhältnis der eingesetzten Ressourcen (Budget, Manpower) zum Outcome

Für die Strategie-Preise der InKometa-Awards, eines 2018 erstmals vergebenen Preises für interne Kommunikation, haben wir für die Jury die aktuelle Literatur zum Thema Konzeptionslehre und Kommunikationsstrategie (Merten 2013, Nothaft/Bentele 2013, Röttger 2009, Storck 2015, Zerfaß 2010) sowie Theorien zur Strategie und zum ressourcenbasierten Strategieansatz (Mintzberg/Ahlstrang/Lampel 2002) ausgewertet. Außerdem wurden Kriterien der allgemeinen Logik angewendet. Dies hat zu einem Katalog mit 20 Kriterien in vier Gruppen geführt (vgl. Abb.), deren Ausprägung vom Fachausschuss der Jury auf einer Skala von 1 bis 5 bewertet wird (SCM 2018).

Dieser Kriterienkatalog ist zu umfangreich und zu komplex, um in der praktischen Strategiearbeit zielführend zu sein. Dementsprechend schlagen wir Gütekriterien für Kommunikationsstrategien vor, die sowohl für die Bewertung einzelner Prozessschritte als auch der Entscheidungsvorlage verwendet werden können.

Kriterien für die Bewertung von Kommunikationsstrategien der InKometa Awards

FORMALE KRITERIEN

- Vollständigkeit (Analyse, Zielsetzungen, strategische Hebel, Maßnahmen, Implementierungsplanung, Steuerung/Controlling)
- Folgerichtigkeit (logische Richtigkeit)
- Kohärenz (Fit zwischen den Teilen)
- Benutzung von Management-Instrumenten/Tools
- Evaluierbarkeit (Messbarkeit der Ergebnisse)

INHALTLICHE KRITERIEN ALLGEMEIN

- Unterstützung der Unternehmensstrategie
- Engagement der Stakeholder
- Kreativität/Innovation
- Komplexitätsreduktion
- Ressourceneffizienz

INHALTLICHE KRITERIEN ANALYSE UND STRATEGIE

- Klare Aufgabenstellung
- Quantifizierte Zielsetzungen
- Differenzierte Ausgangslage
- Überzeugende Storyline
- Aufgabenspezifische strategische Hebel

INHALTLICHE KRITERIEN UMSETZUNG

- Digitalität
- Ausgewogenes Medienportfolio (Info vs. Dialog, Poor vs. Rich Media)
- Attraktive Medien
- Involvierung der Stakeholder
- Erreichung der Ziele

(nach SCM 2018)

Im Folgenden machen wir einen Vorschlag für Gütekriterien für Kommunikationsstrategien, bestehend aus drei formalen und vier inhaltlichen Kriterien.

Formale Kriterien

Spezifisch für die Aufgabenstellung. Die Situationsbeschreibung, die Zielsetzungen und die Strategie sowie die Maßnahmen und ihre Evaluation (Controlling) sind Lösungen für die in der Aufgabenstellung gestellten Anforderungen. Dies ist für jede einzelne Aussage und jeden Vorschlag zu prüfen. Was sich trivial anhört, ist in vielen Strategieentwicklungen und Kommunikationskonzepten nicht die Praxis. Die beteiligten Experten und Führungskräfte folgen eigenen Agenden und Vorlieben, anstatt sich immer wieder zu fragen: Zahlt diese Analyse, zahlt dieser Vorschlag tatsächlich in die Lösung der Aufgabe ein? Gibt es möglicherweise Modelle und Vorschläge, die dies besser leisten?

Aussagenlogische Richtigkeit. Die Aussagen in den Teilen der Entscheidungsvorlage sind diesen Teilen richtig zugeordnet; die Teile der Konzeption enthalten ausschließlich Aussagen entsprechend der Überschrift – dies ist an den Sprachmustern der Aussagen erkennbar. Das heißt, der Teil Aufgabe enthält ausschließlich Sätze und Grafiken zur Aufgabenstellung, der Teil Analyse ausschließlich Aussagen über die Situation etc. Die *Aufgabenstellung* enthält typischerweise den Scope der Tätigkeit, die operativen Zielsetzungen heruntergebrochen auf erste Kommunikationsziele sowie Aussagen über die Art des Dokuments. Die *Analyse* der Situation enthält Aussagen über IST-Zustände, es erfolgt kein Vorgriff auf Zielsetzungen oder strategische Hebel. Aussagen in der Situationsanalyse sind typischerweise im Indikativ Präsens abgefasst, die Sätze von Zustandsbeschreibungen weisen typischerweise schwache Verben auf. Zielsetzungen sind Zustände in der Zukunft, dementsprechend sind auch hier die Verben schwach, das Tempus kann Präsens oder Futur sein. Botschaften sind als gewünschte Inhalte, wie sie in den Köpfen der Stakeholder verankert werden sollen, zu texten. Aussagen in der *Strategie* verbinden eine Zielsetzung mit einem oder mehreren strategischen Hebeln (Maßnahmenbündeln), typischerweise in der Struktur Finalsatz, Aussage (»Um X zu erreichen, machen wir Y«). Kern von *Maßnahmen* ist die Beschreibung von Aktivitäten – dies ist typischerweise an handlungsstarken Verben erkennbar. Typische Prüffragen lassen die Fehler in diesem Bereich erkennen: Sind die Aussagen den Teilen der Strategie/des Konzepts richtig zugeordnet? Gibt es unnötige Wiederholungen (Redundanzen)? Gibt es Unschärfen im aussagenlogischen Status des Entscheidungsvorschlags, die den Entscheider/Leser der Vorlage verwirren könnten?

Kohärenz zwischen den Teilen. Diese ist im Strategieprozess immer wieder zu prüfen. Vor allem jedoch muss die Entscheidungsvorlage in der Qualitätsprüfung auf mögliche Inkohärenzen kontrolliert werden. Die entsprechenden Aussagen müssen entweder getilgt bzw. es müssen die entsprechenden Ergänzungen in den anderen Teilen vorgenommen werden. Die Leitfragen im Prüfprozess sind: Gibt es für jede Aussage in der Situationsanalyse mindestens ein Ziel? Für jedes Ziel mindestens einen strategischen Hebel? Für jeden strategischen Hebel mindestens eine Maßnahme, die ihn realisiert? Und setzt umgekehrt jede Maßnahme einen strategischen Hebel um und antwortet damit auf eine Zielsetzung, die wiederum aus einer vorher dargestellten Situation resultiert?

Inhaltliche Kriterien

Lösungs-/Handlungsorientierung. Die Zielsetzungen, die Strategie und insbesondere die Maßnahmen zielen auf die Lösung der spezifischen Kommunikationsaufgabe. Allgemeine Problemtiefungen und prinzipielle Aussagen über die Welt (»Räsonieren«) sind nicht zielführend – dies schließt auch ethische Prinzipien ein. Die Leitfragen lauten hier: Sind die Vorschläge spezifisch für die Aufgabe? Beschreiben die Vorschläge eine Handlung der Kommunikationsverantwortlichen?

Kreativität/Innovation. Während sich Kreativität auf die Botschaften, die Gestaltung und die Maßnahmen bezieht, zielt Innovation eher auf die strategischen Hebel und die technische Realisierung. Maßstab für die Bewertung der kreativen Leistung und der Innovationskraft sind die Ergebnisse von Best-Practice-Research und Benchmarking. Die Leitfragen lauten dementsprechend: Sind die Vorschläge in der Entscheidungsvorlage so kreativ und/oder innovativ, dass sie die relevante Benchmark übertreffen?

Realisierbarkeit. Die Realisierbarkeit wird idealerweise durch Experten in dem Gebiet beurteilt. Realisierbarkeit faltet sich in Dimensionen auf wie: Sind die notwendigen Ressourcen in der Organisation vorhanden? Verfügen die Mitarbeiter mit den notwendigen Kompetenzen über genug Zeit? Sind die Vorschläge technisch realisierbar – z. B. in der bestehenden digitalen Systemumgebung?

Kosteneffizienz. Die strategischen Hebel und die wesentlichen Maßnahmenpakete werden daraufhin beurteilt, welche von ihnen das optimale Verhältnis von Kosten und Nutzen erzielen. Als Nutzen wird das Erreichen der Zielsetzungen angesehen, Maßstab sind die dafür definierten Key Performance Indicators (KPIs). Das Ergebnis der Kosten-Nutzen-Analyse erlaubt die optimierte Allokation der vorhandenen Ressourcen auf die strategischen Programme und Einzelmaßnahmen. Die Leitfrage lautet hier: Welche der vorgeschlagenen Maßnahmen verfügen über das beste/das nächstbeste Kosten-Nutzen-Verhältnis (eingesetzte Ressourcen vs. erzielte Benefits)?

Gütekriterien für Konzeptionen/Kommunikationsstrategien

FORMAL	1	2	3	4	5
1. Spezifisch für Aufgabenstellung					
2. Aussagenlogische Richtigkeit					
3. Kohärenz zwischen Teilen					
INHALTLICH	**1**	**2**	**3**	**4**	**5**
1. Lösungs-/Handlungsorientierung					
2. Kreativität/Innovation					
3. Realisierbarkeit					
4. Kosteneffizienz					

1 Nicht erfüllt ········ bis ········ in hohem Maße 5

2 TOOLS FÜR DIE ENTWICKLUNG VON KOMMUNIKATIONS-STRATEGIEN

2.1 Aufgabe

Scope und Aufgabe

Marktumfeld und operative Ziele

Kommunikative Ziele und Stakeholder

Strategische Vorgaben

Angefragte Leistungen

Jede Strategie hat einen Gegenstandsbereich (Scope) für den sie Lösungen bereitstellt, z. B. die Mitarbeiterkommunikation, die Einführung eines neuen Produkts, die Kommunikation zu einem umstrittenen Sachverhalt. Über den Scope wird die Aufgabe definiert, Aufgabenstellungen ohne Gegenstandsbereich bleiben diffus: Das Arbeitsfeld muss definiert sein.

Kommunikation in Unternehmen und Organisationen ist kein Selbstzweck. Deshalb ist es für die Entwicklung der Kommunikationsstrategie unverzichtbar, die operativen (z. B. Steigerung des Verkaufs, Zusammenarbeit der Mitarbeiter) und strategischen/finanziellen Ziele zu verstehen, die durch Kommunikation unterstützt werden sollen. Dies alles – Unternehmenstätigkeit und Kommunikation – findet in einem Marktumfeld statt, z. B. dem Arbeitsmarkt, dem Absatzmarkt, dem Finanzmarkt etc.

Gleichzeitig mit dem Scope gibt das Briefing die kommunikativen Zielsetzungen im Gegenstandsbereich vor. Das sind Kommunikationsziele, von denen der Auftraggeber überzeugt ist, dass sie das Unternehmen/die Organisation bei der Erreichung der operativen und strategischen Ziele unterstützen.

Oft macht der Auftraggeber bereits in der Aufgabenstellung strategische Vorgaben für den Lösungsweg. Dies mögen Besonderheiten des Geschäftsmodells oder kulturelle Konstanten sein, Erfahrungen aus vorherigen Projekten, möglicherweise spielen auch persönliche Überzeugungen oder Vorlieben eine Rolle.

Der Scope wird konkretisiert durch die zu erbringenden Leistungen, die mit der Aufgabenstellung angefragt sind. Dies sind die »Must-have«-Maßnahmen.

TOOL 1 DEBRIEFING

Leitfrage

Worin besteht die Aufgabe, die mit der Kommunikationsstrategie bewältigt werden soll?

Zielsetzungen

- Den Gegenstandsbereich der Aufgabe klar definieren
- Ein gemeinsames Verständnis der Aufgabe zwischen Auftraggeber und Auftragnehmer herstellen
- Die Kommunikationsaufgabe in die Strategie des Unternehmens einbetten
- Kriterien für die Qualitätsprüfung der Konzeption gewinnen

Umsetzung

Die Begebung der Aufgabenstellung (Briefing) für die Entwicklung der Kommunikationsstrategie kann auf vielfältige Weise geschehen: mündlich, schriftlich in Prosa, als PowerPoint-Folie (PPT) oder in einer Kombinationen dieser Kommunikationskanäle.

Themen und Qualität von Briefings variieren in der Praxis stark. Idealerweise enthält das Briefing Angaben über den Scope und die Aufgabe der Kommunikationsstrategie, über den operativen bzw. strategischen Hintergrund (zum Beispiel in Marketing/Sales oder in Mergers & Acquisitions), das Marktumfeld (regulatorische Rahmenbedingungen, Wettbewerb etc.) sowie die kommunikativen Zielsetzungen und die angefragten Leistungen (Scope im engeren Sinne). Viele Auftraggeber machen auch strategische Vorgaben, die sich aus der Unternehmensstrategie ableiten.

Briefings weisen oftmals keine stringente logische Struktur auf. D. h. Situationsbeschreibungen, Zielsetzungen, Markthintergründe und Maßnahmenideen werden vermischt, es gibt Wiederholungsstrukturen und inhaltliche Lücken. Deshalb fasst der Auftragnehmer im Debriefing strukturiert zusammen, wie er die Aufgabe verstanden hat.

Das schriftliche Debriefing ist im Regelfall die Gesprächsgrundlage für ein Debriefing-Gespräch bzw. einen Debriefing-Call. Darin stellt der Auftragnehmer Rückfragen/vertiefende Fragen zur Aufgabe und/oder holt zusätzliche Informationen ein, stellt das richtige Verständnis der Aufgabenstellung sicher, lotet ggf. auch kulturelle oder sonstige Konstellationen im Buying Center (vgl. Tool 24) aus und prüft teilweise auch schon die Akzeptanz für erste Lösungsansätze beim Auftraggeber. Das Debriefing geht als Aufgabenstellung in die Konzeption ein.

Die Arbeitsschritte für das Debriefing sind:

1. Die relevanten Informationen werden aus dem Briefing-Dokument gezogen. Jede Information wird auf eine Karte geschrieben.
2. Die Informationen werden den Kategorien des Debriefing-Tools zugeordnet.
3. Die Informationen werden in eine werbefachliche bzw. Management-Sprache überführt.
4. Fehlende Informationen werden ergänzt bzw. als Fragestellung an den Auftraggeber formuliert.

SCOPE

- *Employer Branding im E-Commerce*

AUFGABE

- *Die Mitarbeiter von morgen für das Unternehmen gewinnen und binden (Arbeitgebermarke nach innen und außen stärken)*

OPERATIVE ZIELE

- *Vision »Greendeal 2025«: Marktführer im nachhaltigen E-Commerce in Europa, 5 Mrd. Euro Umsatz*
- *HR-Ziele: # qualifizierte Bewerbungen je Stelle für IT, Marketing, Digital Design; Retention Rate: Steigerung um XX%*

MARKTUMFELD

- *Onlinehandel wächst (statista 2018), Marktkonzentration, Automatisierung von Verkaufsprozessen getrieben durch KI, AR, VR*

KOMMUNIKATIVE ZIELE

- *Präferierter Arbeitgeber für Uni- und FH-Absolventen mit Schwerpunkt IT, Wirtschaft, Design (Top-10-Platzierungen)*
- *Mitarbeiter kennen die EVP (und ihre Verbindung zu den Unternehmenswerten) und finden diese attraktiv*
- *Mitarbeiter teilen ihre Begeisterung für die Arbeitgebermarke in persönlichen Netzwerken*

ZIELGRUPPE

- *Hochqualifizierte, verbraucherorientierte »Digital Minds«*

STRATEGISCHE VORGABEN

- *Mitarbeiter zu Markenbotschaftern machen: Verbundenheit der Mitarbeiter mit Unternehmensmarke nutzen*
- *Aktivitäten in SoMe auf Arbeitgeberthemen lenken (bisher Content zu Produkten)*

LEISTUNGEN

HR-Kommunikation

- *Analyse: Arbeitgebermarkenbild (IST)*
- *Strategieentwicklung inkl. EVP*
- *Workshops für Botschafter*

Kreative Leistungen

- *Kreative Leitidee inkl. Mood, Tonalität, Claim, Headlines, Copy*
- *Gestaltung von Medien*

2.2. Analyse

2.2.1 Stakeholder und Issues

2.2.2 Reputation und Kommunikationsverhalten

2.2.3 Wettbewerbsanalyse

2.2.4 Stakeholder und ihre Mediennutzung

2.2.5 Analyse von Medien

2.2.6 Analyse Zusammenfassung

Was muss der Kommunikationsmanager/das Team wissen, um eine zielführende Strategie und erfolgreiche Maßnahmen entwickeln zu können?

Die Beantwortung der Frage, wer die Stakeholder des Unternehmens/der Organisation für das Thema sind, ist Teil der Aufgabenstellung und wird in Verbindung mit den SOLL-Botschaften vertieft. In welchem Verhältnis die Stakeholder zueinander stehen, wie ihre Rollen definiert sind, welche Themen sie bewegen und wie eng oder mittelbar diese Themen in der öffentlichen Wahrnehmung/Diskussion verbunden sind, gehört jedoch in die Analyse. Dies ist die Grundlage für eine Ansprache der Stakeholder, die deren Relevanzen trifft (Framing).

Die Fremdwahrnehmung (Reputation/Image) des Unternehmens bzw. von Leistungen und Akteuren ist der Gegenstand der Veränderung durch Kommunikation. Um hier richtig orientiert zu sein (SOLL-Image), muss das IST-Image untersucht werden.

Die Analyse des Wettbewerbs dient einerseits dem Best-Practice-Research und dem Benchmarking – und zahlt so auf die Formulierung von Zielsetzungen ein. Andererseits gibt die Wettbewerbsanalyse wichtige Hinweise für relevante Issues und – über den Vergleich von Stärken und Schwächen – auch Ansatzpunkte für die Strategie und die Maßnahmen.

Die Mentalitäten und Präferenzen der Stakeholder zu kennen, ist die Grundlage für ihre Ansprache: die Themen und Botschaften. Die IST-Mediennutzung deckt die Wege auf, wie die Stakeholder erreicht werden können.

Die Analyse einzelner Medien hebt Best Practices bzw. macht deutlich, wie es nicht geht (Worst Practices). Daraus ergeben sich Hinweise für die Inhalte und Gestaltung der eigenen Maßnahmen.

Für die Zusammenfassung der Analyse hat sich die SWOT-Analyse bewährt.

TOOL 2 STAKEHOLDER UND ISSUES

Leitfrage

Welche Themen interessieren die Stakeholder?

Zielsetzungen

- Relevante Themen aus Sicht der Stakeholder ermitteln
- Erwartungen an die Inhalte der Kommunikation ermitteln
- Ansatzpunkte für Storyline/Botschaften identifizieren

Umsetzung

Ein Weg, die Themeninteressen der Stakeholder zu ermitteln, ist die Befragung. Dafür eignen sich Fragen mit Mehrfachnennung, Ranking, Rating, Skalen oder Polaritäten. Die Fragemuster lauten: »Wie stark interessieren Sie sich für …?«, »Wie stark beschäftigen Sie sich mit …?« oder auch »Wie wichtig sind die folgenden Faktoren für Sie bei …?«, »Welche drei Kriterien spielen für Sie die wichtigste Rolle bei der Entscheidung über …?«. Typische Darstellungsformen der Ergebnisse sind Balken-, Säulen- und Tortendiagramme.

Oftmals sind für die Kommunikationsaufgabe bereits relevante Befragungsergebnisse vorhanden, z. B. im Internet, sodass keine eigene Studie erforderlich ist.

Dies sind die Arbeitsschritte für eine solche Befragung:

1. Mit einer kleinen Stichprobe wird eine Vorstudie zur Ermittlung möglicher relevanter Themen durchgeführt.
2. Die Stichprobe wird festgelegt. Sie sollte repräsentativ sein für die Zielgruppe in Bezug auf Alter, Geschlecht, Bildungsabschluss und ggf. Branche.
3. Der Fragebogen wird formuliert.
4. Die Befragung wird durchgeführt, als Einzelbefragung, schriftlich, telefonisch oder persönlich.
5. Die Befragungsergebnisse werden ausgewertet und präsentiert.

Theorie: Issue und Issue-Lebenszyklus

Der Begriff Issue bezeichnet ein öffentliches Anliegen oder Problem bzw. eine politische oder soziale Streitfrage. Das Thema ist oftmals konfliktiv, das heißt, es herrschen unterschiedliche Vorstellungen über die Lösung des Problems, die Wertvorstellungen über den Sachverhalt klaffen auseinander, ein Kampf um die Deutungshoheit bricht aus (vgl. Liebl 2000, S. 21).

Die Karriere eines Themas wird seit Downs (1972) idealtypisch als Lebenszyklus dargestellt, in vier Phasen:

1. **Latenz.** Singuläre Ereignisse, die zunächst nicht viel Aufmerksamkeit auf sich ziehen, werden – meist durch Betroffene – zum ersten Mal in einen Zusammenhang gebracht und in oftmals entlegenen Medien wie Expertenforen und Blogs thematisiert.

2. **Emergenz.** Interessenvertreter wie z. B. Aktivisten oder auch Experten/Wissenschaftler schalten sich ein. Das Thema wird zum öffentlichen Anliegen, die Aufmerksamkeit steigt. Das Thema schwappt von den Social Media über Online- und Offline-Spezialmedien in die meinungsbildenden Medien. In Print-Medien wird das Thema immer prominenter platziert. Dem betroffenen Unternehmen entgleitet die Deutungshoheit.
3. **Krise.** Konfligierende Ansprüche rund um das Issue treten öffentlich in Wettbewerb, die Medien und dann auch bald Politiker werden auf das Thema aufmerksam und schalten sich ein.
4. **Regulation.** Wenn das Unternehmen in der Krisenphase die Ansprüche der Stakeholder und Aktionsmittler in der öffentlichen Arena (vgl. Tool 23) nicht befriedigt, erfolgt die Anspruchsbefriedigung – oft ohne Mitsprache des Unternehmens – durch Regulation. Dabei haben Behörden und Anspruchsgruppen das Lead. Mit der Regulation ebbt die Aufmerksamkeit langsam ab.

Mit zunehmender Aufmerksamkeit für das Issue verengen sich die Handlungsspielräume des Unternehmens, die Kosten für die Bewältigung nehmen zu. Im Laufe der Emergenzphase – wenn sich die Kurven von *Aufmerksamkeit* und *Handlungsspielraum* schneiden – verliert das Unternehmen die Deutungshoheit und kann den Abgleich der Interessen mit den Stakeholdern nicht mehr selbst steuern.

Lebenszyklus von Issues

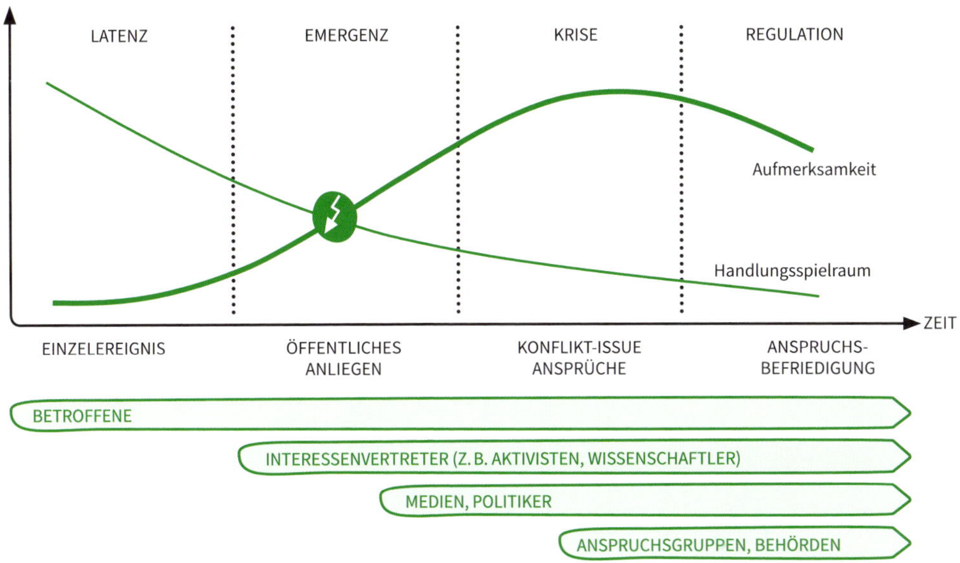

(nach Ingenhoff/Röttger 2008; Liebl 2000)

Mehrheit der Unternehmen in NRW beschäftigt sich mit der Digitalisierung

Beschäftigen Sie sich mit/interessieren Sie sich für digitale Themen?

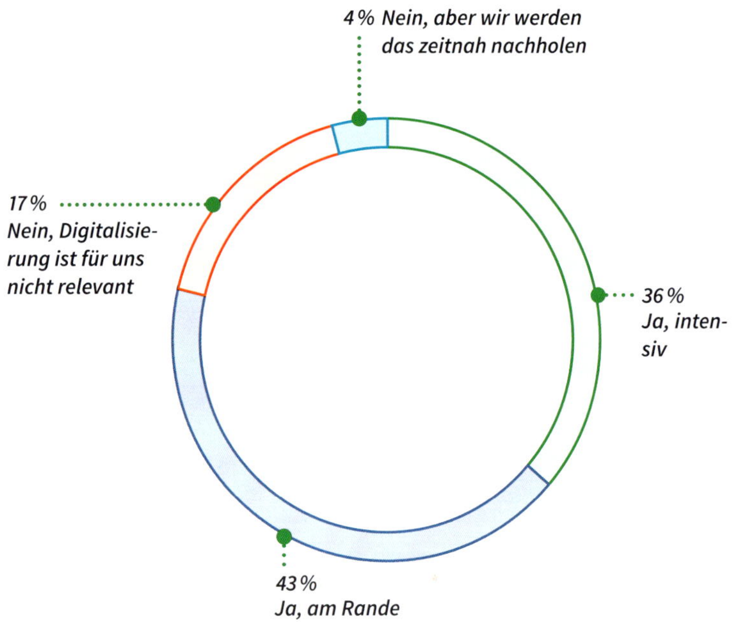

(Bertenrath/Fritsch/Lichtblau/Schleiermacher 2017)

Entscheidende Faktoren bei der Jobsuche

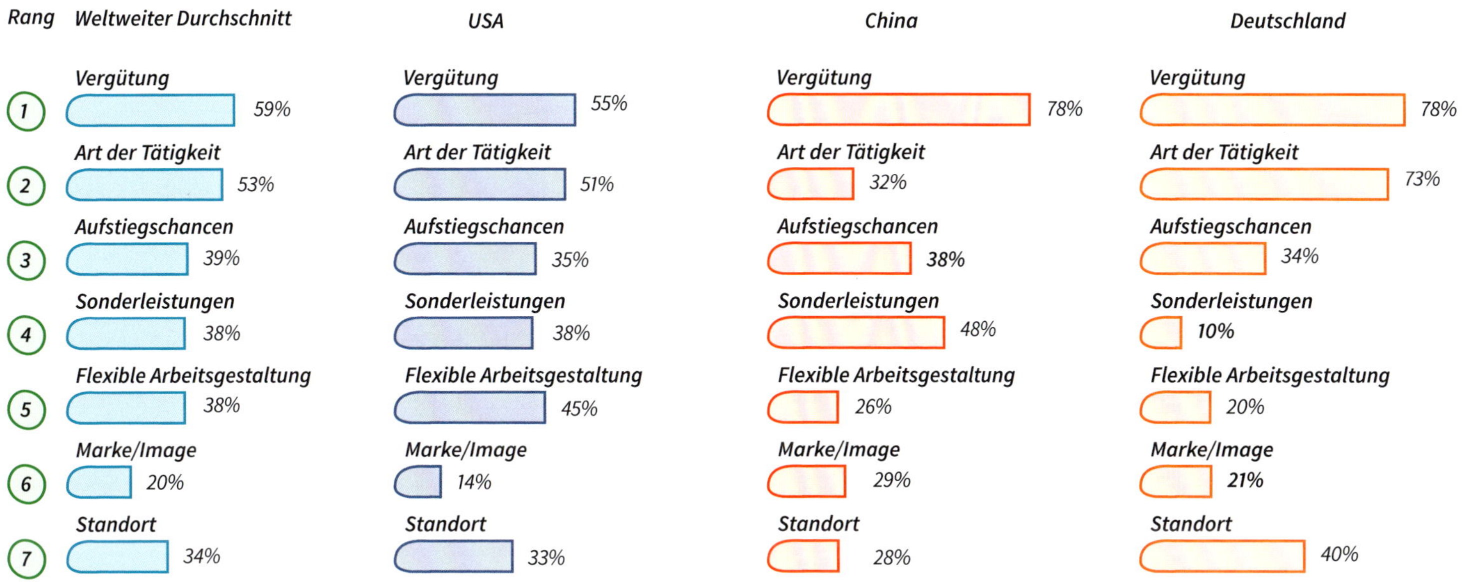

(nach Manpower Group Solutions 2017)

2.1 Debriefing
2.2 Analyse
2.3 Strat. Planung
2.4 Maßnahmen
2.5 Controlling

TOOL 3 ISSUE MAPPING

Leitfrage

Wie hängen die Themen in den Köpfen der Stakeholder zusammen?

Zielsetzung

- Themenhierarchien ermitteln und SOLL-Themen priorisieren
- Semantische Beziehungen zwischen Themen feststellen
- Chancen und Risiken in Themen und Themenverbindungen erkennen
- Ansatzpunkte für die Storyline identifizieren

Umsetzung

Per Internetrecherche und/oder Medienresonanzanalyse (vgl. Tool 83) werden die aktuellen Themen im Kommunikationsfeld gesammelt. Auch Marktstudien können herangezogen werden. Leitfadengespräche mit Experten und Stakeholdern vertiefen die Ergebnisse des Desk Research.

Die Issue Map bzw. Themenstrukturgrafik verbindet Begriffe miteinander, sodass ein semantisches Netz entsteht (vgl. Tool 98, Mind Mapping). Die Issue Map wird aus der Stakeholderperspektive angelegt. Sie hierarchisiert die Themen, ordnet sie und zeigt positive und negative Korrelationen zwischen den Themen auf. Die Stärke der Striche verdeutlicht die Korrelation bzw. die Häufigkeit der gemeinsamen Nennung von Themen. Pluszeichen zeigen Themen, die sich gegenseitig positiv verstärken, Blitze weisen auf Konflikt-/Widerspruchspotenziale hin.

So arbeitet man mit der Issue Map:

1. Das Hauptthema wird in die Mitte geschrieben.
2. Die Oberthemen werden rund um das Hauptthema angeordnet und – entsprechend der Stärke der semantischen Verbindung – mit dem Hauptthema verbunden.
3. Die jeweils zu den Oberthemen passenden Unterthemen werden hinzugefügt.
4. Zusätzliche Verbindungen zwischen Oberthemen und Unterthemen sowie zwischen Ober- und Unterthemen werden vermerkt.
5. Die Themenverbindungen werden entsprechend ihres Spins bewertet (Pluszeichen, Blitze).

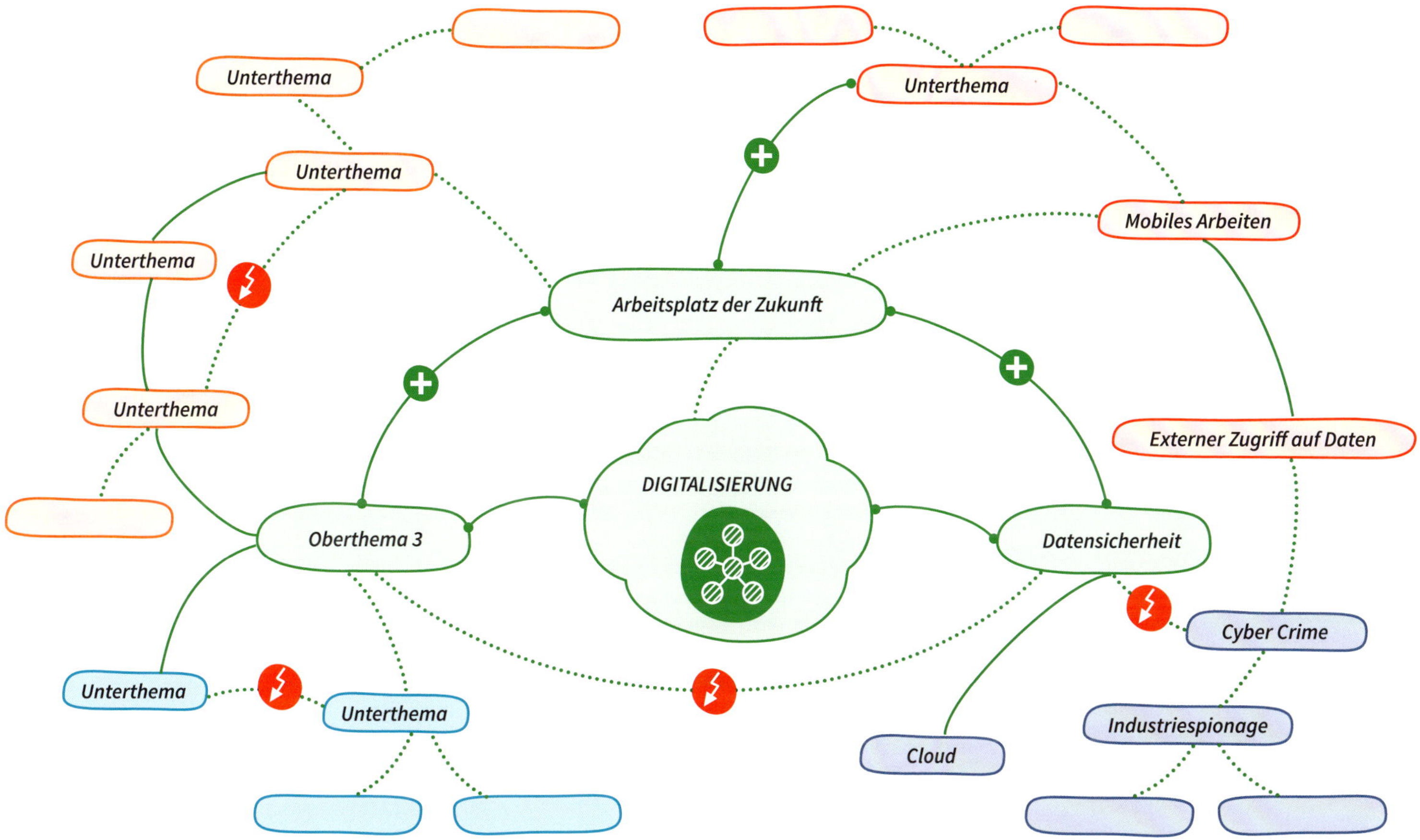
Unterthema
Unterthema
Unterthema
Unterthema
Unterthema
Arbeitsplatz der Zukunft
Mobiles Arbeiten
Externer Zugriff auf Daten
DIGITALISIERUNG
Oberthema 3
Datensicherheit
Cyber Crime
Unterthema
Unterthema
Industriespionage
Cloud

TOOL 4 DIGITALE NETZWERKANALYSE

Leitfrage

Wer sind die Meinungsführer und welche Issues bewegen sie?

Zielsetzungen

- Themenbezogene Communities (Cluster) und in diesen Communities die Meinungsführer (einflussreiche Akteure, Influencer, First Mover) identifizieren
- Die Struktur der Themen im Kommunikationsfeld ermitteln
- Das Muster gegenseitiger Beeinflussung bei den Akteuren erkennen
- Erkennen, in welchen Kanälen die wichtigen Akteure besonders aktiv sind

Umsetzung

Die Netzwerkanalyse dient dem Mapping von Akteur-Themen-Ökosystemen. Sie erfasst automatisiert große Datenmengen: Die Akteure und Issues werden durch Web-Crawler mithilfe von Algorithmen (digitalen Verknüpfungsmustern) identifiziert und in relationale Beziehungen gesetzt. Dadurch werden Argumentationslinien in den relevanten Öffentlichkeiten des Unternehmens/der Organisation und dementsprechend thematische Stärken und Lücken der eigenen Kommunikation sichtbar.

Die Darstellung der Ergebnisse erfolgt grafisch in einer Netzwerkkarte. Sie stellt die Verbindung der Akteure untereinander und die Zuordnung der Themen zu den Akteuren anschaulich dar:

- Wichtige, d. h. häufig verlinkte Beiträge werden durch größere Knoten (Nodes) hervorgehoben.
- Die Stärke der Linien zwischen den Netzpunkten (Edges) repräsentiert die Anzahl der Hyperlinks zwischen den Webseiten der Akteure.
- Die Themen-Communities können durch Farben unterschieden werden.
- Die digitalen Quellen sind vermerkt.
- Durch Bewegung der Ergebnisgrafik und Heran-/Herauszoomen ist eine hohe Selektivität bei der Sichtung der Analyseergebnisse gewährleistet.
- Bei manchen Netzwerkanalysen sind Issue-Entwicklungen dynamisch darstellbar, z. B. durch Filterfunktionen und Darstellungen zeitlicher Entwicklungen.

So arbeitet man mit dem Tool:

1. Durch Befragung von Experten und in einer Vorstudie – z. B. mit inhaltlicher Auswertung von Publikationen und Webseiten – werden mögliche Issues und Akteure in dem Themenfeld identifiziert und dementsprechend Kategorien für das Codebuch definiert.
2. Das Briefing für den Datenjournalisten bzw. den Analysedienstleister wird erstellt.
3. Der Analysedienstleister passt den vorhandenen Such- und Darstellungsalgorithmus (z. B. Themenstruktur, Fragestellung, Codebuch) dem Projekt an.
4. Das Crawling und die Analyse im Netz werden ggf. durch die händische Inhaltsanalyse von Fachbeiträgen aus Printpublikationen u. Ä. ergänzt.
5. Die digitale Netzwerkkarte wird erstellt, wesentliche Ergebnisse werden zur Vergrößerung herangezoomt und im Detail erläutert.
6. Ggf. werden weitere Analysen händisch durchgeführt und ausgewertet.

Theorie: Big Data

Noch nie haben Unternehmen und Organisationen so viele Daten aus internen wie aus externen Quellen gesammelt und archiviert wie heute. Die entscheidende Frage ist, was mit den Daten passiert: was wichtig ist und was nicht und wie Nutzen aus den Daten gezogen werden kann – für das Verständnis von Märkten und Wettbewerbern, von Kunden und Mitarbeitern, von Medien und Öffentlichkeiten.

Vor allem in unstrukturierten Daten – wie E-Mails, Dokumenten und sozialen Medien – verbergen sich wertvolle Erkenntnisse (vgl. Weiner/Kochhar 2016, S. 4). Das Konzept von Big Data ist die Antwort auf den wachsenden Datenstrom: Big Data bezeichnet den Weg, um aus strukturierten wie auch unstrukturierten Daten nützliche Informationen zu ziehen. Big Data wird in der Regel über die vier »V«s definiert (ebd.):

- **Volume.** Der Umfang und die Granularität der Daten.
- **Velocity.** Die Geschwindigkeit/Frequenz, mit der das Unternehmen neue Daten bekommt. Dies bestimmt auch die Verarbeitungsgeschwindigkeit und die Reaktionszeit – möglichst nah an der Echtzeit.
- **Variety.** Die vielfältige Mischung aus strukturierten und unstrukturierten Daten aus verschiedensten Quellen in unterschiedlichen Formaten.
- **Value.** Die Werthaltigkeit der Daten für das Erkennen von Mustern und für die Entscheidungsfindung.

Das Konzept von Big Data steht im Kern der digitalen Transformation von Kommunikation: Automatisierte Crawler durchkämmen das WWW mit vorgegebenen Kriterien nach relevanten Informationen; teilautomatisierte Analysen mit Algorithmen und möglicherweise künstlicher Intelligenz (KI) erschließen, strukturieren und analysieren die Datenmengen.

Quellen von Big Data

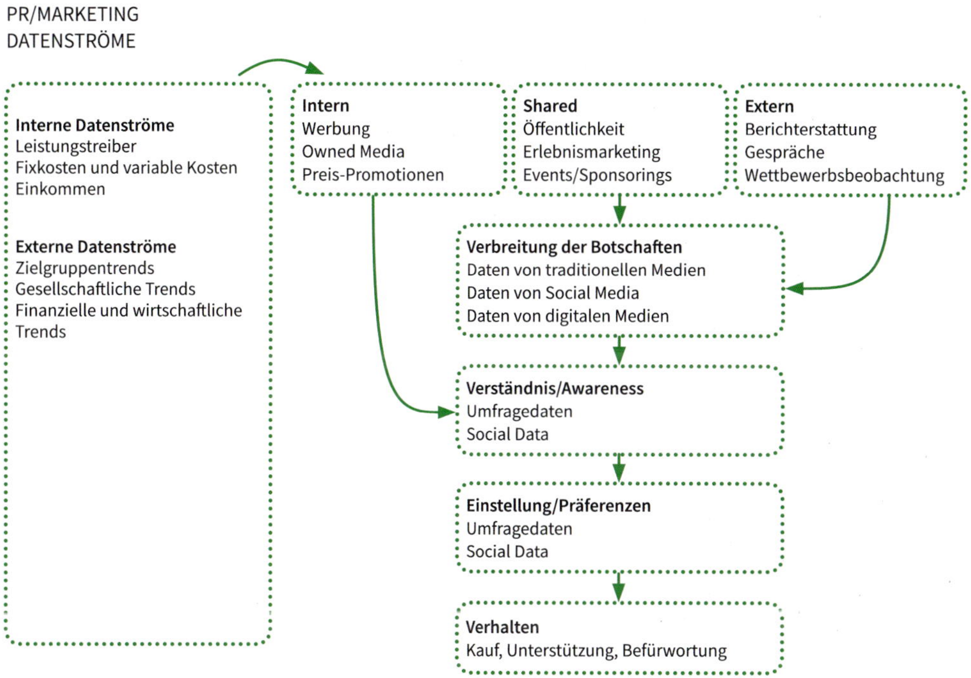

(Weiner/Kochhar 2016)

Netzwerkanalyse mit neun Hauptthemenfeldern

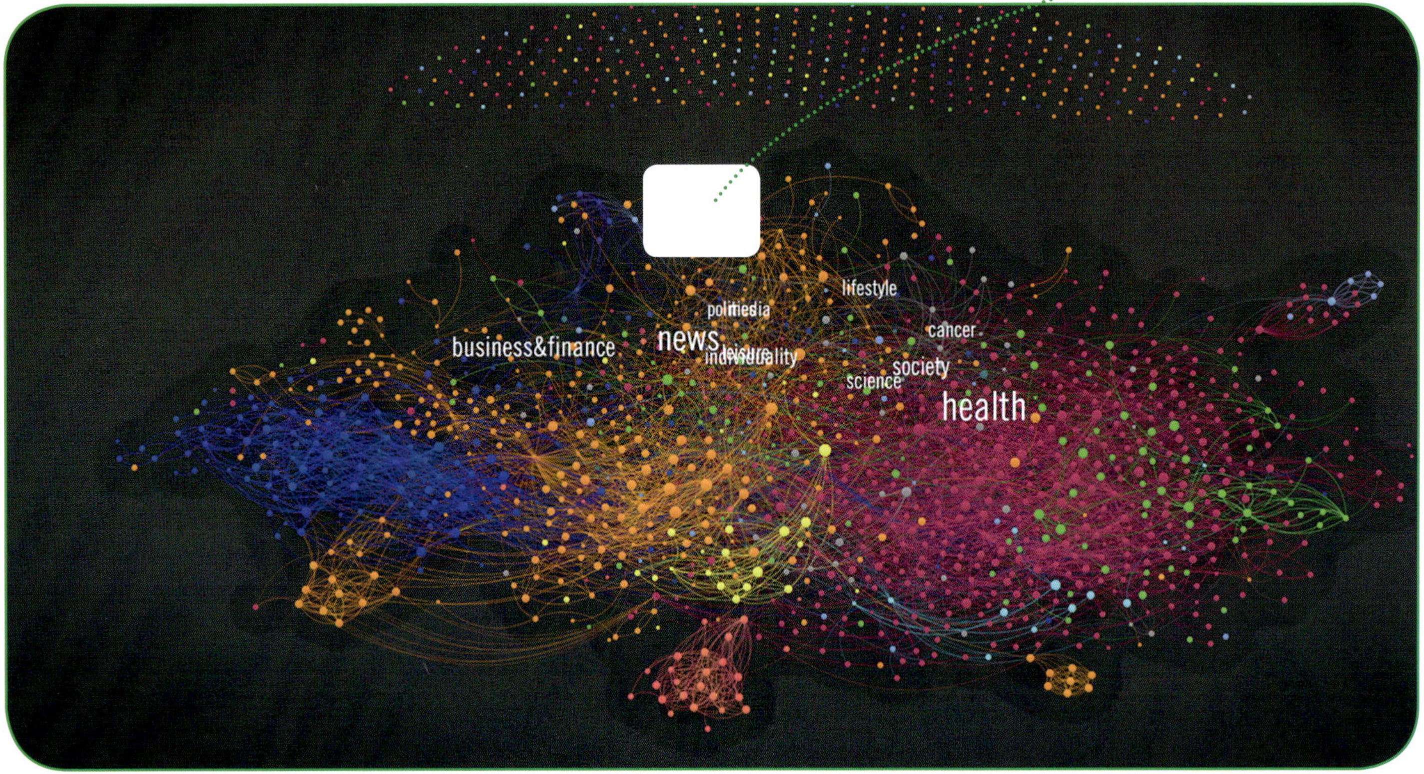

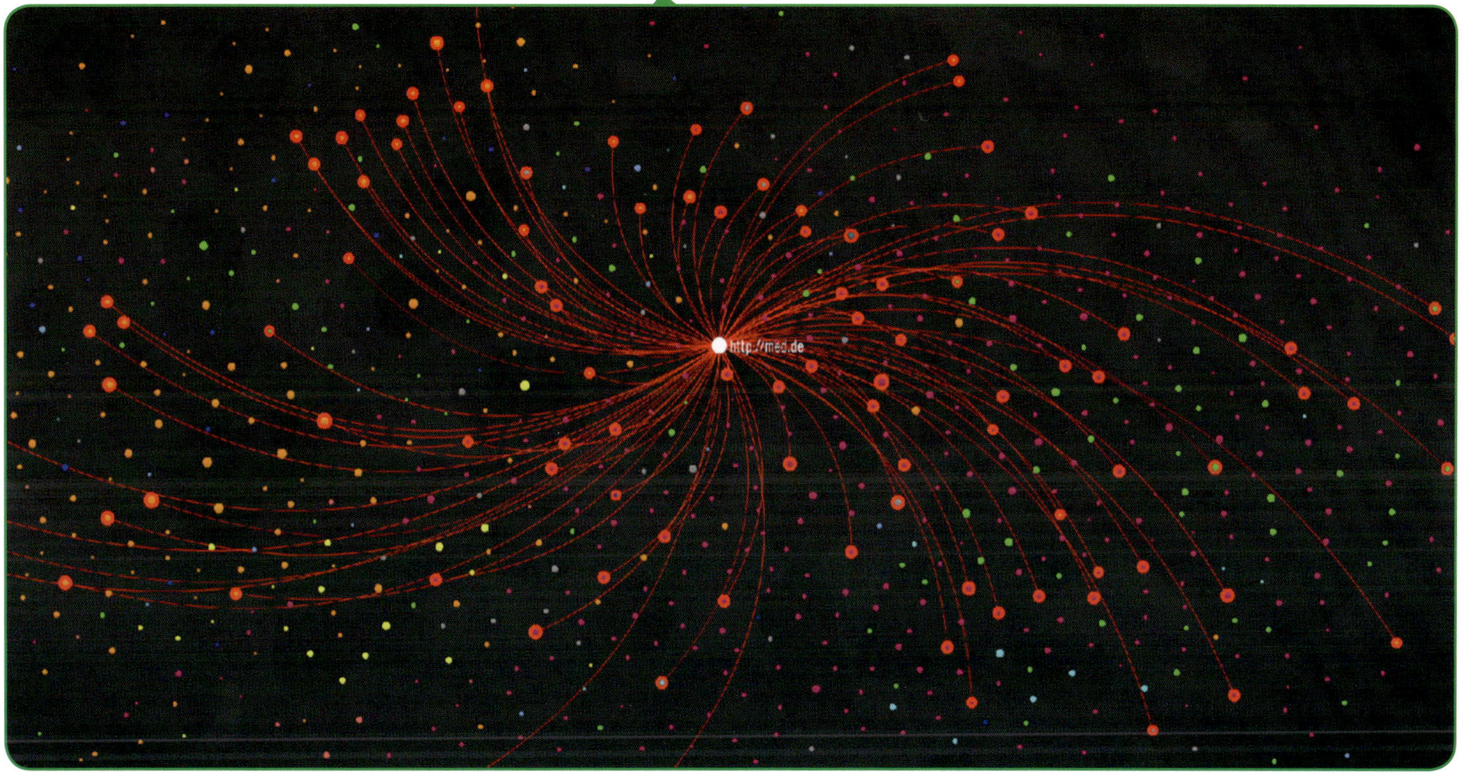

(linkfluence/JP | KOM o. J.)

TOOL 5 IMAGEUNTERSUCHUNG/REPUTATIONSQUOTIENT

Leitfrage

Wie ist das Unternehmen bei wichtigen Stakeholdern angesehen?

Zielsetzungen

- Die Wahrnehmung (Image) des Unternehmens bei den Stakeholdern ermitteln
- Das Unterstützungspotenzial für die Strategie und die Vorhaben des Unternehmens einschätzen
- Reputationsrisiken erkennen und lokalisieren
- Daten für die Steuerung der Kommunikation bereitstellen

Umsetzung

Untersuchungen zur Reputation/zum Image werden von zahlreichen Dienstleistern auf nationaler und internationaler Ebene angeboten. Auch gibt es Reputations-Rankings, die durch die Medien durchgeführt werden – aktuell besonders im Bereich Employer Branding. Die Daten werden meistens durch die Befragung von Stakeholdern erhoben, die Unterstützung durch Inhaltsanalysen der veröffentlichten Meinung kann hilfreich sein.

Bei der Auswahl der Untersuchungsmethode und des Dienstleisters spielen die Benchmark-Fähigkeit der erhobenen Daten und auch der Datenpool an für den Auftraggeber relevanten Benchmark-Unternehmen (z. B. aus der eigenen Branche, in ähnlicher Größe, mit ähnlichen Aufgabenstellungen, mit Tätigkeit in denselben Regionen) eine bedeutende Rolle. Diese Vergleiche verbessern die Aussagekraft der Daten.

Ein standardisiertes und hochgradig benchmarkfähiges Konzept zur Messung der Unternehmensreputation ist der Reputationsquotient von Fombrun: Er erhebt 20 Items in sechs Gruppen (siehe Abb. des Tools; vgl. Wiedmann/Fombrun/van Riel 2005, S. 50 ff.): Die Reputation des Unternehmens in diesen Dimensionen wird bei Stakeholdern wie Investoren, Kunden, Mitarbeitern und öffentlichen Meinungsbildnern erhoben. Die Befragungsergebnisse werden in einer Indexkennzahl – dem Reputationsquotienten – verdichtet.

So arbeitet man mit dem Reputationsquotienten:

1. Die wesentlichen Wettbewerber in den Märkten des Unternehmens werden bestimmt.
2. Zum eigenen und den Vergleichsunternehmen/Wettbewerbern werden relevante Daten erhoben.
3. Es werden Detailanalysen durchgeführt, der Reputationsquotient wird gebildet.
4. Es folgen Benchmark-Analysen von Märkten und Regionen, ggf. auch von Situationen wie z. B. Mergers & Acquisitions.

Theorie: Reputation

Reputation ist die »generalisierte, kollektive Einschätzung eines Objekts« (zum Beispiel eines Unternehmens bzw. einer Unternehmensmarke) durch die Stakeholder (Liehr/Peters/Zerfaß 2010, S. 153). Reputation setzt sich aus den Vorstellungsbildern und Einstellungen in den Köpfen der Stakeholder zusammen, sie bildet sich durch deren Wahrnehmungen, Erfahrungen und Bewertungen – im direkten Kontakt zwischen Unternehmen und Anspruchsgruppen als auch durch Dritte, d. h. die Medien und andere Stakeholder. (Vgl. ebd.)

Werttreiber und Value Links der externen (Unternehmens-)Kommunikation

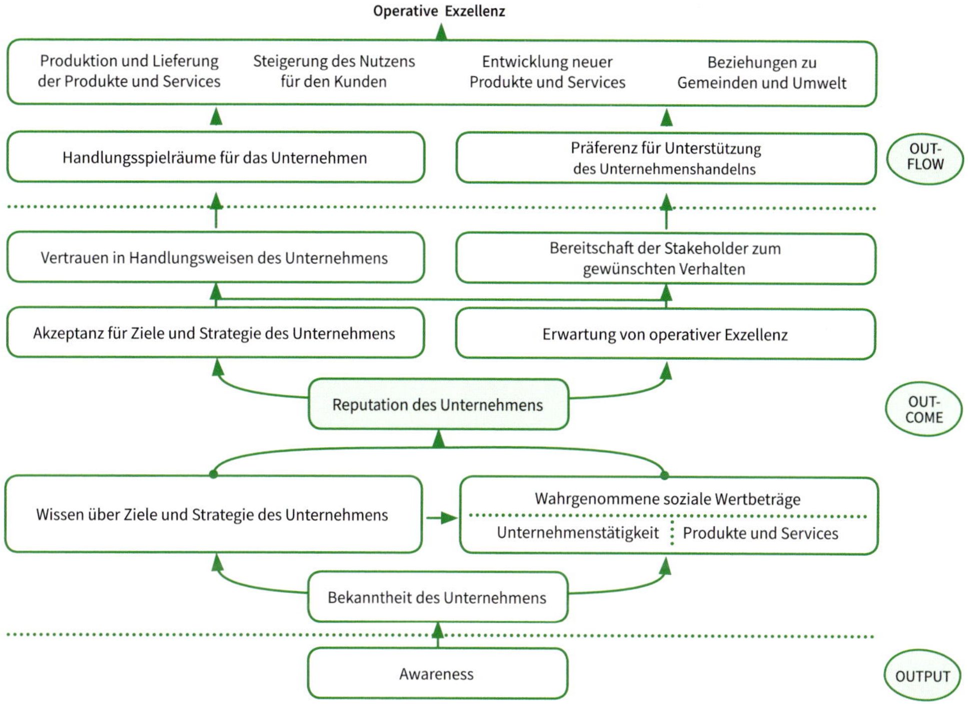

(Pfannenberg 2010)

Die *Reputation des Unternehmens*/das Ansehen der Unternehmensmarke beeinflusst die *Akzeptanz* der Stakeholder für die Zielsetzungen des Unternehmens, aber auch die *Erwartung operativer Exzellenz* bei der Realisierung dieser Ziele. Folglich ist *Reputation* ein Treiber für das *Vertrauen* in die Handlungsweisen des Unternehmens und für die *Bereitschaft der Stakeholder,* sich den Erwartungen des Unternehmens entsprechend zu verhalten. Insofern ist die Reputation »ein Indikator für das zukünftige Verhalten der Anspruchsgruppen gegenüber dem Reputationsobjekt. Über sie lassen sich Aussagen über das Ausmaß der Unterstützungspotentiale von Anspruchsgruppen gegenüber dem Reputationsobjekt ableiten« (Liehr/Peters/Zerfaß 2010, S. 154) – und damit für die Handlungsspielräume des Unternehmens bei der Verwirklichung *operativer Exzellenz* (Pfannenberg 2010, S. 71), z. B. bei der Errichtung einer neuen Produktionsanlage oder in Change-Projekten.

Offensichtlich sind die *Bekanntheit* des Unternehmens, das *Wissen* über seine Ziele und seine Strategie sowie die von den Stakeholdern *wahrgenommenen sozialen Wertbeiträge* der Unternehmenstätigkeit und der Produkte und Services Treiber für die *Reputation* (vgl. Pfannenberg 2010, S. 71).

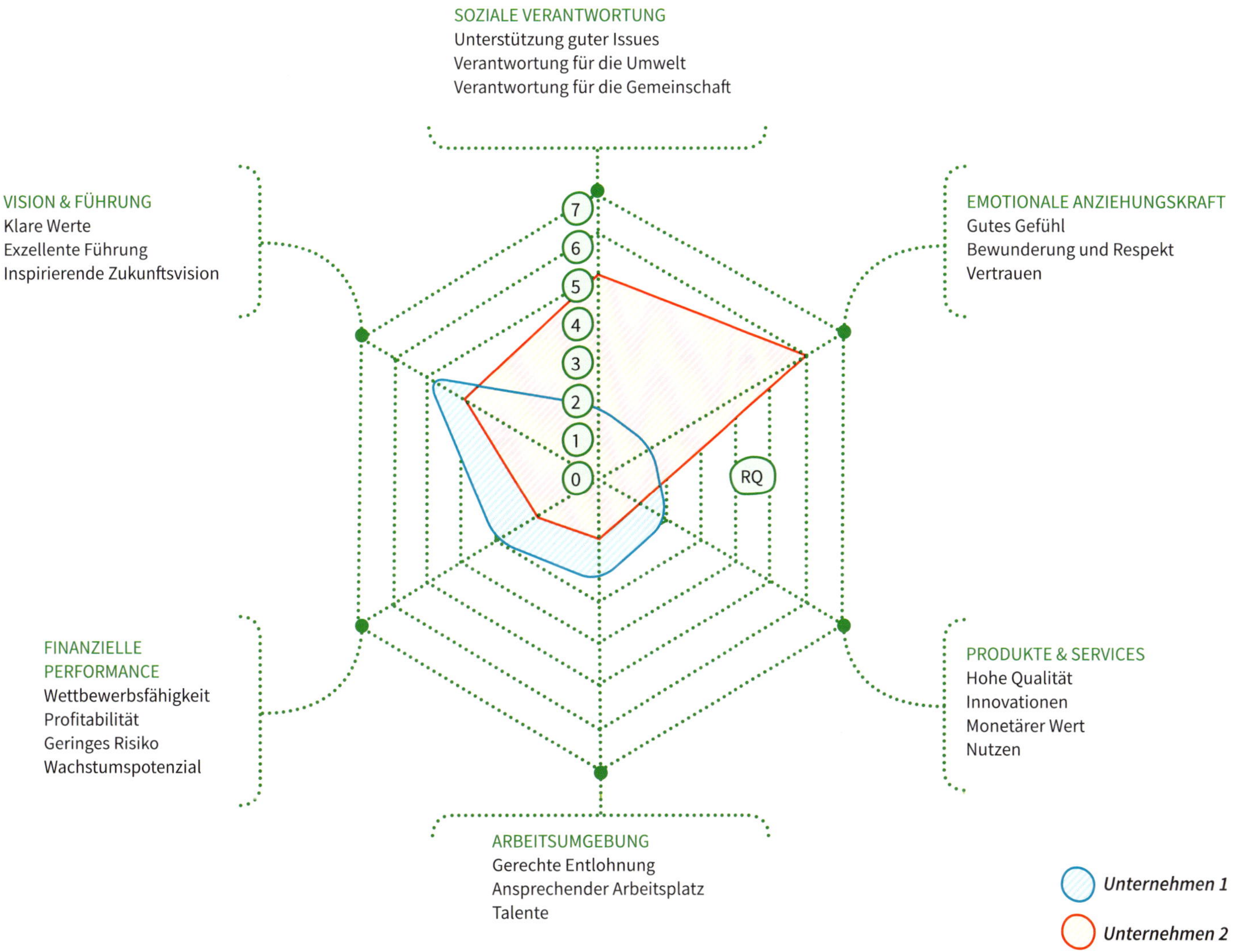

(nach Wiedmann/Fombrun/van Riel 2005)

TOOL 6 VERTRAUENSBAROMETER

Leitfrage

Wie hoch ist das Vertrauen der Stakeholder in die Institution, z. B. in das Unternehmen, in das Management, in die Marke?

Zielsetzungen

- Das Vertrauen in die Institution messbar machen
- Handlungsspielräume durch Vertrauen der Stakeholder in die Institution/das Management erkennen
- Die positiven Faktoren für und Gefährdungen von Stakeholdervertrauen identifizieren
- Anforderungen an die Kommunikationsstrategie in Hinblick auf das Ziel Vertrauen definieren

Umsetzung

Die Zuschreibung von Vertrauen gehört zu den Erfolgsfaktoren von Kommunikation, für die es kein direktes Messinstrument gibt, etwa über die Frage: »Vertrauen Sie XX«? Vielmehr führt das Stellen dieser Frage zu einem negativen Bias, sie weckt tendenziell Misstrauen.

Dementsprechend basieren die Konzepte für Befragungen von Vertrauen auf multivarianten Ansätzen. Das heißt, der Grad des Vertrauens wird indirekt befragt über die Faktoren, die zur Bildung von Vertrauen führen. Im Wesentlichen werden dabei zwei Befragungsschritte und eine Indexbildung hintereinandergeschaltet (vgl. Wesemeier 2002):

- Am Anfang steht eine Befragung zur Wichtigkeit (Relevanz) der Leistungs- bzw. Verhaltensfaktoren, die zu Vertrauen führen. Dies führt zu einem gewichteten Katalog der Treiber von Vertrauen bei der Stakeholdergruppe.
- Für diesen gewichteten Katalog werden in einer (meist zweiten) Befragungsrunde die Bewertungen der Vertrauensfaktoren durch die Stakeholder ermittelt.
- Diese gewichteten Bewertungen der Vertrauensfaktoren können zu einem Vertrauensindex verdichtet werden.

So wird die Befragung zum Vertrauen durchgeführt:

1. In einer Vorstudie (Pretest), z. B. über Desk Research zu den Interessen der Stakeholder, mit Fokusgruppen oder in einer Vorbefragung mit einer kleinen Zahl von Teilnehmern, werden möglicherweise relevante Items der Befragung ermittelt (Longlist: die Kandidaten für die vertrauensbildenden Faktoren). Es entsteht eine Liste von möglichen Vertrauensfaktoren.
2. Auf dieser Basis erfolgt eine erste Modellbildung mit den Leistungs- und Verhaltensbereichen und – diesen zugeordnet – den möglichen Faktoren für Vertrauen.
3. In einer ersten Befragungsrunde wird die Relevanz der vertrauensbildenden Faktoren aus der Longlist für die Stakeholder ermittelt. Es resultiert eine gewichtete Liste der vertrauensbildenden Faktoren (Shortlist). Das Modell wird entsprechend weiterentwickelt.
4. In einer zweiten Befragungsrunde werden die Bewertungen der Vertrauensfaktoren für die Institution bei den Stakeholdern ermittelt.
5. In der Auswertung werden Wichtigkeit der Vertrauensfaktoren und Bewertungen direkt gegenübergestellt.

Über die Gewichtungen der Vertrauensfaktoren wird ein Vertrauensindex für die Stakeholdergruppe gebildet. Wenn mehrere dieser Befragungen bei ähnlichen Stakeholdergruppen durchgeführt werden, ist der Index benchmarkfähig.

Theorie: Vertrauen

Vertrauen setzt zwei Akteure voraus, zwischen denen eine asymmetrische Informationsverteilung herrscht. Deshalb ist Vertrauen immer eine »riskante Vorleistung« (Luhmann 2014, S. 23). Für den Vertrauensnehmer stellt Vertrauen ein hohes Kapital dar, da es die Transaktionskosten reduziert (vgl. Hubig 2014, S. 355).

In der postmodernen »Risikogesellschaft« (Beck 1986) ist Vertrauen ein entscheidender Weg, mit den Risiken des Nichtwissens umzugehen. Der Mensch sieht sich Gefahren ausgesetzt, deren Ausmaß und Eintrittswahrscheinlichkeit er nicht kennt. Statt einer rationalen Risikokalkulation auf Basis objektiver oder subjektiver Wahrscheinlichkeiten herrscht Ungewissheit über mögliche Eintrittswahrscheinlichkeiten (vgl. Hubig 2014, S. 354).

Vertrauen stabilisiert Verhalten auch im Falle von Unstimmigkeiten im Verhalten oder in der Kommunikation der Gegenseite, die ansonsten zu Zweifeln oder Enttäuschungen führen würden. Insofern hat Vertrauen Schwellencharakter: »Es stellt eine künstliche Diskontinuität her, die den Erlebnisbereich vor und nach der Schwelle egalisiert und dadurch vereinfacht« (Luhmann 2014, S. 96). Vertrauen »stabilisiert sich im Zuge erfolgreicher Vertrauenszuweisungen bis hin zu Reputation […], die dann Vorentscheidungen der Vertrauenszuweisung erübrigt bzw. durch kalkulierte Erwartungen ersetzt.« (Hubig 2014, S. 355).

Ein international durchgeführtes Vertrauensbarometer, welches das Vertrauen in die zentralen gesellschaftlichen Institutionen Regierung, Wirtschaft, Medien und NGOs seit 2001 erfasst, ist das Edelman Trust Barometer (Edelman 2018). Hier wird die Bedeutung des Vertrauens in die Institutionen hervorgehoben: »In modernen Gesellschaften delegieren wir wichtige Aspekte unseres Wohlergehens an die vier Institutionen Wirtschaft (ökonomischer Wohlstand), Regierung (nationale Sicherheit und Gesellschaftspolitik), Medien (Information und Wissen) und NGOs (soziale Anliegen und Themen). Damit wir uns dabei sicher fühlen, wichtige Aspekte unseres Lebens und Wohlergehens an andere zu delegieren, müssen wir ihnen vertrauen, dass sie integer und im Sinne unserer Interessen handeln. […] Wenn das Vertrauen in diese Institutionen schwindet, beginnen wir zu fürchten, dass wir nicht länger in sicheren, verlässlichen Händen sind. Ohne Vertrauen zerfasert das gesellschaftliche Gewebe, zum Nachteil aller.« (Edelman 2018, S. 50; eigene Übersetzung)

Merkmalsdimensionen und Vertrauensindikatoren einer Dienstleistung

DIENSTLEISTUNGS-PHASEN	DIENSTLEISTUNGSKETTE	MERKMALSDIMENSIONEN	VERTRAUENSINDIKATOREN
Anbahnungsphase	*Anfrage*	*Wahrnehmung*	*Freundlichkeit des Büropersonals*
	Besichtigung des Objekts	*Kontakt*	*Gute Umgangsformen der Mitarbeiter*
	Angebot	*Verständlichkeit* *Flexibilität*	• *Korrekte Angebotserstellung* • *Einfache Auftragserteilung* • *Flexible Vereinbarung von Vertrags- und Zahlungsmodalitäten*
Erstellungsphase	*Leistung*	*Wahrnehmung*	*Freundlichkeit des Büropersonals*
		Sorgfalt	*Sorgfältiger Umgang mit Kundeneigentum*
		Kontinuität	*Termingerechte Leistungserstellung*
		Zeit	*Zeitdauer der Leistungserstellung*
		Qualität	*Dauerhaftigkeit der erbrachten Leistung*
		Preis	*Preis-Leistungsverhältnis*
		Zuverlässigkeit	*Zugesagtes wird eingehalten*
		Betreuung	• *Geringe Personalfluktuation* • *Regelmäßige Betreuung durch den Objektleiter*
Nachkaufphase	*Information*	*Kommunikation*	*Angebote und Informationen*
	Beschwerden	*Problemlösung*	• *Unverzügliche und zufriedenstellende Bearbeitung von Beschwerden* • *Kundenanregungen werden umgesetzt*
	Rechnung	*Transparenz*	• *Verständliche Rechnungslegung* • *Korrekt ausgestellte Rechnungen*

(nach Wesemeier 2002)

Befragungsergebnisse Wichtigkeit vs. Bewertung von Vertrauensfaktoren

(nach Wesemeier 2002)

TOOL 7 COMMITMENT INDEX

Leitfrage

Wie stark unterstützen die Mitarbeiter die Ziele und Strategie des Unternehmens?

Zielsetzungen

- Die Unterstützungsbereitschaft der Mitarbeiter für das Unternehmen und seine Ziele ermitteln – besonders im Change
- Kritische Themenfelder identifizieren, die der Unterstützung durch die Mitarbeiter entgegenstehen
- Stakeholder im Unternehmen identifizieren, die bereit sind, die Unternehmensziele aktiv zu unterstützen
- Stärken und Schwächen analysieren zur Ableitung und Priorisierung von Maßnahmen und damit zur Verbesserung des Engagements

Umsetzung

Commitment entzieht sich als psychologisches Konstrukt der direkten Messung. Deshalb zielen die Fragenkataloge von Meinungsforschungsinstituten auf die Treiber (Komponenten) des Commitments – auf Key Performance Indicators (KPIs). Im TRI*M Index-Konzept des Meinungsforschungsinstituts Kantar TNS, das Anfang der 1990er-Jahre entstanden ist, werden die Mitarbeiter mit 2 x 3 Fragen zu den beiden Hauptkomponenten des Commitments – *Zufriedenheit* und *Motivationskraft des Umfelds* – befragt (TNS Infratest 2005; vgl. O'Gorman/Pirner 2005).

Aus den Antworten zu diesen sechs Fragen wird ein Indexwert (Commitment Index) ermittelt. Er kann sowohl regional als auch bereichs- oder abteilungsspezifisch ausgeworfen werden und ist – durch den Vergleich mit anderen Unternehmen z. B. derselben Branche bzw. in demselben Land – benchmarkfähig.

Die von Kantar TNS entwickelte TRI*M Typologie erklärt die Situation der Mitarbeiter in ihrem Arbeitsumfeld und clustert sie in den beiden Hauptdimensionen *Zufriedenheit* und *Motivierendes Umfeld* und entsprechend ihrem Unterstützungspotenzial in die Typen *Erfolgsgaranten, Distanzierte Leistungsträger, Nicht Erreichte* und *Bewohner*.

Eine weitere Auswertung in Vierfelder-Form (TRI*M Grid) liefert in drei Dimensionen – *Verbale Wichtigkeit des Qualitätselements, Leistung des Qualitätselements* und *Einfluss des Qualitätselements* auf das Commitment – Hinweise auf die Erfolgsaussichten von kommunikativen und organisatorischen Maßnahmen zur Steigerung des Commitments. Dabei wird in vier Feldern – analog zur TRI*M-Typologie nach *Motivatoren, versteckten Chancen, (Einspar-)Potenzialen* und *Hygienefaktoren* unterschieden.

Dies sind die Arbeitsschritte mit dem Tool:

1. Die Befragung und die Roadmap für die Auswertung und Follow-ups werden angekündigt.
2. Die Befragung wird durchgeführt.
3. Die Befragungsergebnisse werden unternehmensweit und in einer Kaskade publiziert.
4. Im Bereich/im Team bzw. in der Region werden die Ergebnisse durchgesprochen und Verbesserungsmaßnahmen identifiziert.
5. Verbesserungsmaßnahmen werden eingeleitet.

Organisationales Commitment

Die Identifikation, beispielsweise eines Mitarbeiters mit dem Unternehmen, kann in dreierlei Hinsicht erfolgen (vgl. Felfe 2008):

- **Affektiv.** Emotionale Verbindung zu einer Organisation. Die Organisation hat eine große persönliche Bedeutung für den Mitarbeiter, er möchte ihr auch zukünftig angehören.
- **Normativ.** Akzeptanz der Organisationswerte sowie die erlebte (ethische) Verpflichtung des Mitarbeiters, in der Organisation zu bleiben, z. B. wegen der Ausgaben für Aus- und Fortbildung des Mitarbeiters.
- **Kalkulatorisches bzw. fortsetzungsbezogenes Commitment** (rationale Ebene). Wechselkosten bei Verlassen der Organisation (»Was erwarte ich, wenn ich in der Organisation verbleibe bzw. sie verlasse?«).

Werttreiberbaum und Value Links der internen Kommunikation

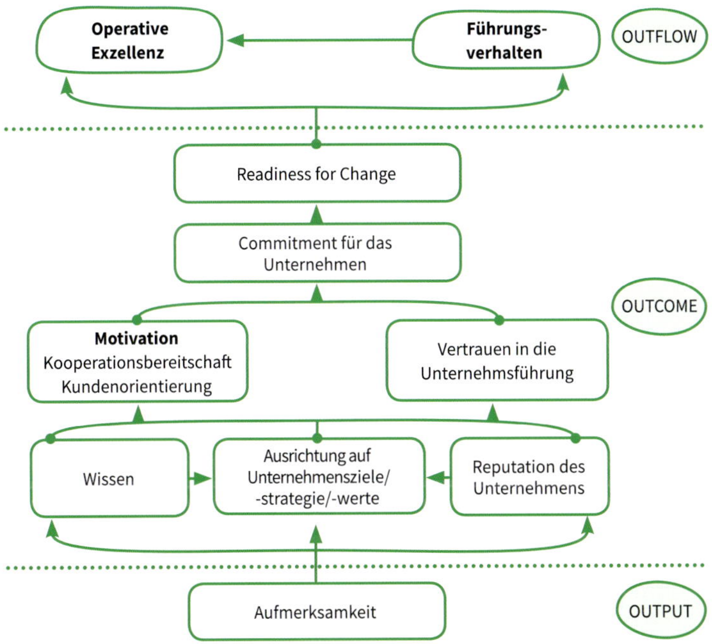

(Pfannenberg 2010)

Studien belegen den positiven Zusammenhang zwischen *Commitment* und *Leistung, Motivation* sowie *Anwesenheit am Arbeitsplatz*. Negative Zusammenhänge bestehen zwischen *Commitment* und *Stress*, der *Absicht, das Unternehmen zu verlassen* sowie dem *Tatsächlichen Verlassen des Unternehmens.*

Nicht zuletzt besteht eine starke positive Korrelation zwischen dem Commitment von Mitarbeitern und ihrer *Veränderungsbereitschaft* (*Readiness for Change*). Ein starkes Leistungsmotiv kann sich z. B. in Extrarollenverhalten äußern: Inwiefern sind die Mitarbeiter bereit, zusätzlich zu den ihnen übertragenen Aufgaben *Initiative* zu ergreifen. *Commitment* als die gefühlte Verpflichtung, sich für das Unternehmen einzusetzen, kann daher als entscheidender Treiber für die *Veränderungsfähigkeit einer Organisation* gelten. (Vgl. Fuhlrott/Durst 2010, S. 171)

Motivation und *Vertrauen* in die Unternehmensführung gelten als die beiden Faktoren für *organisatorisches Commitment*: Wer motiviert ist, richtet sein Verhalten aktiv darauf aus, einen positiv bewerteten Zielzustand zu erreichen. Wie dieser Zielzustand aussieht, hängt dabei allerdings von der persönlichen Motivstruktur ab: Während einige Menschen eher anschlussmotiviert sind und auf eine gute Beziehung zu anderen Wert legen, sind andere Menschen eher leistungsorientiert und möchten sich erfolgreich an Gütemaßstäben messen (ebd.).

Vertrauen drückt – als Zustand zwischen Wissen und Nichtwissen – die Erwartung in das Verhalten anderer in der Zukunft aus, beruht jedoch auf Erfahrungen in der Vergangenheit (vgl. Luhman 2014, S. 23). Insofern stärkt *Vertrauen* in die Unternehmensführung die *Motivation* der Mitarbeiter und trägt zu ihrer *Bindung* und *Veränderungsbereitschaft* bei. Da das *Vertrauen* in die Unternehmensführung auch beinhaltet, dass die Mitarbeiter ihrem Management »zutrauen«, das Unternehmen zum Erfolg zu führen, können die Einschätzungen der Mitarbeiter zur *Wettbewerbsfähigkeit des Unternehmens* und ihre *Bewertung der Unternehmensstrategie*, ggf. auch die *Einschätzung der Management-Qualität*, als Indikatoren (Key Performance Indicators, KPIs) zur Messung von *Vertrauen* herangezogen werden.

Weitere Faktoren für *Vertrauen* und *Motivation* – und damit für das *Commitment* – sind das *Wissen* der Mitarbeiter über die Strategie ihres Unternehmens sowie ihre *Ausrichtung auf die Unternehmensziele*, *-strategie* und *-werte*. Denn nur, wenn die Mitarbeiter die Unternehmensziele und -strategie kennen und für erfolgsträchtig erachten, werden sie diese mit ihrem *Engagement* (durch ihr Verhalten) aktiv mittragen und bewirken (vgl. Fuhlrott/Durst 2010, S. 171f.).

Commitment: Fragen und Faktoren

1. Wie zufrieden sind Sie insgesamt mit Ihrem Arbeitsverhältnis?
2. Würden Sie sich bei XXX wieder bewerben?
3. Würden Sie XXX aufgrund Ihrer Erfahrungen Freunden und Bekannten als Arbeitgeber weiterempfehlen?
4. Wie stark identifizieren Sie sich mit XXX?
5. Wie beurteilen Sie die Motivation Ihrer Kollegen in Ihrer Abteilung?
6. Wie überzeugt sind Sie vom gegenwärtigen Geschäftserfolg von XXX?

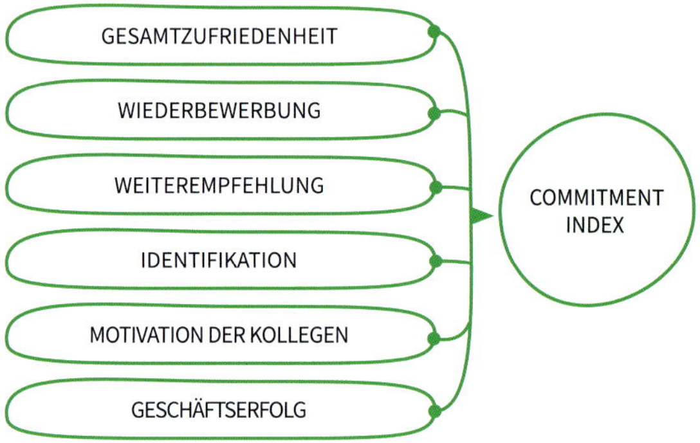

(TNS Infratest 2005)

Typologie der Mitarbeitersituation (Commitment) in den Dimensionen *Zufriedenheit* und *Motivierendes Umfeld*

SITUATION DER BEWOHNER

- Sehr zufrieden
- Vollbringen ihre Arbeit in einem wenig motivierenden Umfeld
- Haben einen stabilisierenden Effekt auf das Unternehmen
- Eher sicherheitsbewusst
- Klar strukturiert, bedürfen jedoch der Führung

SITUATION DER ERFOLGSGARANTEN

- Starke Identifikation mit den Unternehmenszielen
- Hohe Loyalität gegenüber dem Unternehmen
- Glaube an die Vision und Wettbewerbsfähigkeit des Unternehmens
- Das Unternehmen bereitet den Mitarbeitern ein motivierendes Umfeld
- Hohe Bereitschaft zur Kooperation und Selbstinitiative inspiriert und motiviert Kollegen

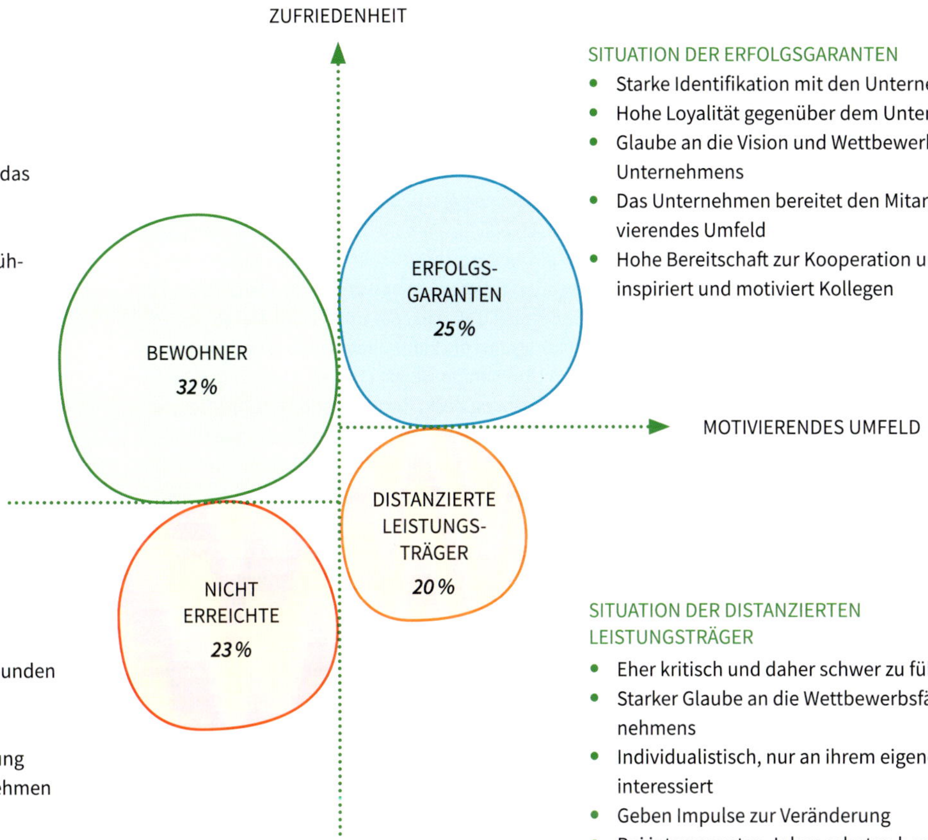

SITUATION DER NICHT ERREICHTEN

- Unzufrieden
- Dem Unternehmen in keiner Weise verbunden
- Durch das Arbeitsumfeld demotiviert
- Eher frustriert als engagiert
- Ansteckungsgefahr für negative Stimmung
- Ungenutzte Ressourcen für das Unternehmen

SITUATION DER DISTANZIERTEN LEISTUNGSTRÄGER

- Eher kritisch und daher schwer zu führen
- Starker Glaube an die Wettbewerbsfähigkeit des Unternehmens
- Individualistisch, nur an ihrem eigenen Weiterkommen interessiert
- Geben Impulse zur Veränderung
- Bei interessanten Jobangeboten bereit zur Veränderung

(TNS Infratest 2005)

TOOL 8 CULTURAL DUE DILIGENCE

Leitfrage

Welche Normen und Werte beeinflussen das Verhalten der Mitarbeiter und die Regeln im Umgang miteinander?

Zielsetzungen

- Die dem Verhalten von Führungskräften und Mitarbeitern zugrunde liegenden Normen und Werte aufdecken
- Im Rahmen von Mergers & Acquisitions Gemeinsamkeiten und Unterschiede in den Unternehmenskulturen von Unternehmen benennen
- Risiken und Widersprüche in der Organisationskultur, z. B. im Spannungsfeld zwischen internen und externen Anforderungen, erkennen
- Handlungsorientierte Ansätze für die Ausrichtung der Mitarbeiter auf die Unternehmensziele, z. B. in Change-Prozessen, entwickeln

Umsetzung

In Mergers & Acquisitions, aber auch in Change-Prozessen, spielt die Unternehmenskultur – das dem Verhalten zugrunde liegende System der Normen und Werte in der Organisation – eine wesentliche Rolle für das Gelingen des Projekts: Für das Engagement von Führungskräften und Mitarbeitern in Change-Projekten sind deren Normen und Werte konstitutiv. Vor der Entwicklung von organisatorischen und kommunikativen Maßnahmen gibt die Untersuchung der Unternehmenskultur wichtige Hinweise zur Realisierbarkeit der Veränderungsziele.

Wenn zwei Unternehmen oder Unternehmensbereiche zusammengeschlossen werden sollen, können unterschiedliche Verhaltensweisen und -erwartungen ein wesentliches Hindernis für ein gemeinsam orientiertes Vorgehen und Zusammenwachsen bilden; die Cultural Due Diligence untersucht als Teil der Due Diligence die kulturellen Chancen und Risiken beim Übernahme-Objekt (Target). Eine vergleichende Untersuchung deckt die Kompatibilität – die Gemeinsamkeiten und Unterschiede – in den Unternehmenskulturen von übernehmendem und übernommenem Unternehmen auf.

Zur Erfassung der Unternehmenskultur und von komplexen Verhaltensmustern der Mitarbeiter werden oft kombinierte Verfahren aus Inhaltsanalyse und Befragung gewählt. Typische Untersuchungsgegenstände sind dabei Führungs-, Arbeits- und Kommunikationsstil, Routinen, Kleidung, Statussymbole sowie die Kollaborations- und Veränderungsbereitschaft der Mitarbeiter (vgl. Fuhlrott/Durst 2010, S. 177). Als Verfahren kommen – vielfach in Kombination – folgende Methoden zum Einsatz (vgl. ebd. S. 175ff.):

- Standardisierte Befragungen ermöglichen eine hohe Repräsentativität und oftmals – über das beauftragte Institut – auch das Benchmarking mit Unternehmen derselben Branche oder derselben Region. Das international bekannteste Tool dieser Art ist der Denison Organizational Survey. Mit ihm kann erhoben werden, ob und in welchem Maße sich die Mitarbeiter in ihrer täglichen Arbeit auf die Unternehmensziele ausrichten. Dafür wird die Unternehmenskultur mit jeweils drei Untermerkmalen in vier Kulturmerkmalen erfasst: *Mission, Anpassungsfähigkeit, Engagement und Konsistenz* (vgl. Denison/Mishra 1995). Die Ergebnisse der Befragung werden in einem Spinnendiagramm (Denison Culture Model) mit Fünfer-Skalierung dargestellt. Über die Wirkachsen *Interner vs. Externer Fokus* und *Flexibel vs. Stabil* erfolgt eine grobe Typisierung der Unternehmenskulturen (siehe Abb. Tool). Ein anderer standardisierter und gut fundierter Fragebogen findet sich bei Schmidt (2004, S. 203ff.).
- Leitfadeninterviews mit Führungskräften des eigenen Unternehmens, die teilweise die direkte Beobachtung von Verhalten ersetzen, z. B. im zu übernehmenden Unternehmen, wo dies aus kartellrechtlichen Gründen bis zum Zusammenschluss verboten ist (vgl. Tool 9: Communications Audit)
- Analyse und Gegenüberstellung der veröffentlichten Äußerungen zum Leitbild und zu anderen in Medien festgehaltenen Werten, Vision, Mission sowie (Führungs-)Leitsätzen
- Inhaltsanalyse und Analyse des Kommunikationsstils in Unternehmensmedien und anderen Artefakten wie Briefen, Mails, Aushängen etc. Dabei wird die Bedeutung von Issues und von explizit geäußerten Normen und Werten in der Inhaltsanalyse per Scoring auf einer Skala von 1 bis 5 bewertet. Auch über die Sprachanalyse nach Schulz von Thun (vgl. Tool 36) kann auf die Normen und Werte

u. a. im Beziehungs- und Erwartungsmanagement geschlossen werden.

So ist die typische Vorgehensweise bei der Cultural Due Diligence:

1. Vorbefragung, z. B. in Fokusgruppen oder in einer Befragung von Führungskräften
2. Design des Fragebogens und der Befragung
3. Analyse der Befragungsergebnisse: Unterschiede zwischen Unternehmen/Bereichen/Regionen und Chancen/Risiken
4. Einleitung von organisatorischen und kommunikativen Verbesserungsmaßnahmen, z. B. Leitbildprojekt

Theorie: Organisationskultur

Durch ihre Untersuchungen der japanischen Managementkultur als Erfolgsfaktor haben Peters/Waterman (1982) die Unternehmenskultur als Schlüssel für den Erfolg des Unternehmens entdeckt. Sie vertreten die These, dass Unternehmenskultur so gemanagt werden kann, dass sie die Unternehmensstrategie unterstützt. Seitdem gilt Unternehmenskultur als »Problemlösungsprogramm von Gesellschaften, Organisationen und Aktanten« (Schmidt 2004, S. 16).

Das Konzept der Organisations- bzw. Unternehmenskultur überträgt den Kulturbegriff aus der Kulturanthropologie, die den Menschen in seinem Verhältnis zu seiner Kultur untersucht, auf Organisationen. Demnach bestimmt die Kultur – das System der geteilten Normen und Werte, Denkhaltungen und Paradigmen in einer Gemeinschaft/Gesellschaft – das Verhalten der Menschen in der Organisation und das Auftreten nach außen.

Nach Schein manifestiert sich die Unternehmenskultur auf drei Ebenen (1984, S. 4; vgl. Schmidt 2004, S. 29):

- **Artefakte.** Sichtbare Strukturen und Prozesse im Unternehmen, wie z. B. Sprache, Rituale, Kleidung, Umgangsformen. Die Artefakte kann jeder sehen, sie sind jedoch stark interpretationsbedürftig.
- **Bekundete Werte.** Die Normen und Standards des Unternehmens, wie sie in Strategien, Zielsetzungen, aber auch in Leitsätzen niedergelegt sind. Manche Maximen und Verbote sind allerdings nicht für jedermann sichtbar und trotzdem relevant.
- **Grundprämissen.** Unbewusste, selbstverständliche Anschauungen, Wahrnehmungen, Gedanken und Gefühle als Basis für Werte und Handlungen, z. B. über die Umwelt, die Wahrheit, die Zeit, den Menschen und menschliches Handeln, die sozialen Beziehungen

Dimensionen und Merkmale der Unternehmenskultur

DIMENSION	AUSPRÄGUNG	MERKMAL
Engagement	*Empowerment*	*Die meisten Mitarbeiter fühlen sich ihrer Arbeit stark verbunden.*
	Teamorientierung	*Mitarbeiter handeln, als wären sie Teil eines Teams.*
	Fähigkeitenentwicklung	*Verantwortung wird so verteilt, dass Mitarbeiter unabhängig arbeiten können.*
Konsistenz	*Wertesystem*	*Es gibt einen ethischen Kodex, der unser Verhalten leitet und uns signalisiert, ob wir uns falsch oder richtig verhalten.*
	Solidarität	*Es gibt eine »starke« Kultur.*
	Koordination und Integration	*Unser Arbeitsansatz ist konsistent und vorausschauend.*
Anpassungsfähigkeit	*Veränderungs-bereitschaft*	*Verschiedene Teile des Unternehmens kooperieren häufig, um Veränderung zu ermöglichen.*
	Kundenorientierung	*Anregungen von Kunden beeinflussen unsere Entscheidungen direkt.*
	Organisationslernen	*Wir sehen Fehler als Gelegenheit für Verbesserung und Lernen.*
Vision/Strategie	*Strategische Richtung und Zweck*	*Es gibt ein Langzeitziel und eine Richtung.*
	Ziele	*Mitarbeiter verstehen, was getan werden muss, um langfristig erfolgreich zu sein.*
	Vision	*Wir haben eine geteilte Vorstellung, wie unser Unternehmen zukünftig aussehen soll.*

(nach Denison/Haaland/Goelzer 2003; dort auch Merkmale der anderen Kulturdimensionen)

Kulturrad des Denison Organizational Survey

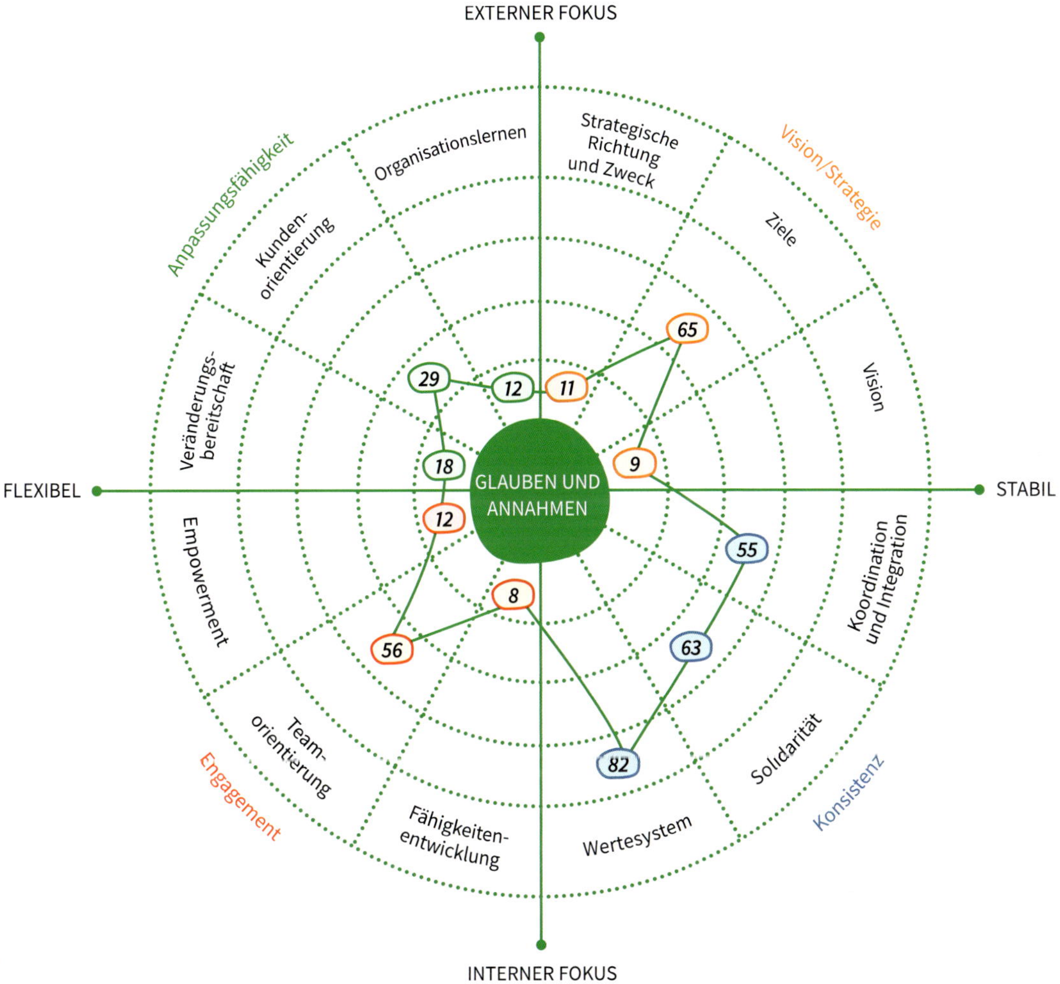

(nach Adkins/Kaur 2018)

TOOL 9 COMMUNICATIONS AUDIT

Leitfrage

Wie effektiv ist die Kommunikation des Unternehmens/der Unternehmen mit den Stakeholdern, insbesondere in Mergers & Acquisitions (M & A)?

Zielsetzungen

- Die Fähigkeit von Unternehmen bewerten, Informationen zu senden/zu empfangen und zu teilen
- Stärken und Schwächen einzelner Kommunikationsinstrumente erkennen
- Kooperationsfähigkeit von Abteilungen und Mitarbeitern im/in den Unternehmen bewerten
- Unterschiede im Kommunikationsverhalten von Unternehmen ermitteln, z. B. im Rahmen von M & A
- Ansätze für die Verbesserung der Kommunikation und einzelner Kommunikationsinstrumente identifizieren

Umsetzung

Das Communications Audit ist eine qualitative Befragung zum Kommunikationsverhalten von Unternehmen. Gegenstand des Audits kann das Kommunikationsverhalten eines Unternehmens sein oder auch – im Rahmen einer vergleichenden Analyse zur Vorbereitung etwa von M & A – mehrerer Unternehmen. Insbesondere im letzten Fall wird das Communications Audit häufig mit der Cultural Due Diligence (vgl. Tool 8) kombiniert. Die Umsetzung erfolgt in Form von Leitfadeninterviews mit internen und/oder externen Stakeholdern des Unternehmens/der Unternehmen.

Da im Vorfeld von M & A aus kartellrechtlichen Gründen keine Befragungen in dem zu übernehmenden Unternehmen erfolgen können, erfolgt das Audit in diesen Fällen durch Befragung des M & A-Teams aus dem eigenen Unternehmen. Dieses Team hat zum Übernahmeziel und zu Managern/Mitarbeitern des Targets durch Gespräche und in Begehungen der Assets (z. B. Produktionsanlagen) mehrere Tage Kontakt gehabt und die Kultur des anderen Unternehmens kennengelernt. Weiterhin werden Artefakte wie Memos, Mitarbeitermedien, Kundenbriefe, die Webseite, Marketingmaterialien etc. analysiert.

Da nicht jeder Manager ein Kommunikationsexperte ist, erfolgt die Befragung der Manager aus dem eigenen Unternehmen zum Übernahmeziel oft durch indirekte Fragen, wie hier beispielhaft zur Kommunikationskultur: »Wenn Sie einen Mitarbeiter des anderen Unternehmens nach seiner Meinung gefragt haben, hat er frei und selbstständig und ohne vorherige Abstimmung mit seinem Vorgesetzten geantwortet?« Bei der Auswertung von Artefakten kommen Techniken wie die Sprachanalyse nach Schulz von Thun (Tool 36) zum Einsatz.

Wesentliche Themen der Befragung können sein:

- Die Vision und wahrgenommene Mission der Stakeholder
- Die Wahrnehmung der Kommunikationsinhalte
- Die Bewertung des Kommunikationsverhaltens des Unternehmens (durch die Stakeholder)
- Die Nutzung und Bewertung der Medienangebote des Unternehmens
- Die Wahrnehmung von Rollen der Unternehmensleitung und anderer Gruppen im Unternehmen und seinem Umfeld in Bezug auf die Kommunikation
- Optimierungsbedarf in diesen Bereichen

Es können Elemente des Delphi-Verfahrens genutzt werden, das heißt, eine zweite Gruppe von Befragten wird mit Befragungsergebnissen aus einer ersten Befragungsrunde konfrontiert und ihre Meinung dazu eingeholt.

Das Audit wird entweder durch die Unternehmenskommunikation oder durch ein beauftragtes Beratungsunternehmen durchgeführt. Der qualitativen Befragungsmethode entsprechend, erfolgt die Bewertung über die befragten Items durch Scoring der Interviewten, ggf. auch des Interviewers auf der Basis der gegebenen Antworten. Typischerweise erfolgt die Bewertung auf einer Skala von 1 (trifft nicht zu) bis 5 (trifft voll zu), alternativ in einem Polaritätenprofil (vgl. Tool 27). Der Anteil von beschreibenden Ergebnisdarstellungen ist groß.

Die wesentlichen Arbeitsschritte der Cultural Due Diligence sind:

1. Die Kommunikationsinstrumente und -praktiken im Unternehmen und in seinem Umfeld werden gesammelt und gemäß ihrer Themenschwerpunkte, Zielgruppen, Frequenz, Reichweite, Generierung von Stakeholderaktivitäten (Feedback, Verlinkung etc.) bewertet.
2. In einer Voruntersuchung werden die wesentlichen Themen, oftmals in Fokusgruppen, ermittelt.
3. Der Fragebogen wird entwickelt und der Pretest durchgeführt.
4. Die Befragung wird durchgeführt, die Interviews werden protokolliert.
5. Es wird eine SWOT-Analyse (vgl. Tool 21) vorgenommen, daraus werden Empfehlungen abgeleitet.

Theorie: Qualitative Sozialforschung

Die Sozialforschung unterscheidet zwischen qualitativen und quantitativen Forschungsmethoden – dies betrifft vor allem die Stichprobenauswahl, die Datenerhebung und die Analyse. Quantitative Methoden kennzeichnen die empirische Sozialforschung: Empirische Sachverhalte werden numerisch dargestellt, es werden mithilfe statistischer Verfahren Schlussfolgerungen aus den empirischen Befunden gezogen.

Die qualitative Sozialforschung basiert dagegen auf der Erhebung und Auswertung nicht-standardisierter Daten, häufig mit interpretativen und hermeneutischen Methoden. Die qualitative Sozialforschung steht in der Tradition der phänomenologischen Soziologie oder des symbolischen Interaktionismus. Qualitative Forschung trägt dem besonderen Charakter sozialwissenschaftlicher Gegenstandsbereiche durch eine offene Datenerhebung und eine interpretative Datenauswertung Rechnung. Dabei liegt ein besonderer Fokus auf der Akteursperspektive sowie den Handlungen und Deutungsmustern der Befragten.

Das Spektrum qualitativer Methoden reicht von softwaregestützten Textanalysen über stärker kodifizierte Methoden (Narrationsanalyse, hermeneutische Wissenssoziologie, rekonstruktive Sozialforschung, Diskursanalyse, objektive Hermeneutik) und offene Verfahren der partizipativen Feldforschung bis hin zur gezielt ins Feld eingreifenden Aktionsforschung.

Während qualitative Methoden offene Fragen bevorzugen, setzen quantitative Methoden auf geschlossene und Multiple-Choice-Fragen. Häufig werden die beiden Methodenarten in Kombination verwendet. (Vgl. Wikipedia 2019, Merten 2008, Mayring 2002)

Vergleichende Analyse des Kommunikationsverhaltens von drei Unternehmen im Vorfeld von Mergers & Acquisitions

THEMEN UND WERTE: VERÖFFENTLICHTE THEMEN

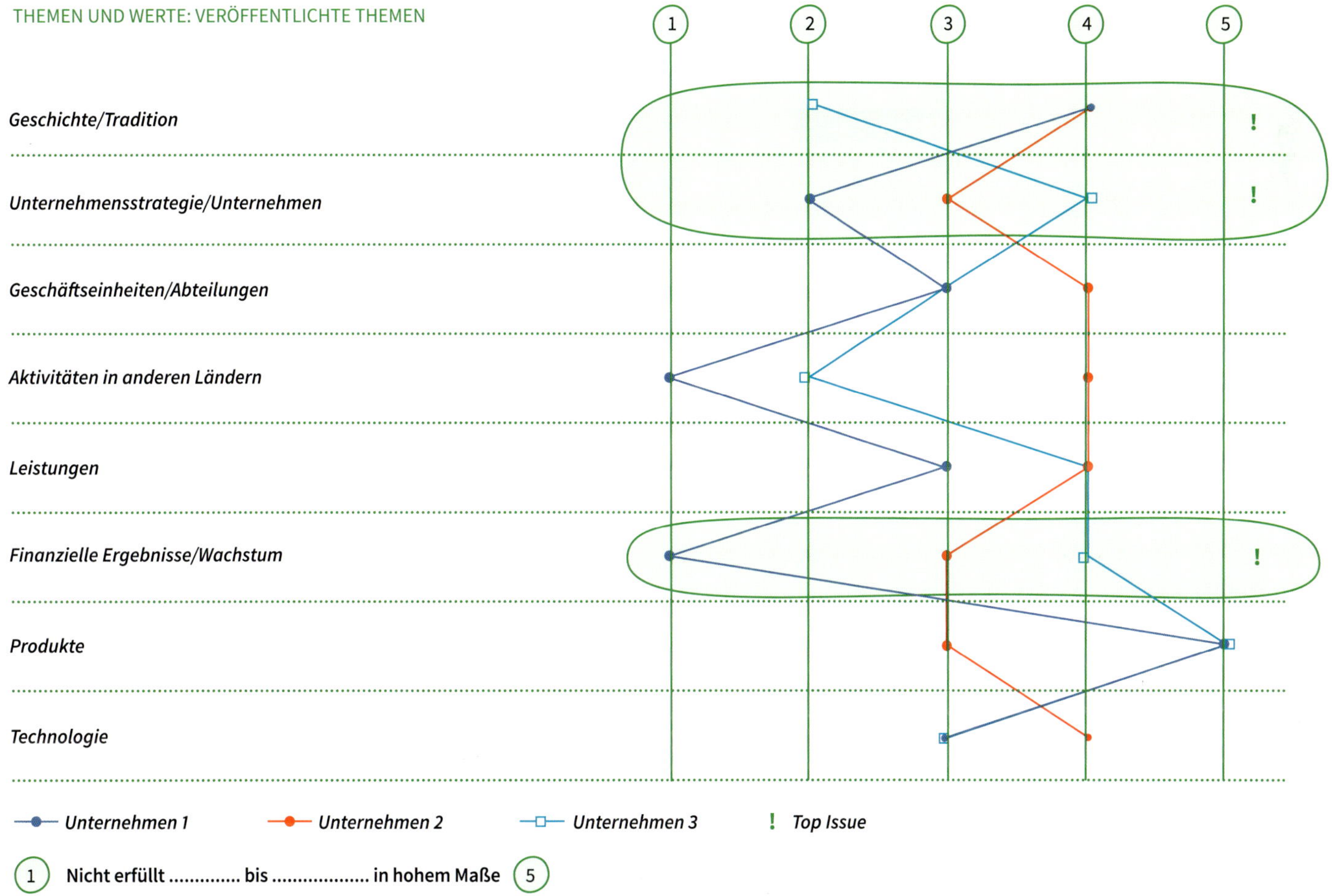

Datenbasis: Unternehmensmedien

TOOL 10 ANALYSE: POSITIONIERUNG/BOTSCHAFTEN IM MARKT

Leitfrage

Wie wird das eigene Unternehmen oder Produkt im Vergleich zum Wettbewerb im Markt gesehen?

Zielsetzungen

- Die Kernbotschaften des eigenen Unternehmens im Vergleich zu denen des Wettbewerbs bewerten
- Die Claims der Unternehmen vergleichen
- Die Gestaltungsansätze und Visuals der Unternehmen vergleichen
- Fehlpositionierungen des Unternehmens/Produkts vermeiden, eine starke Positionierung erreichen

Umsetzung

Für die Analyse der Positionierung des eigenen Unternehmens/der eigenen Produkte & Services empfiehlt sich der Vergleich von werblichen Leitmedien von geringer Komplexität/geringer inhaltlicher Tiefe. Die Medien müssen die wesentlichen Elemente der Kommunikation enthalten, wie:

- Kernbotschaften mit funktionalen und emotionalen Benefits
- Logo
- Claim
- zentrales Visual (Abbildung von Produkt oder Produktnutzen oder Konsument oder Symbol etc.)

Dementsprechend können öffentlich zugängliche Medien für die Positionierungsanalyse im Wettbewerb herangezogen werden, z. B. Werbeanzeigen, Poster, die erste Seite der Webseite oder Werbebanner.

Die Positionierungsanalyse erfolgt in folgenden Schritten:

1. Die zu analysierenden Wettbewerbsunternehmen werden festgelegt.
2. Es erfolgen die Recherche und Auswahl der Medien.
3. Die Medien werden anhand der Tabelle (vgl. Abb. rechts) analysiert.
4. Empfehlungen werden abgeleitet.

	UNTERNEHMEN 1 *DHL*	UNTERNEHMEN 2 *Hermes*	UNTERNEHMEN X
KERNBOTSCHAFTEN MIT FUNKTIONALEN UND EMOTIONALEN BENEFITS	***Günstiger, schneller und zuverlässiger Paketversand***	***Einfacher und günstiger Paketversand***	
LOGO	**DHL**	**Hermes**	
CLAIM	***Zuverlässiger Paketversand mit DHL***	***Jedes Paket ist wichtig***	
ZENTRALES VISUAL (ABBILDUNG VON PRODUKT ODER PRODUKTNUTZEN ODER KONSUMENT ODER SYMBOL ETC.).			

TOOL 11 WETTBEWERBSVERGLEICH MEDIENPORTFOLIO

Leitfrage

Über welche Kanäle und Anwendungen (Channels und Applications) kommunizieren die Wettbewerber?

Zielsetzungen

- Die Kommunikationsangebote von Wettbewerbern kennen
- Standards in der Branche und Lücken im eigenen Medienportfolio und in dem der Wettbewerber kennen
- Das beste Medienportfolio identifizieren und die Benchmark bilden
- Empfehlungen für die Optimierung des eigenen Medienangebots ableiten

Umsetzung

Die Tabelle stellt dar, welches Unternehmen welche Channels und Applications einsetzt. Ggf. werden diese kurz beschrieben.

Das Benchmarking erfolgt in folgenden Schritten:

1. Auswahl von Vergleichsunternehmen nach Kriterien wie *Markt*, *Größe* und *Regionale Aufstellung*, *Marktkapitalisierung*. Wenn es in der Branche keine Best Practices gibt oder das eigene Unternehmen bereits die Benchmark darstellt, empfiehlt sich die Orientierung an weiter entwickelten Branchen (wie z. B. der Automobilindustrie, der Telekommunikation, der Konsumgüterindustrie) und/oder die Ausweitung auf internationale Beispiele.
2. Die Tabelle mit dem eigenen Unternehmen und den Wettbewerbern sowie den Kanälen und Anwendungen wird aufgestellt und im Laufe des Analyseprozesses weiter ergänzt.
3. Er wird festgestellt, welche Unternehmen welche Kanäle und Anwendungen einsetzen.
4. Die Vergleichsanalyse deckt die Benchmark sowie ggf. Lücken und führende Positionen des eigenen Unternehmens auf.

Theorie: Benchmarking

Ausgangspunkt des Benchmarking ist die Frage nach Exzellenz, wie sie Peters/Waterman in ihrer Publikation »In Search of Excellence« (1982) formuliert haben: Welche Eigenschaften und Handlungsweisen unterscheiden erfolgreiche Unternehmen in einem Markt von weniger erfolgreichen Wettbewerbern?

Eine Benchmark ist ein Vergleichsmaßstab. Benchmarking bezeichnet dementsprechend die vergleichende Analyse von eigenen Leistungen oder Prozessen mit einem festgelegten Bezugswert oder -prozess. In vielen Bereichen der Betriebswirtschaft ist Benchmarking eine kennzahlengetriebene Aufgabe – mit den Qualitätskriterien für Kennzahlen: Objektivität, Validität, Reliabilität. Unterschieden werden partielle Benchmarking-Methoden, bei denen Kennzahlen und/oder Leistungsindikatoren verglichen werden, ohne Wirkungszusammenhänge zu betrachten, und multidimensionale Benchmarking-Methoden, die Wirkungszusammenhänge analysieren (vgl. Wikipedia 2019).

In der Wettbewerbsanalyse der Kommunikation wird meist das qualitative Benchmarking eingesetzt: Dabei werden heuristisch Best Practices ermittelt und miteinander verglichen. Die höchsten Standards in einem Bereich werden zur Benchmark erhoben.

Benchmark-Analyse von Kanälen und Anwendungen der Kommunikation

UNTERNEHMEN / CHANNELS	VERGLEICHS-UNTERNEHMEN A	VERGLEICHS-UNTERNEHMEN B	VERGLEICHS-UNTERNEHMEN C	EIGENES UNTERNEHMEN
IR-Webseite	✓	✓	✓	✓
Twitter	✓	✓	✗	✓
Stocktwits	✗	✓	✓	✓
SlideShare	✓	✓	✗	✓
YouTube	✗	✓	✗	✓
Facebook	✗	✓	✗	✗
IR-Blog	✗	✗	✓	✗
LinkedIn/Xing	✗	✗	✓	✓
Communities (Seeking Alpha, Yahoo Finance etc.)	✗	✓	✓	✗

TOOL 12 WETTBEWERBSVERGLEICH MASSNAHME

Leitfrage

Welche Themen, Anwendungen und Services bieten die Medien der Wettbewerber im Vergleich zum eigenen Medium?

Zielsetzungen

- Ermitteln, welche Schlüsselthemen (z. B. *Mission/ Vision, Forschung & Entwicklung, Marken, Nachhaltigkeit*) in den Medien der Wettbewerber kommuniziert werden
- Ermitteln, welche Anwendungen und Services auf den Channels der Wettbewerber genutzt werden
- Aufzeigen, wie Unternehmen aus Pionierbranchen (z. B. der Konsumgüterindustrie und der Telekommunikation) dialogische und Multimedia-Anwendungen sinnvoll einsetzen
- Lücken der eigenen Maßnahme aufzeigen und Chancen erkennen, die sich durch Lücken beim Wettbewerb eröffnen
- Empfehlungen für die Optimierung ableiten

Umsetzung

Die Tabelle vergleicht die Ausprägungen der Maßnahme von Wettbewerbern mit den Eigenschaften der eigenen Maßnahme. Es wird festgestellt, welche Themen und Anwendungen (Applications wie z. B. Bewegtbild) der Wettbewerb einsetzt und welche (kommunikativen) Services er anbietet. Ggf. werden diese kurz beschrieben.

Das Benchmarking erfolgt in folgenden Schritten:

1. Screening der Medien der Wettbewerber, zum Beispiel der Webseiten. Ggf. können auch Maßnahmen von Nachbarbranchen oder besonders weit entwickelten Industrien in die Analyse einbezogen werden, ebenso internationale Best Practices, wie sie sich durch Awards identifizieren lassen.
2. Die Tabelle mit der Maßnahme des eigenen Unternehmens und denen der Wettbewerber wird aufgestellt und im Laufe des Analyseprozesses ggf. weiter ergänzt.
3. Der Wettbewerbsvergleich erfolgt in Dimensionen wie *Themen, Services* und *eingesetzte* (z. B. *digitale*) *Anwendungen*.

Theorie: Data Mining

Das Data Mining beschafft Informationen und Kennzahlen außerhalb des eigenen Unternehmens wie auch aus den vorhandenen Datensätzen im eigenen Unternehmen.

Spezialisten für Data Mining oder auch Daten-Journalisten nutzen individuell programmierte Crawler, die Datenbanken und andere interne und externe Quellen scannen und die Daten zur Verfügung stellen, z. B. auf Basis von Python sowie über Software (z. B. OpenRefine Gephi, Tableau, DataWrapper). Diese Tools lesen die Informationen aus, interpretieren und präsentieren sie, sodass handlungsleitende Erkenntnisse für das Management der Kommunikation resultieren.

Wettbewerbsvergleich von Webseiten

APPLICATIONS \ UNTERNEHMEN	BEST PRACTICE A	BEST PRACTICE B	BEST PRACTICE C	EIGENES UNTERNEHMEN
Einbindung Social-Media-Updates	✓	✓	✓	✓
Video auf Startseite	✓	✓	✓	✗
Animierte Standortkarte/Infografiken	✓	✓	✓	✗
Sliderboxen auf Startseite	✓	✗	✓	✗
Corporate Blog	✓	✓	✓	✗
App/Mobile Webseite	✓	✓	✓	✓
SoMe Newsroom/Media Newsroom	✗	✓	✗	✗
Voting/Bookmarking	✗	✗	✗	✓

TOOL 13 SYNOPSE CONTENT

Leitfrage

Welche Informationen muss die eigene Maßnahme bereitstellen, um wettbewerbsfähig zu sein/um die Erwartungen der Stakeholder zu erfüllen?

Zielsetzungen

- Informationstiefe und Struktur von Best Practices mit dem eigenen Angebot vergleichen
- Defizite des eigenen Informationsangebots erkennen
- Inhaltliche Mindeststandards der Branche (Must-haves) oder eines Unternehmenstypus identifizieren
- Redundante Inhalte des eigenen Unternehmens aufdecken

Umsetzung

Die Synopse erfolgt in folgenden Schritten:

1. Die wichtigsten Wettbewerber und Best-Practice-Unternehmen anderer Branchen – national und international – werden ausgewählt.
2. Die Rubriken und Unterrubriken, z. B. der Webseiten, werden in einer Tabelle gegenübergestellt. Dabei werden identische Rubriken/Themenbereiche in einer Zeile synoptisch verglichen.
3. Es wird unmittelbar deutlich, welche Inhalte bei allen Wettbewerbern über diesen Kanal gespielt werden und welche nur von einzelnen Unternehmen dargestellt werden.

Theorie: Synopse

Die Synopse (altgriechisch συνοπτικός synoptikós ›das Ganze zusammen sehend‹, σύνοψις sýnopsis ›Zusammenschau‹) dient der vergleichenden Übersicht und Gegenüberstellung von gleichartigen Daten und Texten aus zwei oder mehreren Dokumenten. Durch die horizontale Zuordnung gleicher oder ähnlicher Inhalte in Spalten wird unmittelbar deutlich, welche Themen in den Dokumenten gleichartig und welche unterschiedlich repräsentiert sind. Das erleichtert die vergleichende Analyse.

Der Ursprung der Synoptik liegt in der kritischen Bibelforschung des 18. und 19. Jahrhunderts. Hier wurden – zuerst in der Evangeliensynopse von Johann Jakob Griesbach 1776 – die ersten drei Evangelien des Neuen Testaments (nach Matthäus, nach Markus und nach Lukas) gegenübergestellt. Es wurde unmittelbar deutlich, wieviel gemeinsames Material, aber auch welche »Lücken« die Evangelien beinhalten. Dies ist einer der Ausgangspunkte der historisch-kritischen Bibelexegese z. B. von David Friedrich Strauß (1835/36) mit dem Ziel, den »Wahrheitsgehalt« der biblischen Überlieferung zu ermitteln. (Vgl. Wikipedia 2019)

Vergleichende inhaltliche Analyse (Synopse) von Webseiten

RUBRIK	WETTBEWERBER A	WETTBEWERBER B	WETTBEWERBER C	EIGENES UNTERNEHMEN
INFORMATIONEN ZUM UNTERNEHMEN/ ABOUT US	*Informationen über CEO/GF*	*Information über GF/Management*	*Informationen zum Firmengründer/Board of Management*	*Informationen über Aufsichtsrat/GF*
	Marken	*Marken*	*Marken*	*Marken & Produkte*
	Strategie	*Strategie* • *Über das Unternehmen* • *Produktentwicklung* • *Kosten* • *Lösungen*		*Unternehmensprofil*
	Kultur	–	*Vision*	–
	Geschichte	*Geschichte*	*Geschichte*	–
	Weltweit	–	• *Standorte/Fabriken* • *Globales Netzwerk* • *Internationaler Markt* • *Nationaler Markt* • *Internationale Qualitätsstandards*	*Standorte*
	News	–	–	*Publikationen*
	–	*Einkauf/Purchasing*	–	–
	–	*Code of Conduct*	–	–
	–	–	*Auszeichnungen und Awards*	–

TOOL 14 PERSONA

Leitfrage

Was sind die Bedürfnisse und Motive der Stakeholder – und damit Ansatzpunkte für die Kommunikation

Zielsetzungen

- Die Komplexität von Stakeholderdaten reduzieren
- Ein anschauliches Bild (»Insights«) vom Verhalten wichtiger Stakeholdergruppen entwickeln
- Inhaltliche Ansatzpunkte für die Kommunikation erkennen
- Dem Kreativteam ermöglichen, sich empathisch in die Stakeholder hineinzuversetzen und seine Fantasie bei der Entwicklung und Gestaltung von Kommunikationsmaßnahmen anregen

Umsetzung

Personas sind keine Beschreibungen realer Personen, sondern hypothetisch. Sie repräsentieren eine Stakeholdergruppe/ein Segment in Form einer individuellen lebhaften (scheinbar authentischen) Beschreibung – das heißt, die Beschreibung der Persona enthält (scheinbar) individuelle Charaktereigenschaften, Erfahrungen und Verhaltensmuster.

Personas verbinden sozio-demografische Informationen, z. B. zur Nutzungshäufigkeit von Produkten und Medien, mit Beobachtungen und Einschätzungen zum Verhalten der Stakeholder. Betrachtet werden darüber hinaus Normen und Werte, Ängste und Hoffnungen oder auch Vorurteilsstrukturen.

Viele dieser Informationen basieren auf lebensweltlichen Erfahrungen von Teammitgliedern. Darüber hinaus werden Personas durch die Kombination von herkömmlichen und agilen Erhebungs- und Rechercheverfahren generiert (vgl. Spies 2014, S. 74ff.), z. B.:

- Auswertung von Daten aus bzw. Zuordnung zu Sinus-Milieus (www.sinus-institut.de)
- Auswertung von Mediennutzungs-Statistiken (vgl. Tool 16)
- Moodboards (vgl. Tool 51), die das Verhalten und den Tagesablauf von Stakeholdern visualisieren
- Fotos des Tascheninhalts (z. B. der Handtasche) von Stakeholdern
- Anlage eines Kalenders »Ein Tag im Leben des/der...« (»A day in the life of...«)
- Straßeninterviews
- Besuche der Persona auf der Arbeit/in der Freizeit/zu Hause und teilnehmende Beobachtung an Aktivitäten
- Shopper-Test: Einkauf aus Stakeholderperspektive
- Storytelling (vgl. Tool 53)
- Rollenspiele im Team (vgl. Tool 107)
- Rauminstallationen, die die Lebenswelt z. B. von Konsumenten nachempfinden, wie »Deutschlands häufigstes Wohnzimmer« bei der Agentur Jung von Matt
- Beobachtung von Stakeholdern oder Selbstbeobachtung in Laboren, die typische Lebens- und Konsumsituationen nachstellen

Theorie: Mentales Modell und Script

Quantitative Methoden zur Analyse von Zielgruppen abstrahieren stark; es entstehen Informationen wie: Wie viel Prozent der Zielgruppe sind Männer, wie viel Frauen? Was verdienen sie im Durchschnitt? Welche Hobbies haben sie? Das ist ohne Zweifel relevant für die Mediaplanung u. Ä., wie der Ermittlung des Tausender-Kontaktpreises. Doch sagen solche quantitativen Daten wenig über die Erfahrung von Stakeholdern mit dem Unternehmen und seinen Produkten/Services aus und auch wenig über die Art, welche Informationen Kommunikationsmaßnahmen zur Verfügung stellen und wie sie für eine bestmögliche User-Erfahrung gestaltet sein sollen (vgl. Spies 2014, S. 73).

Inhalte der Persona

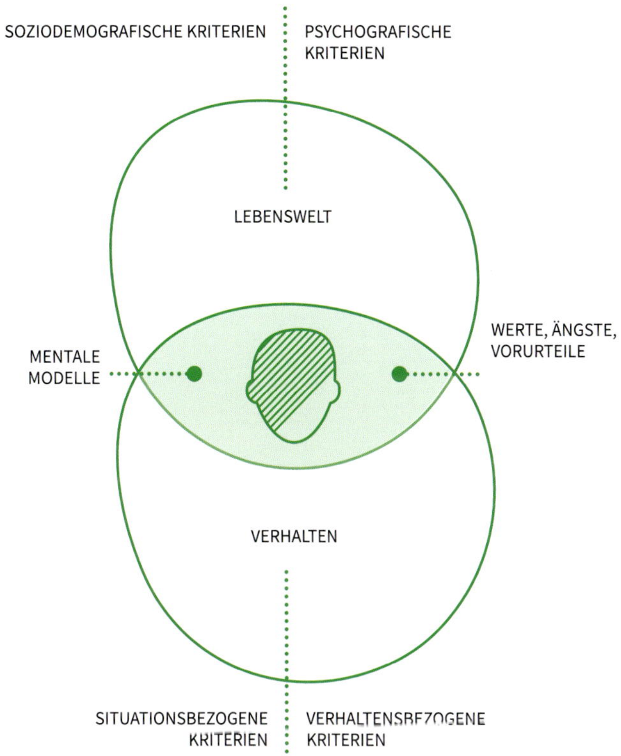

(nach Spies 2014)

Qualitative Methoden wie der Persona-Ansatz wurden im Rahmen von Design-Thinking-Konzepten entwickelt, damit die Produkte/Services und die Kommunikation nutzerzentriert auf die Bedürfnisse des Konsumenten/Users ausgerichtet werden.

Auf der Basis von den Meinungen/Einstellungen und Assoziationen der Stakeholder zu einem Objekt (z. B. zu dem Unternehmen oder seinem Produkt) werden mentale Modelle aufgebaut. Sie repräsentieren die Gedanken und Assoziationen einer Person zu einem Thema bzw. Gegenstand und beeinflussen das Verhalten der Stakeholder-Persona. In alltäglichen Situationen resultieren diese mentalen Modelle in einem Script: einem Set aus Erwartungen, was in einer sozialen Situation – z. B. bei der Bestellung in einem Restaurant – als Nächstes passieren wird (vgl. Schank 1995, S. 7ff.). Bei der Entwicklung der Persona dient die Modellierung von solchen Scripts dazu, ein tieferes Verständnis der Stakeholder zu entwickeln und ihre Bedürfnisse besser antizipieren zu können – z. B. auch bei der Mediennutzung. (Vgl. Spies 2014, S. 76)

Felix Müller

Erfahrener Technik-Liebhaber
Männlich, 28 Jahre, Berufsanfänger

»Als Student hatte ich kein Geld, Finanzen waren dementsprechend kein Thema für mich.«

Felix hat gerade sein Referendariat abgeschlossen und an einem Gymnasium in einer Großstadt eine Stelle als Englisch- und Sportlehrer angetreten. Sein bisheriges Finanzmanagement beschränkte sich auf den monatlichen Eingang der Bafög-Zahlung und den Lohn seines Nebenjobs in einem Bekleidungsgeschäft.

Felix ist immer noch Kunde bei der Sparkasse in seinem Heimatort, mehr als 300 km von seinem jetzigen Wohnort entfernt. Dort liegen auch noch ein längst geplündertes Sparbuch aus Kindertagen und sein Girokonto, das allzu oft am Dispo kratzt. Sein erstes Lehrer-Gehalt lässt ihn nun über seine Finanzsituation nachdenken.

Er möchte sie neu ordnen und stellt dabei seinen persönlichen Nutzen in den Vordergrund. Sein Ziel ist dabei klar: Nach einem langen Arbeitstag, an dem er abends noch Klausuren korrigieren oder den Unterricht vorbereiten muss und darüber hinaus noch Zeit für Freunde und Freundin haben möchte, will er so wenig Zeit wie möglich für lästigen Papierkram aufwenden. Den Wechsel seiner jetzigen Bank plant er dabei fest ein.

DIGITALITÄT

Felix ist viel unterwegs. Sein Smartphone ist daher das zentrale Kommunikations- und Informationsmittel in seinem Leben. Er ist aufgeschlossen gegenüber technischen Neuerungen und betreibt schon lange Online-Banking. Er kauft auch gerne Dinge online und unterwegs. Technische Spielereien probiert er gerne aus. Wenn er davon überzeugt ist, wirbt er im Bekannten- und Freundeskreis mit Leidenschaft dafür.

WERTE UND LEBENSWEISE

Felix gehört zur sogenannten modernen jungen Mitte mit ausgeprägtem Lebenspragmatismus und Nutzenkalkül. Er ist zielstrebig und kompromissbereit, möchte Spaß im Leben haben, ist aber doch auch sicherheitsorientiert. Außerdem hat er ein starkes Bedürfnis nach Verankerung und Zugehörigkeit.

ANFORDERUNGEN ***an den Bankdienstleister***

- ***Hoher Preis-/Leistungsquotient***
- ***Hohe Kundenorientierung***
- ***Verantwortungsvoller Umgang mit persönlichen Daten***
- ***Auf individuelle Kundenwünsche eingehende Angebote***
- ***Zuverlässigkeit***
- ***Schnelle Bearbeitung***
- ***Bequeme und einfache Nutzung etwaiger Services***
- ***Tools***
- ***Kompetente Beratung***

BEDÜRFNISSE

Absteigend nach persönlicher Gewichtung:

1. *Unkompliziertes Verwalten seiner Finanzen – auch von unterwegs*
2. *Schutz seiner persönlichen Daten*
3. *Vorteilhafte Kosten-/Nutzenrechnung*
4. *Leichte Erreichbarkeit für Rückfragen*

WICHTIGE EIGENSCHAFTEN

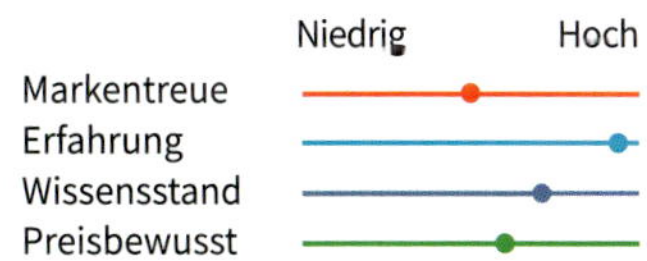

(nach Spies 2014)

TOOL 15 MEDIENNUTZUNG DER STAKEHOLDER

Leitfrage

Über welche Kanäle können die Stakeholder erreicht werden?

Zielsetzungen

- Die Mediennutzung der Stakeholder kennen
- Kriterien für die Ausgestaltung des Medienportfolios bereitstellen

Umsetzung

Zur Mediennutzung gibt es zahlreiche Studien von Kommunikations- und Mediadienstleistern, wie z. B. von:

- www.comscore.com
- www.prnewswire.com
- www.ard-zdf-onlinestudie.de
- digitalreport.wearesocial.com
- www.agof.de
- Allensbacher Markt- und Werbeträgeranalyse

Diese Studien basieren in der Regel auf Befragungen, teilweise auch auf Ergebnissen des Web-Trackings. Sie sind verfügbar, sowohl weltweit wie auch für einzelne Regionen/Länder, für verschiedene Arten von Kanälen wie z. B. Social Media und sowohl für Gesamtpopulationen wie auch für einzelne Stakeholdergruppen und -segmente.

Im Einzelfall können diese Studien durch eigene Befragungen ergänzt werden (vgl. Tool 16).

Demografische Zusammensetzung der Nutzer von wesentlichen Social Media-Plattformen

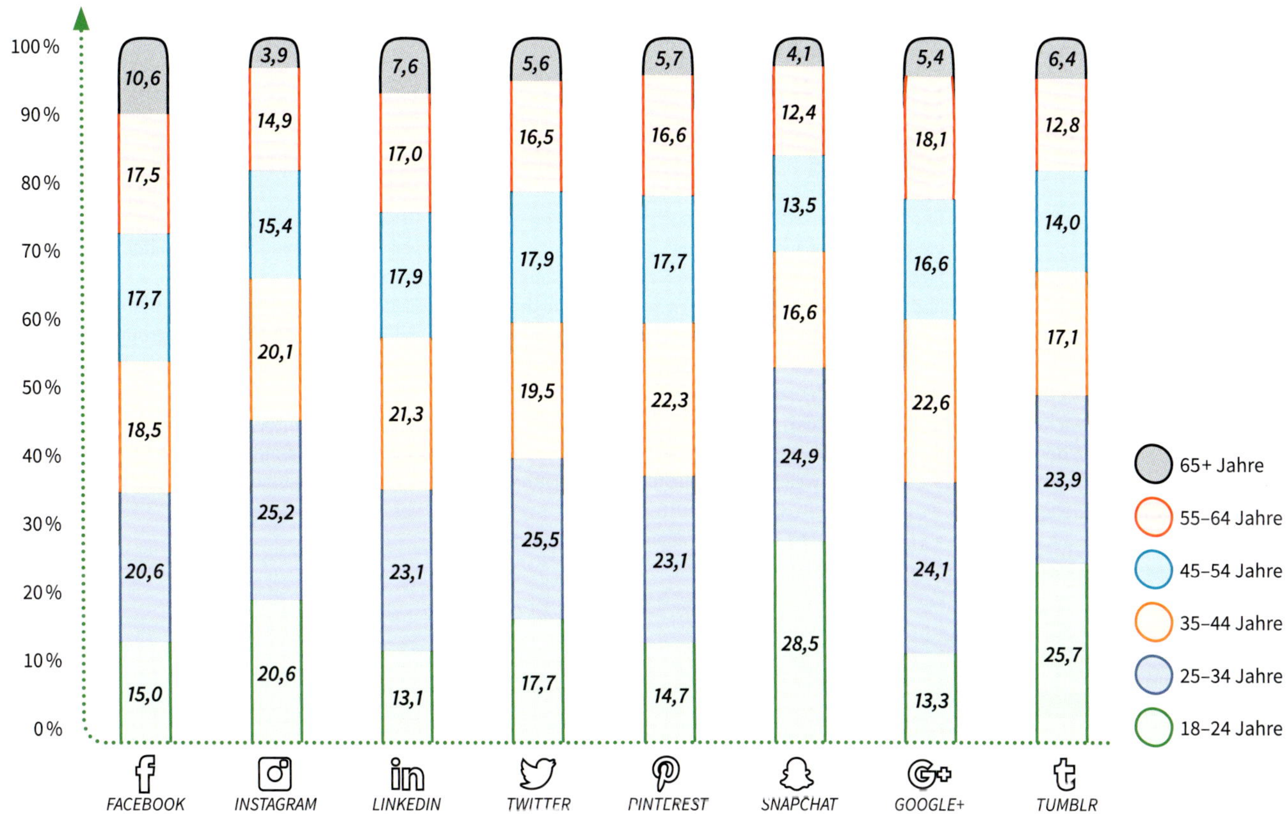

(Thilk 2016)

TOOL 16 BEFRAGUNG ZUR MEDIENNUTZUNG: PERSONA-ANSATZ

Leitfrage

Welche Medien nutzen die Stakeholder in welcher Situation/zu welcher Tageszeit?

Zielsetzungen

- Ein anschauliches Bild (»Insights«) des Mediennutzungsverhaltens von Stakeholdern entwickeln
- Das Bild vom Mediennutzungsverhalten der Stakeholder nach Segmenten/Rollen ausdifferenzieren
- Kriterien für die Ausgestaltung des Medienportfolios bereitstellen

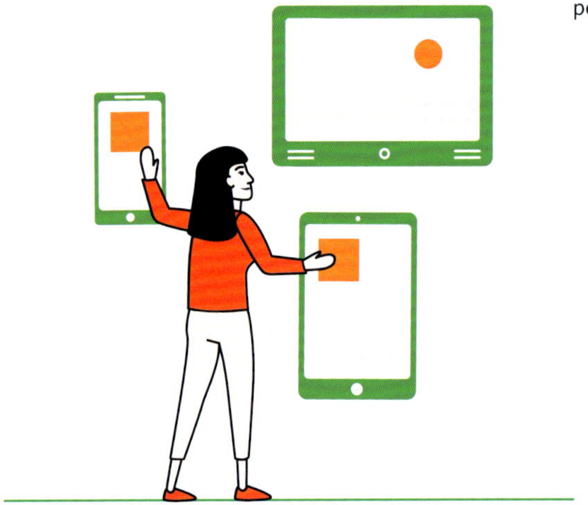

Umsetzung

Der Persona-Ansatz lässt sich auch fokussiert für die Erforschung und Gewinnung von Insights des Mediennutzungsverhaltens von Stakeholdergruppen und -segmenten nutzen. Dabei wird der »Day in the Life«-Ansatz (vgl. Tool 14: Persona) adaptiert, um Einsichten zu folgenden Fragestellungen zu gewinnen:

- Welche Endgeräte nutzen die Stakeholder zu welcher Tageszeit?
- Welche Software benutzen sie dabei?
- Im Kontext welcher – beruflichen oder privaten – Tätigkeit steht die Mediennutzung?
- Erfolgt die Mediennutzung allein oder in der Gruppe/im Team?

Dafür werden mehrere Methoden hintereinandergeschaltet:

1. Desk Research greift auf bestehende Untersuchungen zum Mediennutzungsverhalten der Stakeholder zu.
2. Eine Befragung generiert quantitative Daten, segmentiert nach Stakeholderteilgruppen, ggf. auch nach Rollen im (betrieblichen) Kontext oder nach Regionen.
3. Fokusgruppeninterviews mit Repräsentanten einzelner Stakeholdersegmente können die durch Befragung gewonnenen quantitativen Daten durch persönliche Insights vertiefen.

Mediennutzung und Nutzungskontexte im Tagesverlauf

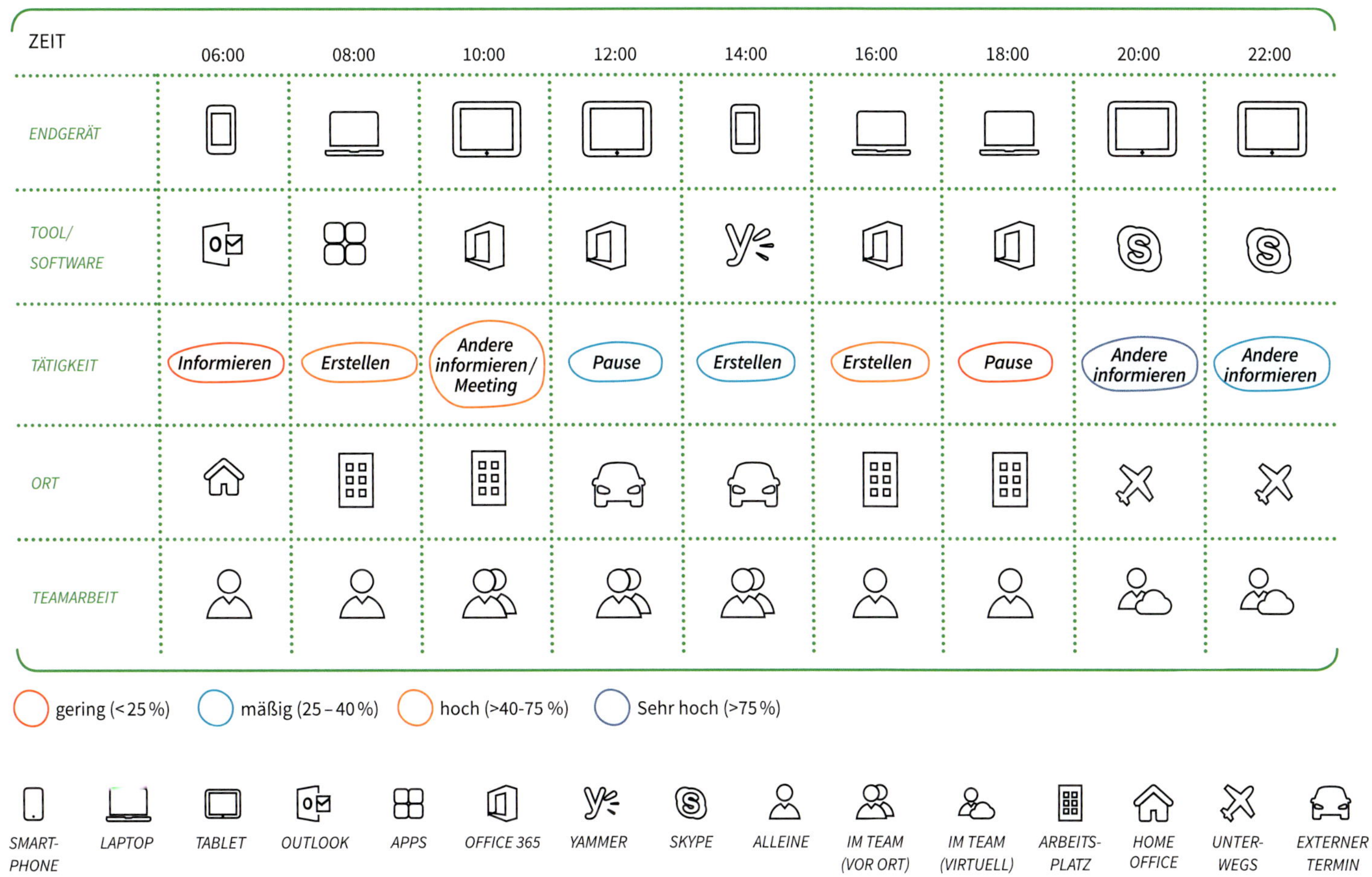

(JP | KOM/Henkel 2018, unveröffentlichte PPT)

TOOL 17 TOUCHPOINT-ANALYSE NACH MEDIENARTEN

Leitfrage

Über welche Kanäle und Anwendungen können die Stakeholder erreicht werden?

Zielsetzungen

- Welche – aktuellen und potenziellen – Kontaktpunkte hat das Unternehmen/die Marke mit seinen Stakeholdern?
- Sind diese Touchpoints Paid, Earned oder Owned Kanäle?
- Wie kann die User Journey gestaltet werden (vgl. Tool 75)?

Umsetzung

Die Touchpoint-Analyse – die Sichtung und Aufschlüsselung der aktuellen und möglichen Kontaktpunkte – basiert auf den Analysen des Mediennutzungsverhaltens (vgl. Tools 15 und 16) sowie aus Auswertungen des Feedbacks/der Mediennutzung der eigenen Kommunikationsmaßnahmen in der Vergangenheit.

Die Touchpoints werden auf der Basis einer Matrixstruktur in konzentrischen Kreisen und in Sektoren angeordnet. Die konzentrischen Kreise sortieren die Medien nach folgenden Typen:

- **Paid Medien** sind Medien, bei denen das Unternehmen für die Publikation von Inhalten bezahlt, z. B. durch die Schaltung von Anzeigen oder Bannern.
- **Owned Medien** sind Eigenpublikationen, z. B. Broschüren, Veranstaltungen, die eigene Webseite.
- **Earned Medien** sind Medien, bei denen sich das Unternehmen die Publikation durch attraktive Inhalte »verdient«, z. B. in der Pressearbeit.

Die Sektoren schlüsseln die Mediengruppen z. B. nach den Kriterien *Digital, Analog* und *Persönlicher Kontakt* auf.

Das Tool kann sowohl für die Erfassung der IST-Touchpoints wie auch – in der Strategieentwicklung – zur Definition der SOLL-Touchpoints verwendet werden. Alternativ können für die Touchpoint-Analyse IST auch die Customer Journey SOLL-Tools (vgl. Tools 74 und 75) eingesetzt werden.

Theorie: PESO-Modell

Das PESO-Modell ist ein Modell zum Portfolio-Management von Kanälen in Kommunikationskampagnen. PESO steht für Paid, Earned, Shared und Owned Media. Es wurde 2013 von Gini Dietrich (Arment Dietrich, Chicago) vorgestellt (vgl. Dietrich 2013). Das PESO-Modell definiert über die Paid, Earned, Shared und Owned Medien hinaus die Shared Medien. Damit erfasst es auch Social Content, der von Stakeholdern in sozialen Medien erzeugt wird. Das integrierte Modell fördert die inhaltliche und prozesshafte Koordination zwischen den Kanälen in den vier Content-Typen.

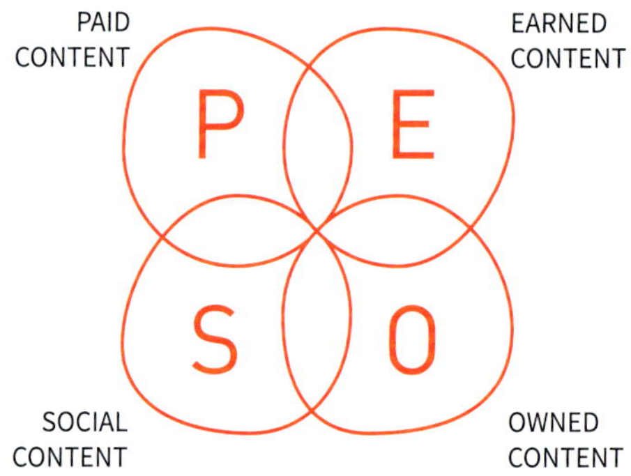

(Dietrich 2013)

Touchpoints einer Stakeholder-Gruppe

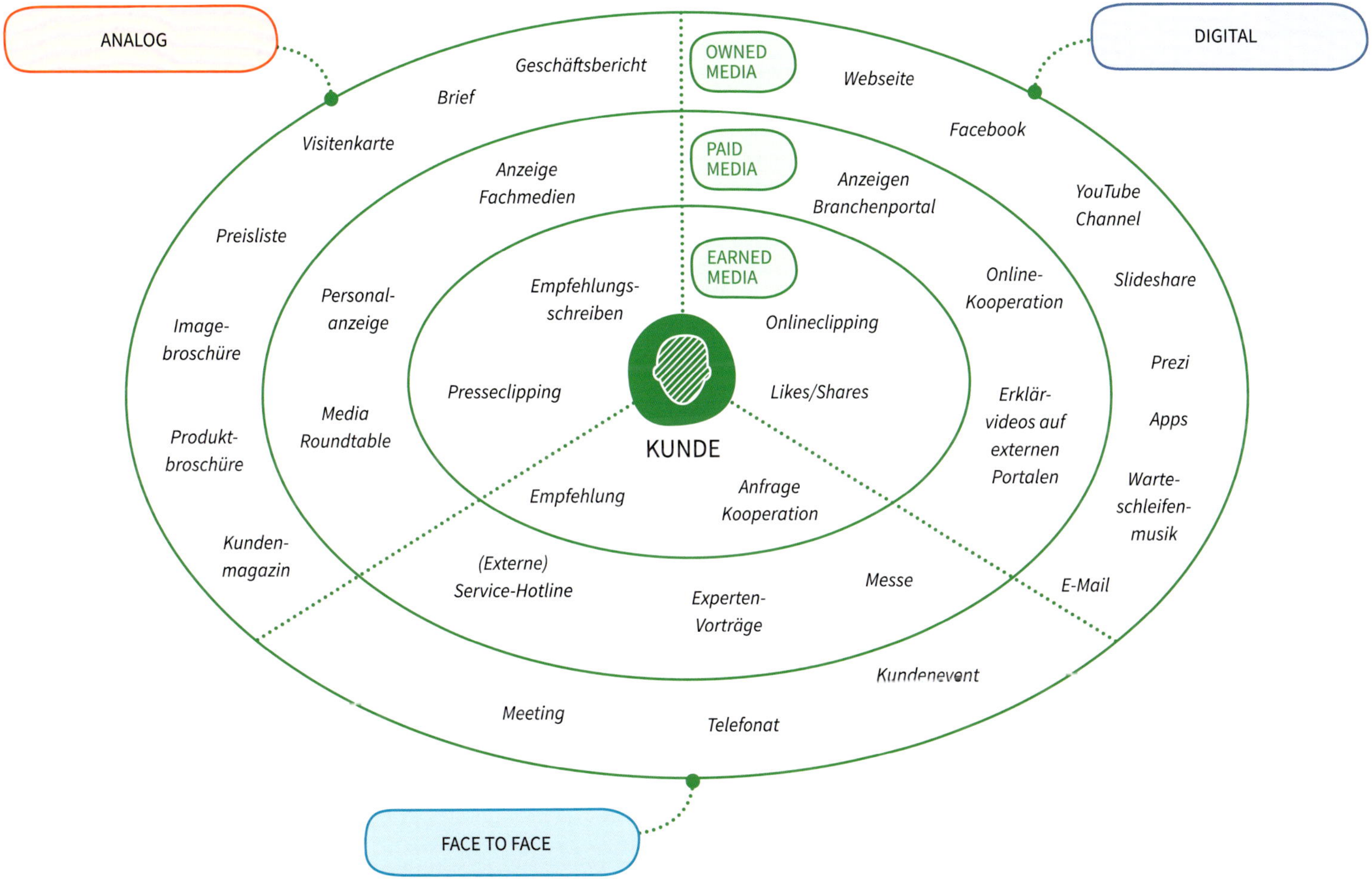

TOOL 18 JOURNALIST SURVEY

Leitfrage

Wie stehen Journalisten zu einem Thema? Welche Medien nutzen sie bei ihrer Meinungsbildung?

Zielsetzungen

- Themeninteressen von Journalisten und Bloggern erkennen
- Die Meinungen und Einstellungen der Journalisten zu den Themen des Unternehmens einschätzen
- Zukünftige Berichtsgegenstände der Medien erwarten können
- Die Mediennutzung der Journalisten kennen, insbesondere ihre Recherchetools

Umsetzung

Um die Relevanzen bei Journalisten und Bloggern einschätzen zu können und ihre Mediennutzungsgewohnheiten zu kennen, führen Kommunikatoren regelmäßige Gespräche mit Journalisten, manche Kommunikatoren in Unternehmen kommen auch heute noch aus dem Journalismus.

Allerdings verändern sich die Interessen und die Mediennutzung durch die Digitalisierung, aber auch durch den Zerfall journalistischer Institutionen heute schneller als früher. Aktuelles Wissen kann durch die Auswertung von Befragungen Dritter, z. B. von Medienbeobachtungs- und Distributionsdienstleistern wie *Muck Rack* und *news aktuell*, gewonnen werden. Selektiv können eigene Journalistenbefragungen durchgeführt werden, mit Fragestellungen wie:

- Welche Themen interessieren die Journalisten in einem Kommunikationsfeld?
- Welche Übereinstimmungen gibt es zwischen den Themen des Unternehmens und den Interessen der Journalisten?
- Wo gibt es inhaltliche Andockpunkte für das Issue Surfing (vgl. Tool 33)? Wo ist Issue Cutting oder Issue Setting notwendig?
- Wie stehen die Journalisten zu den fraglichen Themen? Was sehen sie kritisch, was positiv?
- Wie gehen Journalisten typischerweise bei der Recherche in einem Themenfeld vor, z. B. zur Finanzsituation des Unternehmens?
- Welche Medien nutzen Journalisten typischerweise für ihre Recherche? Mit welcher Häufigkeit? In welcher Phase?

Journalistenbefragungen durch PR-Agenturen oder PR-Verantwortliche in Unternehmen erweisen sich in der Praxis als schwierig; in vielen deutschen Redaktionen ist die Teilnahme daran sogar durch das Redaktionsstatut u. Ä. untersagt. Selten werden repräsentative Grundgesamtheiten erreicht.

Theorie: Agenda Setting

Wer setzt die Themen in einer Öffentlichkeit? Und wer hat Einfluss auf die Meinungsbildung zu den Themen? Die erstmals von Bernard C. Cohen (1963) formulierte These besagt: Die Medien haben zwar keinen großen Einfluss auf das, *was* das Publikum zu einem Thema denkt, aber einen erheblichen Einfluss darauf, *worüber* es sich Gedanken macht. Als Thema (Issue) wird dabei eine Fragestellung verstanden, die kontrovers diskutiert wird (vgl. Tool 2).

Die Kommunikationswissenschaftler McCombs und Shaw (1972) haben die These im Vorfeld des US-amerikanischen Wahlkampfes 1968 untersucht und dabei eine hohe positive Korrelation (über 90 %) zwischen der Rangordnung der Themen in den Medien und der Publikumsagenda festgestellt.

Relevanz von Unternehmensthemen für die Journalisten

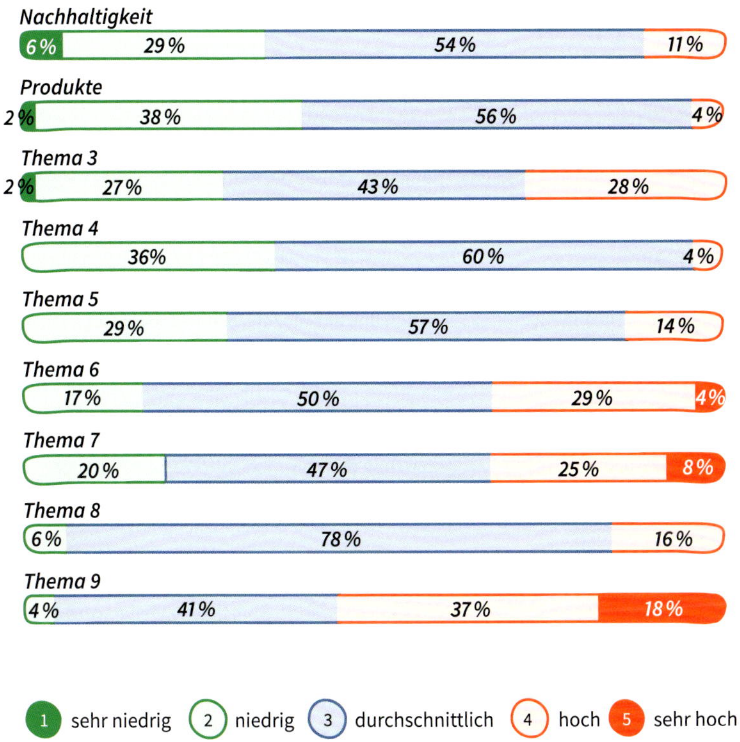

Welche Quellen nutzen Journalisten für Ihre Recherche?

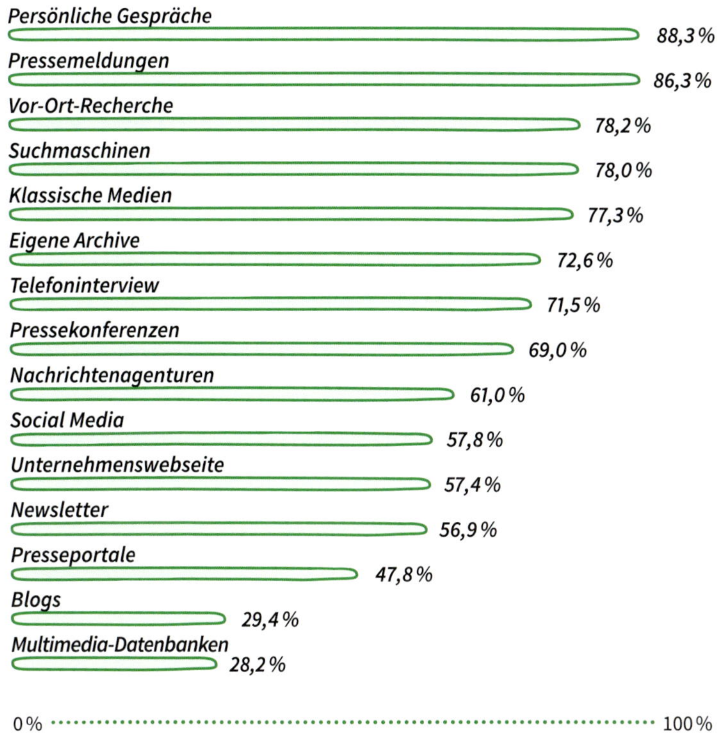

(news aktuell 2018)

TOOL 19 MEDIA-RICHNESS-ANALYSE

Leitfrage

Welche Medien können für welche kommunikativen Inhalte/sozialen Interaktionen genutzt werden?

Zielsetzungen

- Das Potenzial von Medien zur Bewältigung von (kommunikativer/sozialer) Komplexität einschätzen
- Die Medien den kommunikativen Aufgaben zuordnen
- Die Wirkung des Medieneinsatzes optimieren
- Fehlallokationen vermeiden

Umsetzung

Das Tool bewertet die Media Richness von Medien – und damit ihr Potenzial zur Reduktion kommunikativer und sozialer Komplexität in der Kommunikation – durch Scoring auf einer Skala von 1 bis 5 über vier Kriterien:

- **Möglichkeit für unmittelbares Feedback** in der kommunikativen Situation. Können sich die Teilnehmer in Echtzeit und hochfrequent (synchron) Feedback geben, wie z. B. bei einem Gespräch oder einer Videokonferenz? Oder kann das Feedback nur zeitversetzt (asynchron) erfolgen, wie beim Mailverkehr oder Brief?
- **Vielfalt der genutzten Kanäle.** Wird ein Einkanalmedium wie E-Mail genutzt oder kommunizieren die Teilnehmer über mehrere Kanäle wie bei einer Videokonferenz (Schrift und Grafik, gesprochene Sprache, Bild). Oder sind möglicherweise alle fünf Sinne in die Kommunikation einbezogen und entscheiden über den Kommunikationserfolg, wie bei einem Event mit Catering?
- **Möglichkeit zur Personalisierung** der Ansprache. Kann die Kommunikation an den Adressaten angepasst werden oder erhalten alle Mitglieder der Stakeholdergruppe genau das gleiche Dokument?
- **Sprachliche Varietät.** Wird »reine Information« in der typischen Sprache dafür begeben oder werden auch andere Sprachmuster genutzt, z. B. die persönliche Ansprache im Selbstausdruck und im Beziehungsmanagement (vgl. Tool 36), bis hin zum Storytelling (vgl. Tool 53)?

Theorie: Media Richness

Die Media-Richness-Theorie (Medienreichhaltigkeitstheorie) trifft Aussagen zum Verhältnis der Kommunikationsinhalte zum eingesetzten Medium. Die Grundthese lautet: Je komplexer – vieldeutiger, unzuverlässiger übertragbar und vielschichtiger – der Inhalt ist, umso reichhaltiger muss das Medium sein, um die Ambiguität der Kommunikation in der sozialen Situation zu reduzieren und damit erfolgreiche Kommunikation zu ermöglichen.

Im Verständnis von Daft/Lengel (1986), auf deren Forschungen die Theorie zurückgeht, realisiert sich Media Richness in Eigenschaften wie:

- **Möglichkeit für unmittelbares Feedback** in der kommunikativen Situation. Die Möglichkeit zum synchronen Feedback hängt offensichtlich direkt mit den genutzten Kanälen zusammen.
- **Vielfalt der genutzten Kanäle.** Besonders wichtig sind für den sozialen Abgleich in der sozialen Interaktion Faktoren wie Mimik, Gestik und Tonalität. Inzwischen ist auch bekannt, wie z. B. die olfaktorische Wahrnehmung des Gegenübers die Kommunikation und soziale Interaktion beeinflusst.
- **Möglichkeit zur Personalisierung** der Ansprache. Im Gespräch erfolgt über die gegenseitige Beobachtung und das Spiel von Erwartungen und Erwartungserwartungen die ständige gegenseitige Anpassung der Kommunikation an die Situation und die Bedürfnisse der anderen Seite. In einer Massenmail ist dies dagegen nicht möglich, hier erfolgt die Personalisierung bestenfalls über den Namen in der Ansprache.
- **Sprachliche Varietät.** Sprachliche Vielfalt wird teilweise durch den Kommunikationsprozess selbst – das Spiel der Erwartungen und Erwartungserwartungen und deren Entwicklung durch das wechselseitige Feedback – getrieben.

Der Theorie zufolge eignen sich weniger reichhaltige Medien, wie z. B. Mails, für einfache Absprachen und Terminabstimmungen. Diese wenig reichen Medien sind bei komplexeren Inhalten störanfällig für Missverständnisse und Irritationen. Reiche Medien beugen dem vor: Gespräche oder Events sind für die Klärung und den sozialen Abgleich von komplexen Sachverhalten und Geltungsansprüchen geeignet. Das gilt erst recht für Themen, die ein hohes Maß an Kollaboration erfordern, wie z. B. Teamarbeit oder kreative Prozesse im Design Thinking.

Die Media-Richness-Theorie ist auch ein Ansatz, um das Flaming zu erklären: die Häufung von harten Ansprachen in Mails und sozialen Medien bis hin zur Beleidigung. Offensichtlich führt die geringe Reichhaltigkeit dieser Medien zum Versagen der gegenseitigen situativen sozialen Kontrolle, wie sie z. B. in einem persönlichen Gespräch stattfindet.

Media-Richness-Analyse von alternativen Maßnahmen

KRITERIUM / MASSNAHME	A	B	C	D
MÖGLICHKEIT FÜR UNMITTELBARES FEEDBACK	1	2		
VIELFALT DER GENUTZTEN KANÄLE (Z. B. TONALITÄT, GESTIK, MIMIK)	3	2		
MÖGLICHKEIT ZUR PERSONALISIERUNG	5	1		
SPRACHLICHE VARIETÄT	4	4		

1 Nicht erfüllt ··· 2 ··· 3 ··· 4 ··· in hohem Maße 5

TOOL 20 GAP-ANALYSE

Leitfrage

Wo gibt es eine Differenz zwischen IST- und SOLL- Zustand?

ZIELSETZUNGEN

- Erkennen, wo die Zielsetzungen der Kommunikation bisher nicht erreicht worden sind
- Strategische Hebel für die Zielerreichung erkennen
- Prioritäten bei den Maßnahmen entwickeln und die vorhandenen Ressourcen optimal allokieren (vgl. Tool 89, Kosten-Nutzen-Analyse)

Umsetzung

Die meisten der hier vorgestellten Analyse-Tools lassen sich auch für die Definition von Zielsetzungen benutzen, z. B. der Denison Cultural Survey (Tool 8), der Commitment Index (Tool 7) oder auch die Imageuntersuchung (Tool 5). Wenn sowohl der IST- wie auch der SOLL-Wert in ein solches Tool eingetragen werden, lässt sich die Zielabweichung (Gap) zwischen aktuellem Zustand und Zielwert, z. B. bei Themen oder beim Medieneinsatz, auf einen Blick erkennen. Alternativ werden die Abweichungen zwischen den Werten des eigenen Unternehmens im Vergleich zum Wettbewerb dargestellt.

Die typischen Schritte der Gap-Analyse sind:

- Der IST-Zustand wird tabellarisch oder visuell dargestellt.
- Der SOLL-Zustand wird dargestellt.
- Der Vergleich von IST und SOLL macht die Zielabweichung deutlich.
- Handlungsbedarfe werden mit Prioritäten formuliert.

Theorie: Gap-Analyse

Mit der Gap-Analyse lassen sich strategische und operative Lücken zwischen der Zielsetzung (SOLL) und der voraussichtlichen Entwicklung erkennen. Dabei werden unterschiedliche Zukunftsprojektionen (Szenarios) miteinander verglichen.

Als notwendige Annahme wird vorausgesetzt, dass keine ungeplanten Unternehmensaktivitäten in dieser Zeit stattfinden. Auch werden Entwicklungen im Umfeld für den betrachteten Zeitraum ceteris paribus gestellt, d. h. gehen in die Analyse nicht ein. Dennoch gilt die Gap-Analyse als gutes Frühwarninstrument und Tool für die Priorisierung von Aktivitäten.

Die Gap-Analyse in der Betriebswirtschaft setzt die Umfeld- und die Unternehmensanalyse grafisch miteinander in Beziehung: einerseits mittelfristige Unternehmensziele wie *Umsatz, Gewinn* oder *Return on Investment* und den Weg dahin (Meilensteine), andererseits zu erwartende Werte, die durch Extrapolation der Vergangenheitswerte ermittelt werden. Lücken in der Unternehmenspolitik und ihrer Umsetzung werden deutlich, es können Maßnahmen zur Schließung dieser Lücken erarbeitet werden. (Vgl. Wikipedia 2019)

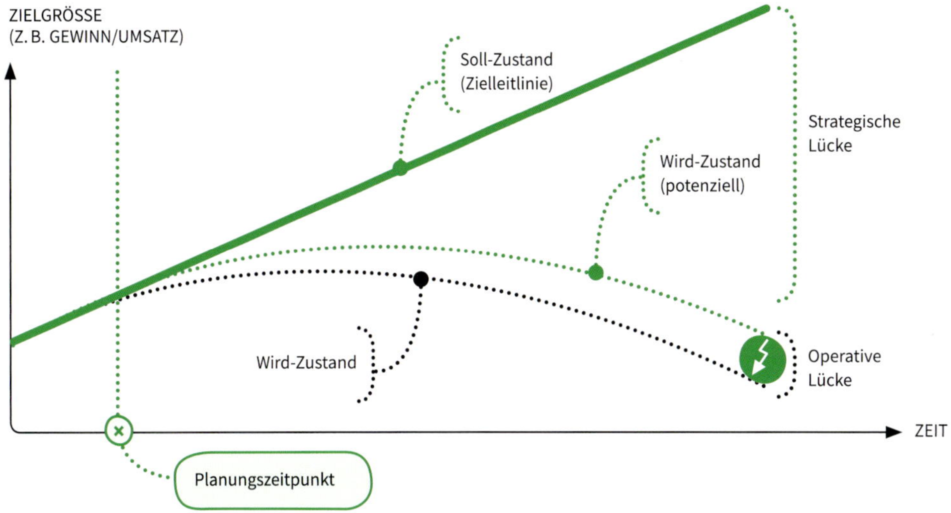

(nach Herrmann/Huber 2013)

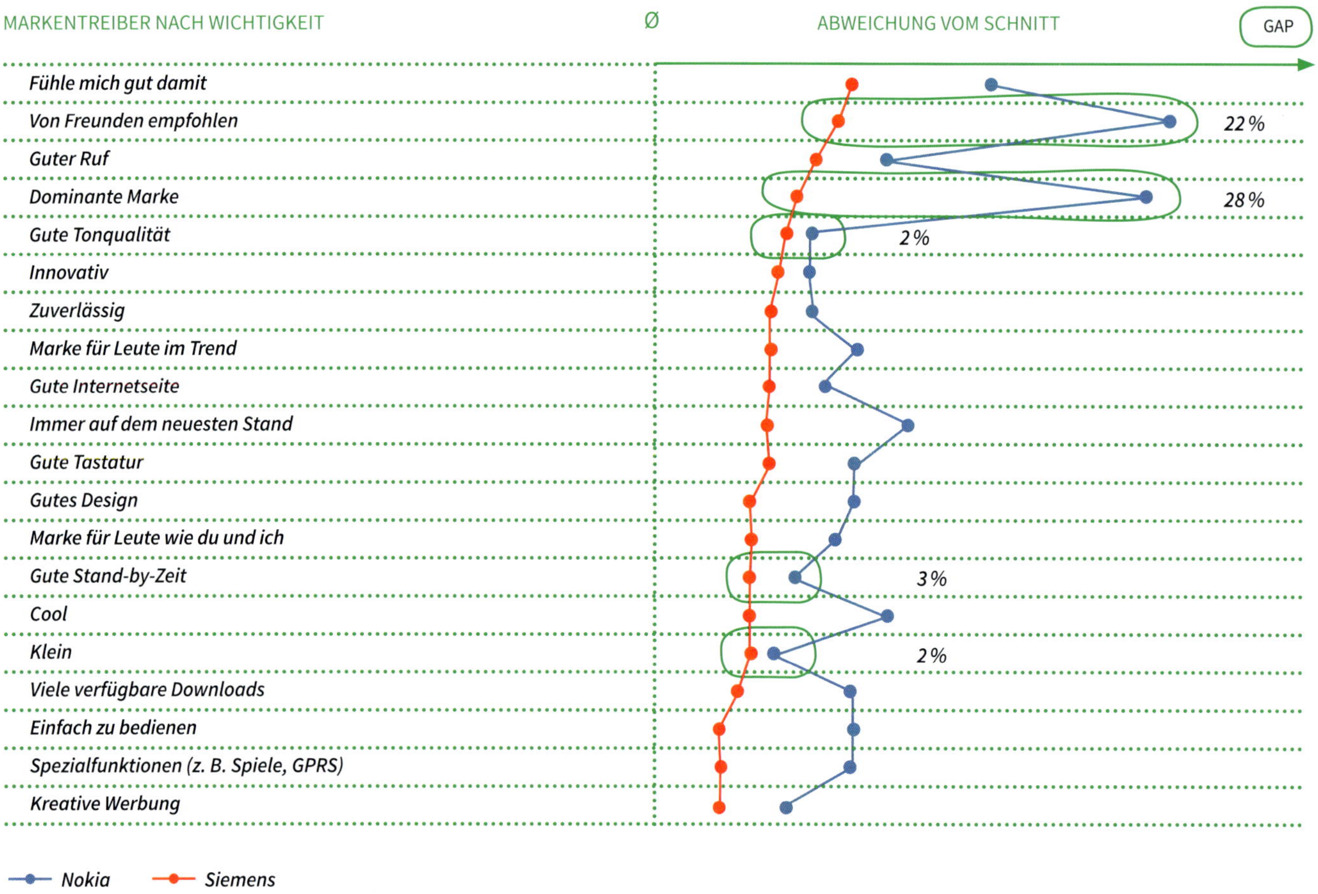

(nach Riesenbeck/Perrey 2005)

TOOL 21 SWOT-ANALYSE

Leitfrage

Welche strategischen Handlungsoptionen resultieren aus den Erkenntnissen der Analyse?

Zielsetzungen

- Einen strukturierten Überblick über die Analyseergebnisse geben
- Interne und externe Erfolgsfaktoren und Herausforderungen in ein Verhältnis setzen
- Chancen und Bedrohungen der eigenen Strategie abschätzen
- Entscheidungshilfen zur Priorisierung von strategischen Handlungsmöglichkeiten bereitstellen

Umsetzung

Die SWOT-Analyse ist ein gutes Instrument, um die Ergebnisse der vorher geleisteten Analysen in übersichtlicher, systematischer und verbunden-dialektischer Form zusammenzufassen. Dies geschieht in Listenform in einer Vierfelder-Grafik mit den Feldern Stärken, Schwächen, Chancen und Bedrohungen.

Für die SWOT-Analyse müssen die bisherigen Analyseergebnisse auf den Begriff gebracht werden, typischerweise in verkürzten Sätzen. Die Listen in den Feldern der SWOT-Analyse müssen kategorial nicht sauber sein, d. h. Analyseergebnisse aller Art stehen unmittelbar nebeneinander.

Für die SWOT-Analyse in der Kommunikation ist es wichtig, dass die Ebenen *Unternehmen* und *Kommunikation* nicht vermischt werden: Bei der Entwicklung von Kommunikationsstrategien geht es nicht um die Analyse der Stärken und Schwächen der Unternehmensorganisation und der Produkte und auch nicht um die damit verbundenen Chancen und Bedrohungen in der Umwelt, sondern es geht ausschließlich um die Stärken und Schwächen von kommunikativen Positionen und den damit verbundenen Chancen und Bedrohungen in diskursiven Formationen der Stakeholderbeziehungen und der sie reflektierenden Öffentlichkeiten.

Die typischen Schritte der SWOT-Analyse der Kommunikation sind:

1. **Interne Analyse.** Stärken und Schwächen der eigenen Position, die durch eigenes (Kommunikations-)verhalten beeinflusst werden können, werden aufgelistet.
2. **Externe Analyse.** Strategisch relevante Chancen (Gelegenheiten) der Kommunikation und Bedrohungen (Krisenpotenziale) in der Umwelt des Unternehmens werden identifiziert.
3. **Zusammenschau der SWOT.** Die eigenen Stärken und Schwächen sowie die Chancen und Bedrohungen in der Umwelt werden ins Verhältnis gesetzt. Besonders interessant sind dabei oft die Beziehungen Strengths/Threats und Weaknesses/Opportunities.
4. **Ableitung strategischer Konsequenzen.** Die Strategie zielt auf die Maximierung des Nutzens aus eigenen Stärken und den Chancen im Markt und/oder die Minimierung der Verluste aus Schwächen und Bedrohungen in der Umwelt.

Theorie: SWOT-Analyse

Die SWOT-Analyse ist ein Instrument der strategischen Planung, sie wurde in den 1960er-Jahren an der Harvard Business School zur Anwendung in Unternehmen und Organisationen entwickelt. SWOT ist ein Akronym für Strengths (Stärken), Weaknesses (Schwächen), Opportunities (Chancen) und Threats (Bedrohungen) (vgl. Wikipedia 2019).

Die SWOT-Analyse setzt die Umweltanalyse – die Chancen und Bedrohungen z. B. durch Veränderungen im Markt und anderen Umweltbereichen – mit der Analyse der eigenen Stärken und Schwächen – z. B. des eigenen Produkts oder der eigenen Prozesse – in ein Verhältnis. Die interne Analyse untersucht die Faktoren, die das Unternehmen durch sein eigenes Handeln beeinflussen kann. Ein Instrument der externen Analyse ist die STEP- bzw. PEST-Analyse, mit der die soziologisch-kulturellen, technologischen, ökonomischen und politisch-rechtlichen Umweltfaktoren systematisch gesammelt werden (vgl. Elkin 2007).

TOWS-ANALYSE: STRATEGIE-ALTERNATIVEN AUS DER SWOT-ANALYSE

EXTERNE ANALYSE		INTERNE ANALYSE	
		Strengths (Stärken)	**Weaknesses (Schwächen)**
	Opportunities (Chancen)	**Matching-Strategie** Stärken einsetzen, um Chancen zu nutzen	**Umwandlungsstrategie** Chancen nutzen, um Schwächen zu beheben
	Threats (Bedrohungen)	**Neutralisierungsstrategie** Stärken nutzen, um Bedrohungen abzuwehren bzw. zu meiden	**Verteidigungsstrategie** Schwächen nicht zum Ziel von Bedrohungen werden lassen

(nach Homburg/Krohmer 2009 und Weihrich 1982)

Aus der Kombination von interner und externer Analyse in der SWOT-Analyse entstehen in der TOWS-Analyse vier Strategieoptionen (vgl. Weihrich 1982, S. 63; Wessling 2015, S. 60):

- **SO: Matching-Strategie.** Wie können Stärken genutzt werden, um die Chancen in der Umwelt zu nutzen?
- **ST: Neutralisierungsstrategie.** Wie können die eigenen Stärken eingesetzt werden, um die Bedrohung durch Gefahren in der Umwelt abzuwenden?
- **WO: Umwandlungsstrategie.** Wie können Chancen genutzt werden, um Schwächen zu Stärken zu entwickeln?
- **WT: Verteidigungsstrategie.** Worin bestehen die eigenen Schwächen und wie können wir verhindern, dass sie zum Anlass von Bedrohungen aus der Umwelt werden?

STRENGTHS

- *Schnelligkeit*
- *Emotionalität durch Rich Media*
- *Dialogmöglichkeiten über Hierarchien und Standorte/Länder hinweg*
- *Authentische …*
- …

WEAKNESSES

- *Datensicherheit*
- *Sprachbarrieren bleiben*
- *Produktionsmitarbeiter von Online-Medien …*
- …

OPPORTUNITIES

- *Förderung der Zusammenarbeit zwischen Mitarbeitern (hierarchie- und standortübergreifend)*
- *Nutzung von Mitarbeiterideen*
- *Nähe zum Management*
- …

THREATS

- *Interne Informationen gelangen an die Öffentlichkeit*
- *Beteiligung bleibt aus*
- …

2.3 Strategische Planung

2.3.1 Stakeholder und ihre Ressourcen

2.3.2 Zielsetzungen

2.3.3 Botschaften und Storyline

2.3.4 Strategie

2.3.5 Kreation

Auf der Basis der Analyse erfolgt die strategische Planung.

Seit jeher beginnt die strategische Kommunikationsplanung mit der strukturierten Darstellung der Stakeholder (früher Zielgruppen der Kommunikation). Allerdings haben neue Tools aus dem Management und der Spieltheorie, wie der Stakeholder-Kompass und das Arena-Modell, hier die Möglichkeiten – und damit die Erkenntnisgewinne – in den letzten Jahren deutlich erweitert.

An die Zielsetzungen der Kommunikation wird seit jeher der Anspruch gestellt, dass sie SMART (Specific, Measurable, Achievable, Reasonable, Time-bound) sein sollen, vor allem terminiert und quantifiziert und damit messbar. Die Strategy Map (2004) und Scorecard (1997) von Kaplan und Norton haben die Darstellung der Zielsetzungen und damit auch das Controlling von weichen Faktoren auf ein neues Niveau gehoben – und gelten damit auch in der Kommunikation heute als State of the Art.

An wen wird was kommuniziert? Diese Grundfrage eines jeden Kommunikationskonzepts beantworten die Kernbotschaften. Diese sind in der Storyline nach einem bestimmten Schema – z. B. in der Benefit-orientierten Botschaften-Pyramide oder im AIDA-Schema angeordnet. Storytelling-Elemente, die in die Storyline eingewebt werden, schlagen die Brücke zur Kreativ-Strategie.

In integrierten Kommunikationskonzepten gehen die strategischen Hebel längst über die Benennung von Maßnahmengruppen und stakeholderspezifischen Botschaften hinaus – das gilt erst recht im digitalen Zeitalter. Strategie basiert immer auf einer Modellbildung und damit oft auf komplexen Theorien, wie z. B. dem Koorientierungsmodell. Aus der Werbung, der Markenführung und dem Digital Campaigning kommen für die Strategie der integrierten Kommunikation Kreativansätze hinzu – dies ist die Basis für innovative, attraktive und userfreundlich gestaltete Kommunikationsmaßnahmen.

TOOL 22 STAKEHOLDER-KOMPASS NACH ROLKE

Leitfrage

Welche Fragen stellen die Stakeholder an das Unternehmen?

Zielsetzungen

- Die wichtigsten Stakeholder für das Unternehmen identifizieren
- Die Informationsbedürfnisse der Stakeholder in Bezug auf das Unternehmen erfassen
- Die Issues für die Kommunikation priorisieren

Umsetzung

Im ersten Schritt zielt das Tool auf die Auswahl der relevanten Stakeholder in vier Märkten: dem Kapital-, dem Beschaffungs-, dem Akzeptanz- und dem Absatzmarkt.

Nach der Festlegung der Stakeholdergruppen werden ihre Informationsbedürfnisse eingetragen. Dies geschieht auf der Basis des Issue-Mapping (vgl. Tool 3); im Stakeholder-Kompass werden die Issues als Fragen der Stakeholdergruppe an das Unternehmen aus deren Perspektive und in deren Sprache formuliert.

So arbeitet man mit dem Modell:

1. Die Stakeholder werden den vier Märkten (Kapital-, Beschaffungs-, Akzeptanz-, Absatzmarkt) zugeordnet.
2. Die wichtigsten Stakeholder werden markiert.
3. Die Fragen, die sich die Stakeholder in Bezug auf das Unternehmen stellen, werden eingetragen.

Theorie: Stakeholder-Kompass

Der Stakeholder-Kompass von Rolke (2002, 2005) ordnet die Stakeholder auf zwei Achsen in vier Märkten an: Die horizontale Achse (Wertschöpfungsachse) folgt der Wertschöpfungslogik Input-Throughput-Output, mit dem Beschaffungsmarkt (Ressourcen, die das Unternehmen benötigt) auf der Input- und dem Absatzmarkt auf der Output-Seite. Die vertikale Achse (Wertermöglichungs- bzw. Wertsicherungsachse) zeigt den Finanz- und den Akzeptanzmarkt. Damit ist der Stakeholder-Kompass dem Modell der Wertkette angelehnt, wie es Porter in seinem Buch »Wettbewerbsvorteile. Spitzenleistungen erreichen und behaupten« (1986) dargestellt hat.

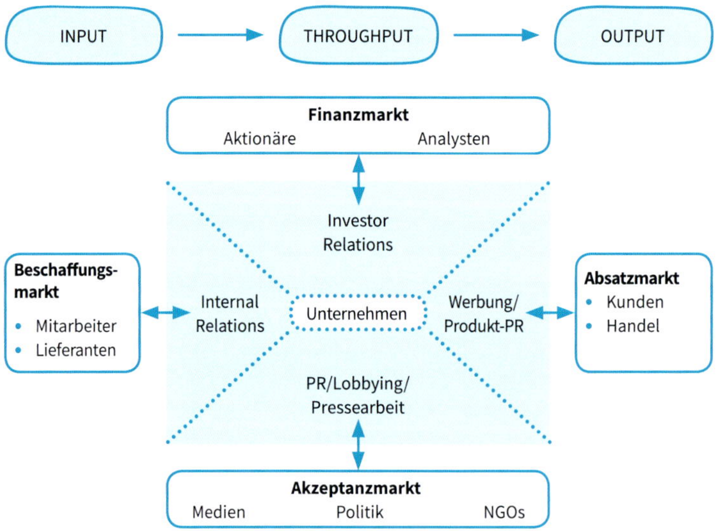

(Rolke 2005)

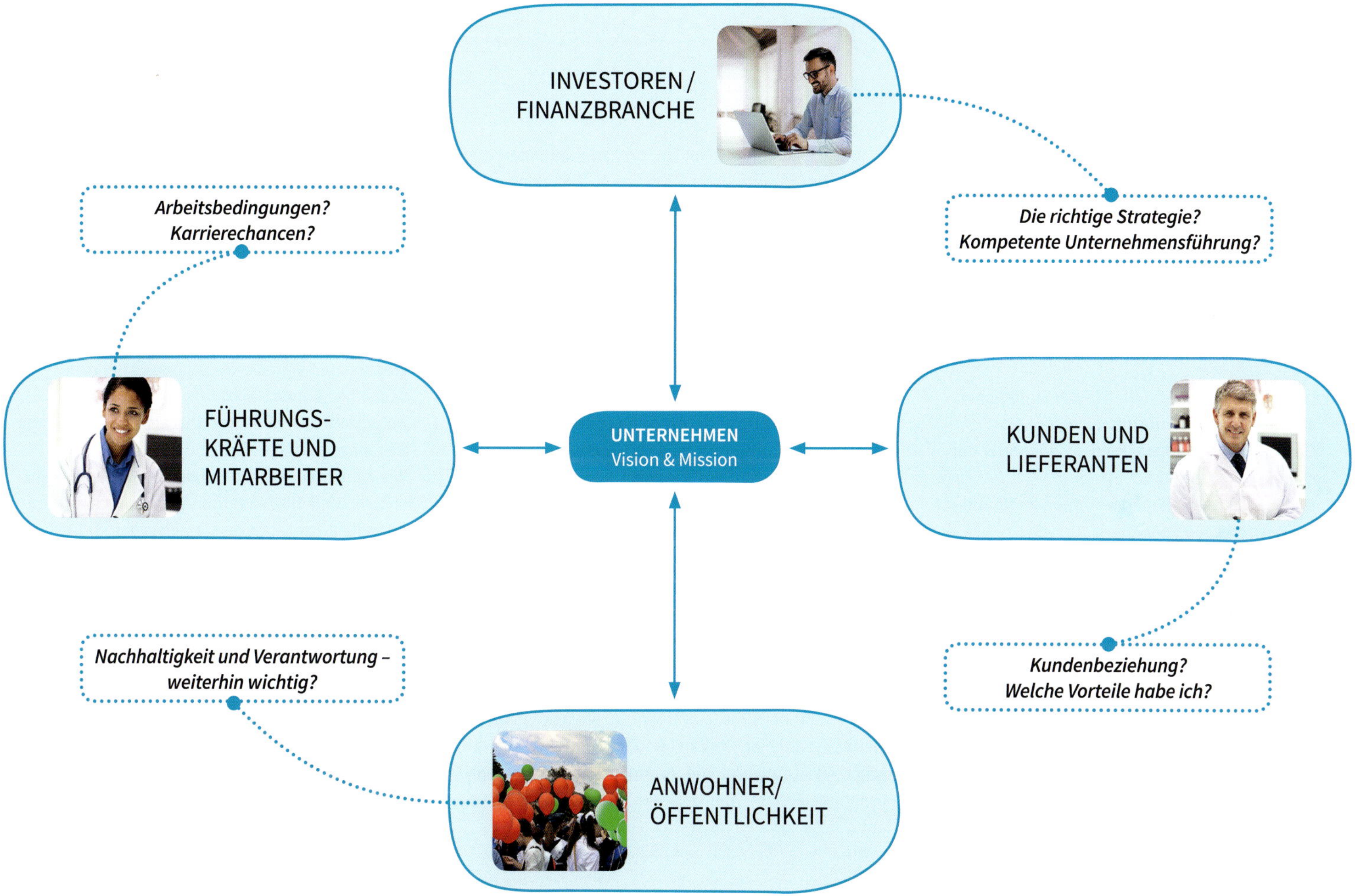
INVESTOREN / FINANZBRANCHE
Die richtige Strategie? Kompetente Unternehmensführung?
Arbeitsbedingungen? Karrierechancen?
FÜHRUNGS-KRÄFTE UND MITARBEITER
UNTERNEHMEN
Vision & Mission
KUNDEN UND LIEFERANTEN
Nachhaltigkeit und Verantwortung – weiterhin wichtig?
Kundenbeziehung? Welche Vorteile habe ich?
ANWOHNER/ ÖFFENTLICHKEIT

TOOL 23 ARENA-MODELL

Leitfrage

Was sind die Rollen der Stakeholder und Mittlergruppen in der öffentlichen Arena – und über welche Ressourcen verfügen sie?

Zielsetzungen

- Die Stakeholder den Rollen in der öffentlichen Arena zuordnen
- Das Verhältnis der Stakeholder zueinander darstellen
- Die Struktur der öffentlichen Arena im Kommunikationsbereich erkennen
- Ressourcen der Stakeholder im Meinungskampf der öffentlichen Arena bewerten

Umsetzung

In der öffentlichen Arena wetteifern Akteure – das eigene Unternehmen und Gegenspieler – zu einem Issue um die Meinungshoheit. Doch sind diese Akteure nicht allein im Spiel, es sind weitere Stakeholder in diversen Rollen beteiligt. Sie können jederzeit aktiv werden und in die Arena – die Auseinandersetzung der Akteure – als Verbündete oder auf der Gegenseite eintreten:

- **Regelinstanz.** Sie stellt als politisch verantwortliche Institution sicher, dass die Akteure sich an die festgelegten Regeln halten, und sie koordiniert den Prozess der Interaktion und des Aushandelns.
- **Akteure.** Im Zentrum der Arena stehen die Akteure. Sie sind diejenigen, die (politisch) Einfluss auf gesellschaftliche Entscheidungen nehmen wollen.
- **Aktionsvermittler.** Sie beobachten als professionelle Berichterstatter das Geschehen in der Arena und teilen ihre Erkenntnisse mit dem Publikum.
- **Publikum.** Dieses umfasst die potenziellen Akteure, Interessengruppen und sozialen Gruppen, die möglicherweise in die Arena eintreten, sowie Individuen/Institutionen, die ihre Unterstützung oder ihr Missfallen äußern können.
- **Politische Institutionen.** Sie können der Regelinstanz oder den Akteuren Machtanteile zusprechen oder sich aus der Arena zurückziehen.

Im Arena-Modell von Renn (2008) geht es – anders als in den meisten anderen Modellbildungen in Kommunikation und Marketing – nicht darum, die andere Seite zu überzeugen, ihre Meinung und ihre Einstellungen zu verändern, sie (emotional) zu engagieren o. Ä. Vielmehr wird hier – einem kooperativen spieltheoretischen Ansatz folgend – der Kampf um soziale Ressourcen modelliert, mit der Leitfrage: Welcher Akteur kann auf welche sozialen Ressourcen (in der Terminologie Luhmanns: symbolisch generalisierte Kommunikationsmedien wie *Geld, Macht, Liebe, Evidenz*) zurückgreifen, um die Kommunikation zum Issue zu steuern und gegebenenfalls andere Stakeholder für seine eigenen Zwecke sozial zu mobilisieren. In diesem Zusammenhang sind folgende Fragen zu beantworten:

- Was sind die relevanten sozialen Ressourcen in der Arena, die die Meinungshoheit zu dem Issue begünstigen?
- Welcher Akteur verfügt über welche dieser Ressourcen in welchem Maße?
- Welche anderen Beteiligten (z. B. Meinungsmittler, Zuschauer) verfügen über welche Ressourcen in welchem Maße?
- Wer von den anderen Beteiligten ist aufgrund seiner bisherigen Handlungen/Äußerungen als potenzieller Verbündeter bzw. als Verbündeter der Gegenseite einzustufen?
- Wie kann man selbst die eigenen relevanten Ressourcen und die der Verbündeten ausbauen und/oder die Ressourcen der Gegenseite und/oder von deren Verbündeten vermindern?

So arbeitet man mit dem Modell:

1. Die Stakeholder werden gelistet.
2. Das eigene Unternehmen und die wesentlichen Stakeholder werden den Rollen im Arena-Modell zugeordnet.
3. Die sozialen Ressourcen der eigenen und der Gegenseite sowie der weiteren Stakeholder werden gelistet und auf einer Skala von 1–5 bewertet.
4. Es werden potenzielle Verbündete und Verbündete der Gegenseite identifiziert, die die eigene Seite im Kampf um relevante soziale Ressourcen unterstützen können bzw. denen man Ressourcen entziehen will (vgl. Tool 41: Strategische Allianzen).

Theorie: Spieltheorie

Die Spieltheorie beschäftigt sich in mathematischen Modellen mit dem Verhalten in strategischen Entscheidungssituationen, an denen mehrere Seiten beteiligt sind. Dabei folgen spieltheoretische Ansätze der Prämisse, dass das Ergebnis des Einzelnen nicht nur von eigenen Handlungen abhängt, sondern auch von den Aktionen anderer (vgl. Wikipedia 2019, Holler/Illing 1991).

Dazu kommt: In vielen sozialen Konstellationen – z. B. in Auseinandersetzungen über Issues – kennt jeder der Beteiligten die Korrelation zwischen den eigenen Handlungen und den Handlungen anderer Beteiligter und berücksichtigt das in seinen Entscheidungen. Dies reichert das mathematische Modell, das die Erwartungen und Erwartungserwartungen der Beteiligten (die Koorientierung, vgl. Tool 40) darstellt, um zusätzliche Komplexität an und erhöht damit den Aufwand aller Beteiligten für die Koordination ihrer Handlungen.

In kooperativen spieltheoretischen Modellen ist die Möglichkeit der Beteiligten zum Eingehen von Koalitionen (strategischen Allianzen) ein Treiber für die Dynamik der Entwicklung in dem modellierten Spiel (vgl. Porter/Fuller 1986).

Theorie: Symbolisch generalisierte Kommunikationsmedien

Symbolisch generalisierte Kommunikationsmedien wie *Macht, Geld, Liebe, Kunst* und *Wahrheit* werden auch als »Erfolgsmedien« bezeichnet. Sie transformieren nach Luhmann (1997, S. 317) »auf wunderbare Weise Nein-Wahrscheinlichkeiten in Ja-Wahrscheinlichkeiten.« Das heißt, sie machen die Annahme einer Kommunikation wahrscheinlich, auch in Fällen, in denen ansonsten Ablehnung zu erwarten wäre.

»Symbolisch generalisiert« bedeutet, dass die Medien in mehr als nur in einer Situation bzw. Kommunikation Verwendung finden: So symbolisiert *Geld* eine Vielfalt von Gütern und Dienstleistungen. Das unterscheidet symbolisch generalisierte Kommunikationsmedien von einfachen Zeichen, die das Bezeichnende und das Bezeichnete in sich vereinen. Symbolisch generalisierte Kommunikationsmedien sind nach dem Muster der Sprache (ja/nein) binär kodiert. (Vgl. Luhmann 1997, S. 317 f.)

Symbolisch generalisierte Medien in ihrer binären Kodierung

MEDIUM	DESIGNATIONSWERT	REFLEXIONSWERT
Macht	Herrschen	Dienen
Eigentum	Besitzen	Mieten
Geld	Ausgeben	Einnehmen
Kunst	Anerkennen	Absprechen
Wahrheit	Wahr	Falsch
Liebe	Zuneigung	Abneigung
Glaube	Annehmen	Ignorieren

(nach Luhmann 1997)

Öffentliche Arena zu einem gesundheitspolitischen Thema

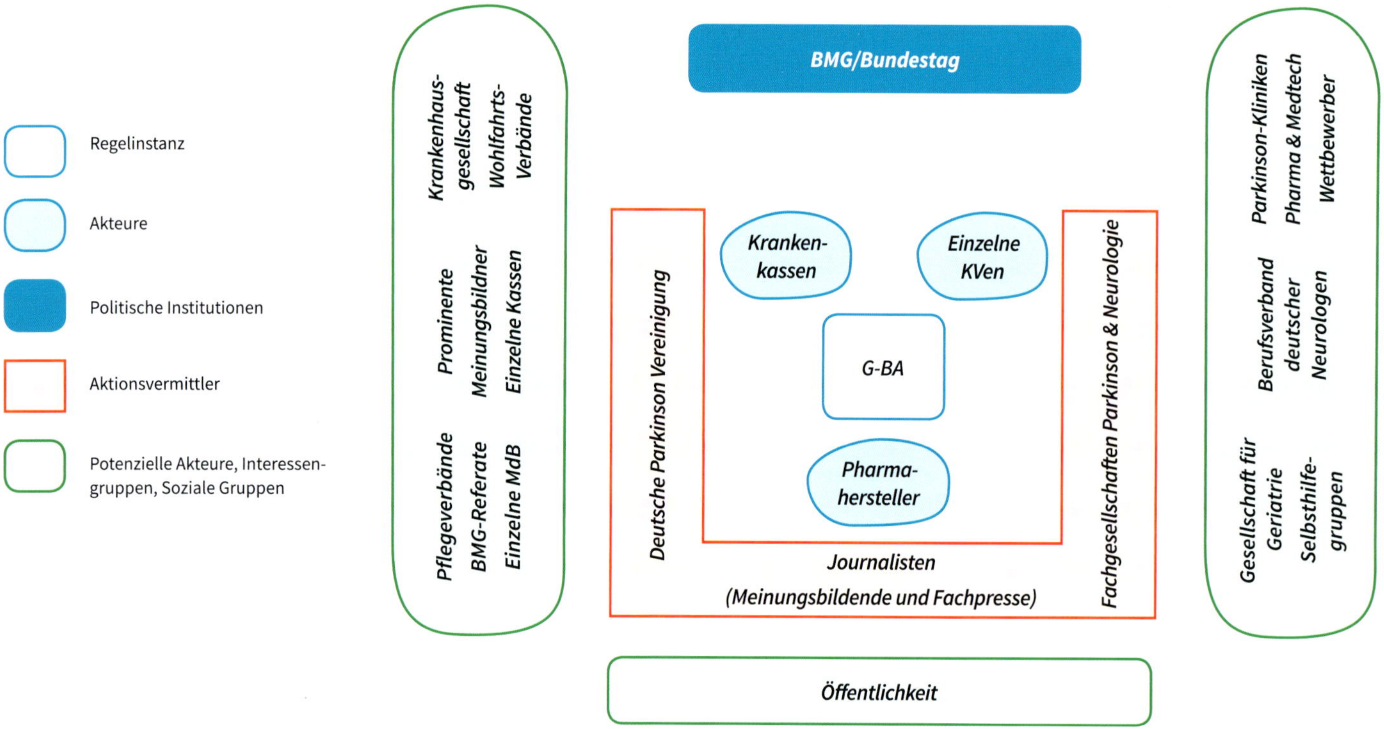

(nach Renn 1990)

Ressourcen der Akteure in der Arena

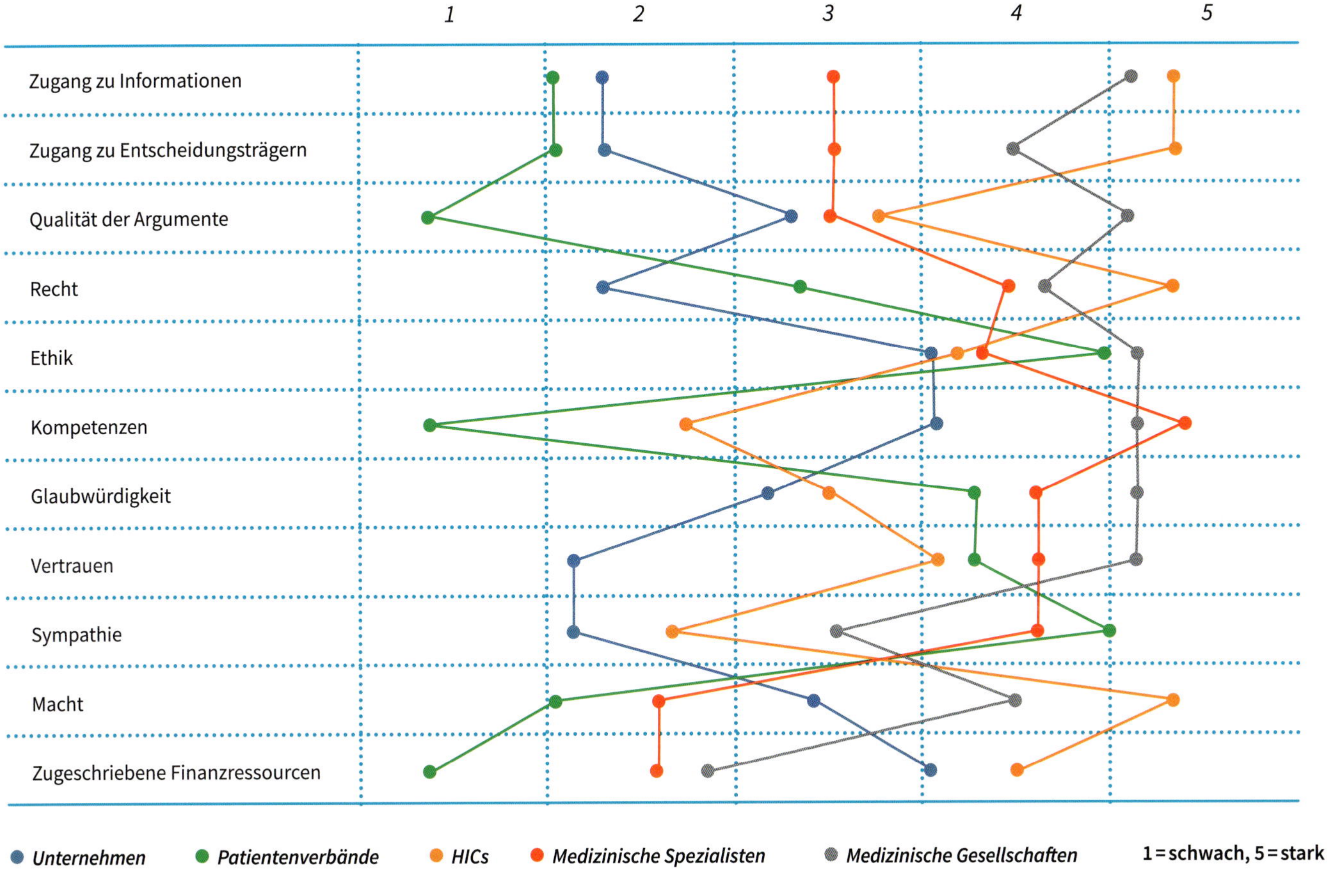

(nach Renn 1990)

TOOL 24 BUYING NETWORK

Leitfrage

Welche Stakeholder üben in welcher Phase des B2B-Kaufentscheidungsprozesses den meisten Einfluss aus?

Zielsetzungen

- Interne und externe Entscheidungsbeteiligte und -vorbereiter im B2B-Marketing identifizieren
- Einflüsse der Beteiligten nach Phasen des Kaufprozesses ausdifferenzieren
- Verständnis für Entscheidungsprozesse beim Kunden stärken
- Anknüpfungspunkte für die Kommunikation erkennen

Umsetzung

Für die vier typischen Phasen des Kaufentscheidungsprozesses B2B – Kontaktphase, Evaluationsphase, Kaufphase und Nutzungsphase – werden die Beteiligten des Buying Network erfasst. Sie werden in einen Buying Circle mit den vier Phasen des Kaufentscheidungsprozesses und zwei konzentrisch angeordneten Segmenten eingetragen und als soziales Netzwerk dargestellt, in jeder Phase entsprechend

- ihrer Zugehörigkeit zum Kundenunternehmen: *Mitarbeiter des Unternehmens* vs. *externe Beteiligte*,
- ihrer Nähe zum Anbieter sowie
- ihren sozialen und kommunikativen Rollen: *Entscheider, Influencer, Gatekeeper, Link*.

Die Nähe zum Anbieter ebenso wie die Netzwerkkonstellation ändert sich von Phase zu Phase. Für jede Phase werden die Letztentscheider markiert und die Zugänge zu wichtigen Beteiligten im Kaufentscheidungsprozess analysiert.

So arbeitet man mit dem Modell:

1. Die Beteiligten im Buying Center werden mit Namen und Funktionen auf Karten geschrieben.
2. Die Beteiligten werden in den Buying Circle entsprechend ihrer Nähe zum Anbieter und zum Kundenunternehmen eingetragen.
3. Die Netzwerke zwischen den Mitgliedern im Buying Network der jeweiligen Phase werden entsprechend ihren Rollen ähnlich wie in einem Soziogramm modelliert.
4. Letztentscheider werden markiert.

Theorie: Rollenkonzepte im Buying Network

Das Buying Network ist ein multipersonales Entscheidungskonzept aus dem Investitionsgüter-Marketing. Die Mitglieder des Buying Network nehmen Rollen ein, mit denen wiederum Verhaltenserwartungen verknüpft sind. Webster und Wind (1972, vgl. Backhaus 2003, S. 122ff.) unterscheiden fünf Rollen:

- **Einkäufer.** Beteiligte im Buying Network, die auf Basis ihrer formalen Autorität und Aufgabenzuordnung Kaufverträge abschließen
- **Benutzer.** Potenzielle Nutzer, die auf Erfahrungswissen zurückgreifen, später mit dem Produkt arbeiten und so über den Erfolg einer Beschaffung entscheiden
- **Beeinflusser.** Influencer, die formal nicht am Kaufprozess beteiligt sind, aber informell die Entscheidung mitbestimmen
- **Informationsselektierer.** Gatekeeper, die den Informationsfluss im Buying Network steuern
- **Entscheider.** Beteiligte, die aufgrund ihrer hierarchischen Position die Kaufentscheidungen treffen, aber nicht im Detail in die Entscheidungsvorbereitung eingebunden sind

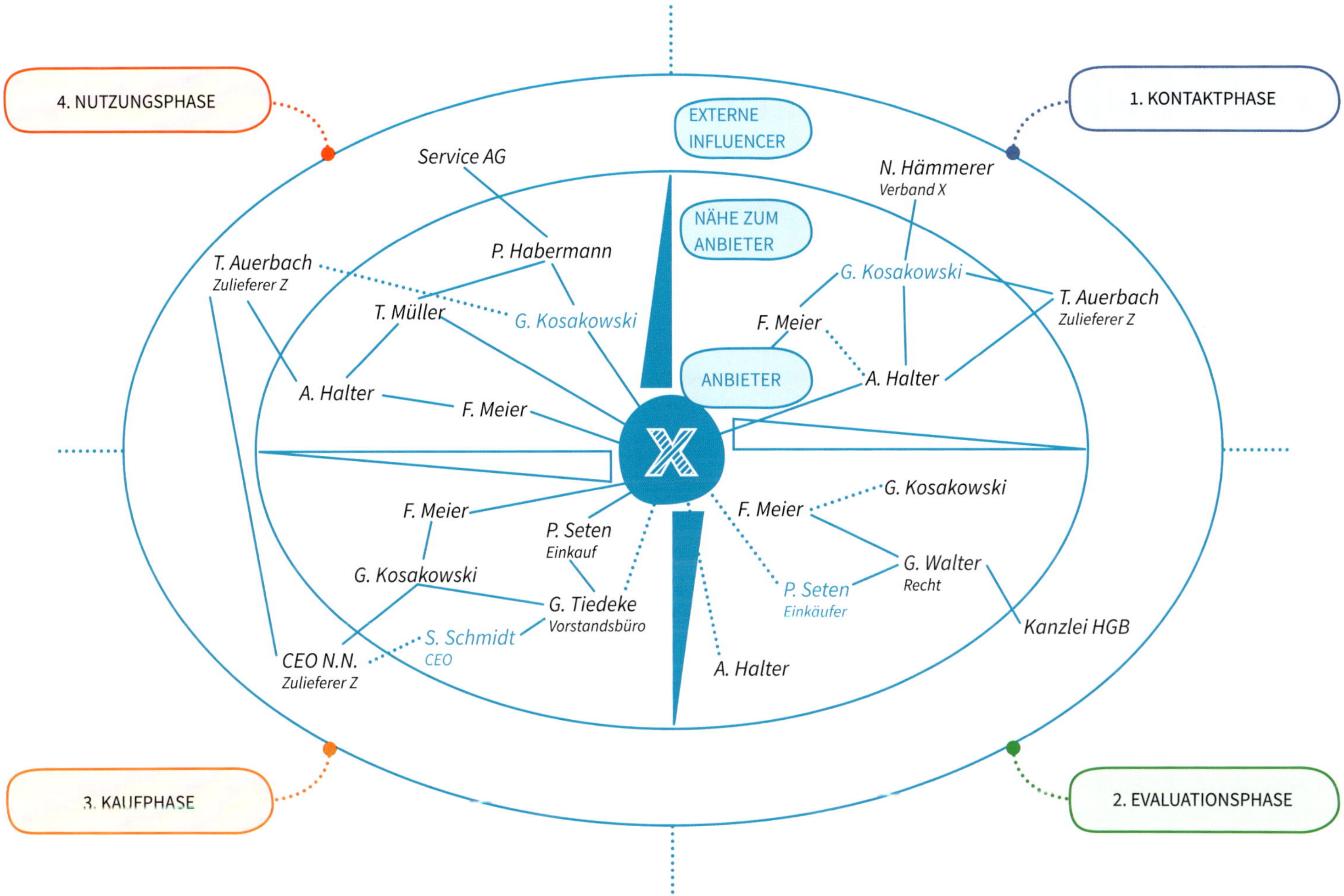

2.1 Debriefing
2.2 Analyse
2.3 Strat. Planung
2.4 Maßnahmen
2.5 Controlling

TOOL 25 MEDIALE AKTIVITÄTEN UND ISSUES DER STAKEHOLDER

Leitfrage

Wie bewegen sich die Stakeholder im Web? Und welche Themen beschäftigen sie dabei?

Zielsetzungen

- Die Aktivitäten der Stakeholder im Web kennen
- Die wichtigsten Meinungsführer identifizieren
- Die Basis für das systematische Monitoring der Kommunikation legen

Umsetzung

Das Modell stellt die Aktivitäten der Stakeholder auf eigenen und fremden Präsenzen und die dabei bewegten Themen dar. So können relevante Issues identifiziert werden, an die die eigene Kommunikation anschließen kann, und Meinungsführer zu diesen Issues ermittelt werden.

Die Daten werden über Online-Beobachtungen erhoben. Bei der Auswertung der Aktivitäten helfen Monitoring-Tools wie brandwatch, Cision oder hootsuite (Fokus auf Social Media).

Die Ergebnisse werden in einer Matrix festgehalten – geordnet nach Stakeholdergruppen und Aktivitäten. Dabei kann es sinnvoll sein, die Analyse für bedeutende Stakeholdergruppen bis auf einzelne Personen (z. B. meinungsführende Blogger) herunterzubrechen.

So arbeitet man mit dem Modell:

1. Es wird gezielt nach Online-Aktivitäten bereits bekannter Stakeholder gesucht (z. B. von einzelnen NGOs, Wettbewerbern).
2. Die Online-Aktivitäten zu strategisch relevanten Issues werden erfasst. Es wird ermittelt, welche Nutzer über das Unternehmen schreiben und wer die Meinungsführer bei Schlüsselthemen sind.
3. Die Aktivitäten auf den Online-Präsenzen von Wettbewerbern/branchennahen Akteuren werden beobachtet und präsente Nutzergruppen ermittelt.
4. Die Daten werden mit Studienergebnissen zur Social-Media-Nutzung abgeglichen.

	NAME, REDAKTION	EIGENE PRÄSENZEN	AKTIVITÄTEN AUF ANDEREN PRÄSENZEN	PASSIVE NUTZUNG ANDERER PRÄSENZEN	KERNTHEMEN	EINSTELLUNG/ TONALITÄT
BLOGGER	*Heinz Müller*	*Heinz Müller bloggt; ca. 10 Beiträge im Monat; 5.000 Follower*	*Häufige Kommentare im Blog XY*	*Verarbeitet Berichte aus Blogs der Unternehmen XY*	*Technik/ Innovation/ Anwendungen*	*Fan (ehemaliger Mitarbeiter, jetzt im Ruhestand); positiv*
	...	...	...	...	...	...
WIRTSCHAFTS-PRESSE	*Karl Baumann, Redakteur bei Fachmagazin XY*	*Twitter-Account XY; ca. 5 Tweets pro Woche; 75 Follower*	*Follower von XY bei Twitter; häufige Retweets*	*Verarbeitet Inhalte aus PPTs bei SlideShare zu eigenen News*	*Nachhaltigkeit*	*Differenziert; neutral*
	...	...	...	...	...	...
FACHPRESSE	...	...	...	...	...	...

TOOL 26 STRATEGY MAP MIT ENGPASSANALYSE

Leitfrage

Wie unterstützt Kommunikation die Zielerreichung des Unternehmens? Wo könnte es Engpässe bei der Zielerreichung geben?

Zielsetzungen

- Die Kommunikationsstrategie auf die strategischen und operativen Unternehmensziele ausrichten
- Die Zielsetzungen der Kommunikation benennen
- Strategische Engpässe und kritische Pfade für die Zielerreichung der Kommunikation erkennen
- Den Beitrag der Kommunikation zur Wertschöpfung aufzeigen

Umsetzung

Die Strategy Map der Kommunikation stellt Ursache-Wirkungs-Zusammenhänge zwischen Zielsetzungen – Werttreibern für den Kommunikations- und damit den Unternehmenserfolg – auf drei verschiedenen Wirkebenen dar:

- **Outflow.** Was sind die durch Kommunikation beeinflussbaren strategischen und finanziellen Unternehmensziele?
- **Outcome.** Welche Wahrnehmung/Nutzung und welches Wissen, welche Meinungen, welche Einstellungen und Emotionen und welche Verhaltensdispositionen ermöglichen (»treiben«) den Wertbeitrag der Kommunikation für die Erreichung der Outflow-Ziele?
- **Output.** Welche Kommunikationsmittel in welcher Qualität müssen dafür in welcher Frequenz hergestellt und distribuiert werden? Welche Wirkung müssen diese Maßnahmen erzeugen?

Zur Aufstellung der Strategy Map werden die Werttreiber-Beziehungen zwischen den Zielsetzungen in einem heuristischen Verfahren festgehalten, mit der Leitfrage: Welche Zielsetzung ist die Voraussetzung für das Erreichen von welchem Ziel (»treibt dieses Ziel an«)? Die Wertbeziehungen werden durch Pfeile Bottom-up dargestellt.

Mit der Fragestellung »Bei welcher Treiberbeziehung zwischen Zielsetzungen der Strategy Map könnte es Schwierigkeiten geben?« werden mögliche strategische Engpässe bei der Zielerreichung markiert. Dies führt zur Ermittlung weiterer notwendiger Werttreiber, die zusätzlich in die Strategy Map eingefügt werden.

Die Strategy Map – der entstandene Werttreiberbaum – wird mit der Geschäftsleitung und/oder der Strategieabteilung abgestimmt. Die Werttreiber für das Controlling der Kommunikation werden in eine Scorecard (Tool 81) übertragen, und es werden KPIs (Key Performance Indicators) und Zielwerte für wesentliche Zielsetzungen definiert.

So wird die Strategy Map der Kommunikation entwickelt:

1. Alle Zielsetzungen der Kommunikation werden gesammelt und auf Karten bzw. Post-its/Stattys geschrieben.
2. Die Karten/Post-its werden an einer (Metaplan-)Wand bzw. auf einem Tisch entsprechend den Werttreiberbeziehungen Top-down bzw. Bottom-up angeordnet.
3. Die Zielsetzungen werden entsprechend den Werttreiberbeziehungen mit Pfeilen verbunden.
4. Es werden die drei Zielsetzungsebenen *Output, Outcome* und *Outflow* eingezogen.
5. Ggf. werden mögliche Engpässe benannt und in die Strategy Map eingetragen.
6. Ggf. werden zusätzliche strategische Zielsetzungen hinzugefügt, die die Engpässe beheben bzw. abmildern können.

Theorie: Strategy Map des Unternehmens

Die Strategy Map der Kommunikation adaptiert die Strategy Map des Unternehmens von Kaplan/Norton (2004) für die Kommunikation. Die Strategy Map des Unternehmens bildet den Wertschöpfungsprozess des Unternehmens prototypisch ab, sie basiert auf mehr als hundert Beratungsprojekten von Kaplan und Norton. Dabei sind die Zielsetzungen in Ursache-Wirkungs-Beziehungen zueinander gesetzt. Die einzelnen Zielsetzungen zahlen auf vier übergeordnete Ziele ein:

- Zufriedene Stakeholder (Finanzperspektive)
- Begeisterte Kunden (Kundenperspektive)
- Exzellente Prozesse (Interne Geschäftsprozessperspektive)
- Motivierte und veränderungsbereite Mitarbeiter (Lern- und Entwicklungsperspektive)

Die vier Ebenen bauen aufeinander auf. Das heißt, die Zielsetzungen auf den vier Ebenen stehen in Werttreiberbeziehungen zueinander, sodass der »Weg von immateriellen Werten zum materiellen Erfolg« (Kaplan/Norton 2004, S. 30) deutlich wird: Die Zielsetzungen der Lern- und Entwicklungsperspektive müssen erfüllt sein, damit exzellente Prozesse realisiert werden können. Die exzellenten Prozesse sind die Voraussetzung für attraktive Produkte zu wettbewerbsfähigen Preisen sowie für gute Kundenbeziehungen und das Markenimage (Kundenperspektive). Das sorgt für Nachfrage und eine gute Preisstellung der Produkte/Services und damit für hohe Erträge sowie gleichzeitig über die Verbesserung der Kostenstrukturen für eine hohe Rendite – und damit insgesamt für profitables Wachstum. Zur nachhaltigen Steigerung des Unternehmenswerts muss noch eine Finanzierungsstrategie hinzukommen, die Eigenkapital- und Fremdkapitalkosten möglichst niedrig hält.

Generische Strategy Map des Unternehmens inkl. Kommunikationsfeldern

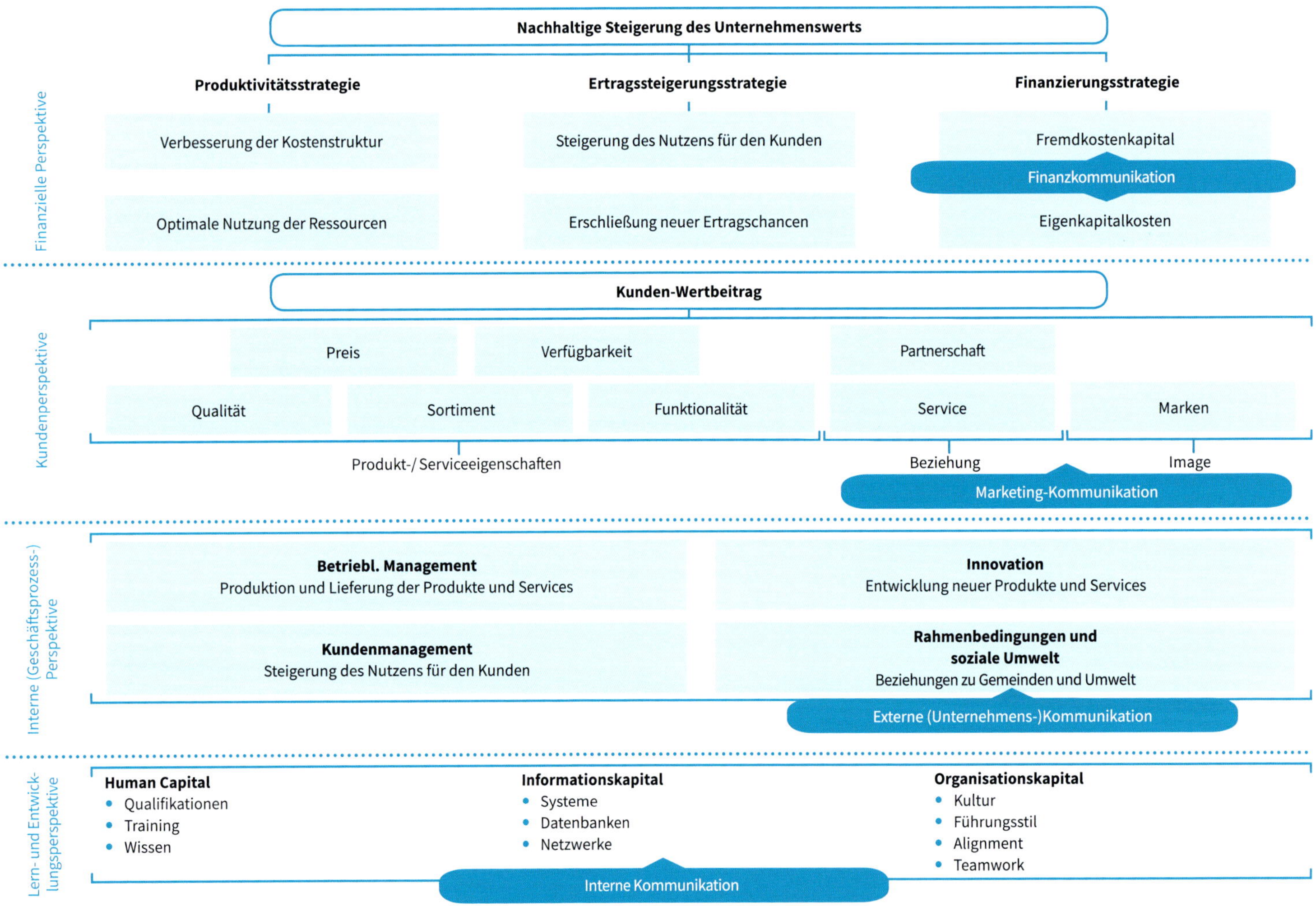

(nach Kaplan/Norton 2004)

Stragegy Map zu einem gesundheitspolitischen Thema

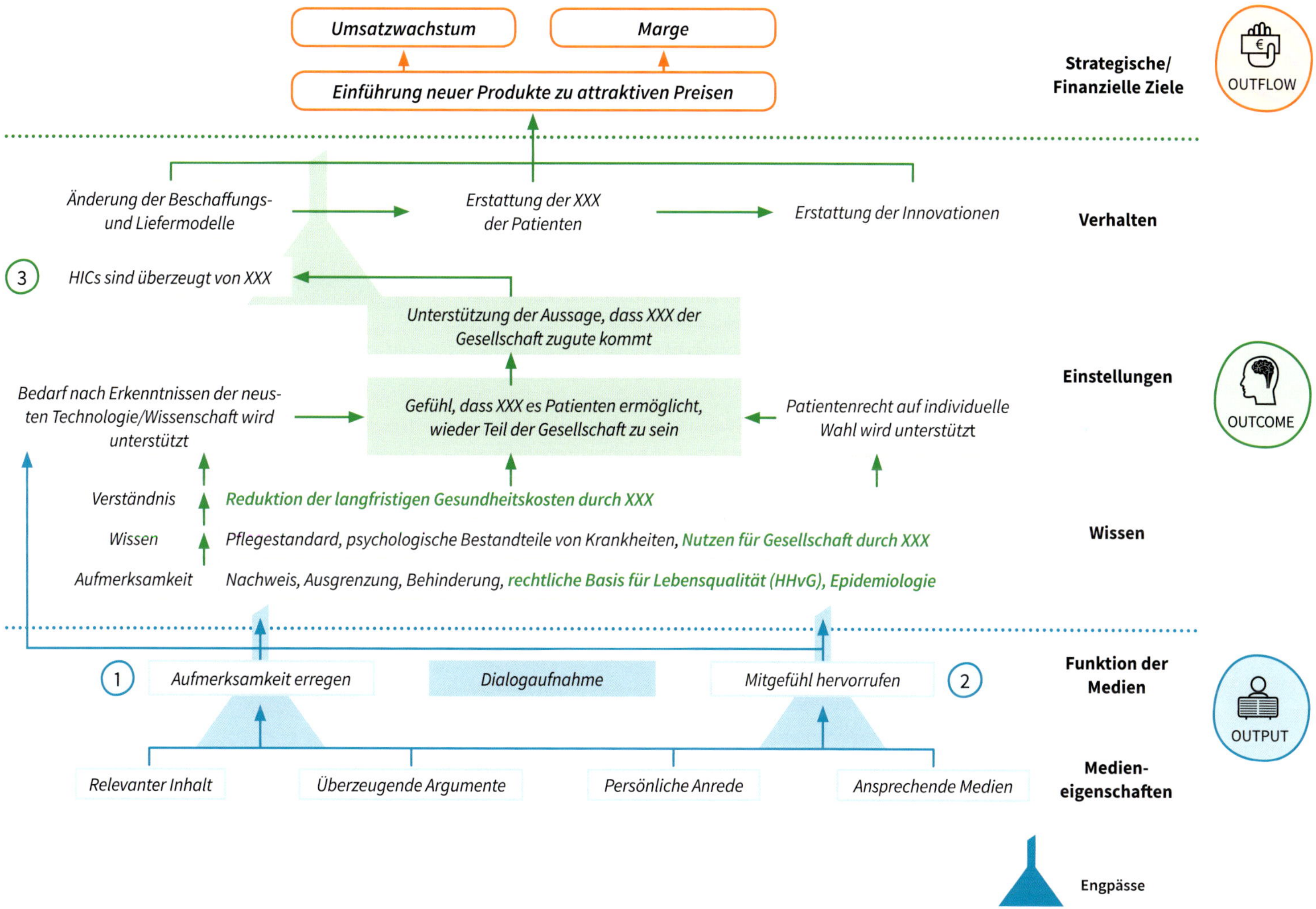

TOOL 27 POSITIONIERUNGSANALYSE: POLARITÄTENPROFIL

Leitfrage

Welches Bild haben die Stakeholder von dem Unternehmen bzw. seinen Produkten/Services?

Zielsetzungen

- Die gewünschte (SOLL) Positionierung des Unternehmens bzw. seiner Produkte/Services in stakeholderrelevanten Merkmalen festhalten
- Die IST-Positionierung des Unternehmens bei den Stakeholdern erfahren
- Gap zwischen IST- und SOLL-Positionierung feststellen
- Prioritäten für Themen und Botschaften der Storyline entwickeln

Umsetzung

Zunächst werden positionierungsrelevante Merkmale des Unternehmens bzw. des Produkts/Services und ihre inhaltlichen Gegenspieler erfasst. Als Basis dienen das Desk Research zu Positionierung/Botschaften im Markt (Tool 10) und ggf. das Issue Mapping (Tool 3). Auch die Gegenbegriffe müssen potenziell attraktiv formuliert sein – nur dann kann ein echtes Polaritätenprofil mit Ausprägungen in beide Richtungen entstehen.

Anschließend werden die Profile ermittelt und eingezeichnet. Dies kann entweder durch Scoring oder Voting von Projekt- oder Kommunikationsteams geschehen oder – valider – durch Befragung der Stakeholder.

Die Linien für IST- und SOLL-Positionierung werden in das Tool eingetragen. So werden Übererfüllungen (und damit vermutlich die Verschwendung von Ressourcen) und vor allem Gaps (vgl. Tool 20: Gap-Analyse) offensichtlich.

So arbeitet man mit dem Tool:

1. Die gegensätzlichen Wortpaare, die die Pole der Skalen bilden, werden festgelegt und eingetragen.
2. Die Stakeholder werden befragt bzw. die Projektgruppe ermittelt das Profil gemäß den kommunikativen Zielsetzungen (SOLL) oder auf der Basis von Marktkenntnissen per Scoring.
3. Übererfüllungen und Gaps werden markiert, ggf. durch Vergleich von Profilen.
4. Die Bedarfe für die Botschaften und Storyline werden abgeleitet.

Theorie: Semantisches Differential

Das semantische Differential ist eine Methode der Datenerhebung, bei der die Bedeutung von Begriffen anhand von Assoziationen erfasst wird. Die Grundlage bilden fünf- oder siebenstufige Ratingskalen mit bipolaren Adjektivpaaren. Die Probanden entscheiden gefühlsbasiert, wie sie Begriffe auf den Skalen einordnen. Um eine Tendenz zur Mitte zu vermeiden, müssen möglichst trennscharfe und aktivierende Gegenstandspaare gewählt werden. (Vgl. Wikipedia 2019; Merten 1995, S. 247ff.)

Die Darstellung der Ergebnisse erfolgt in einem Polaritätenprofil, das für die konnotative Bedeutung des untersuchten Begriffs steht.

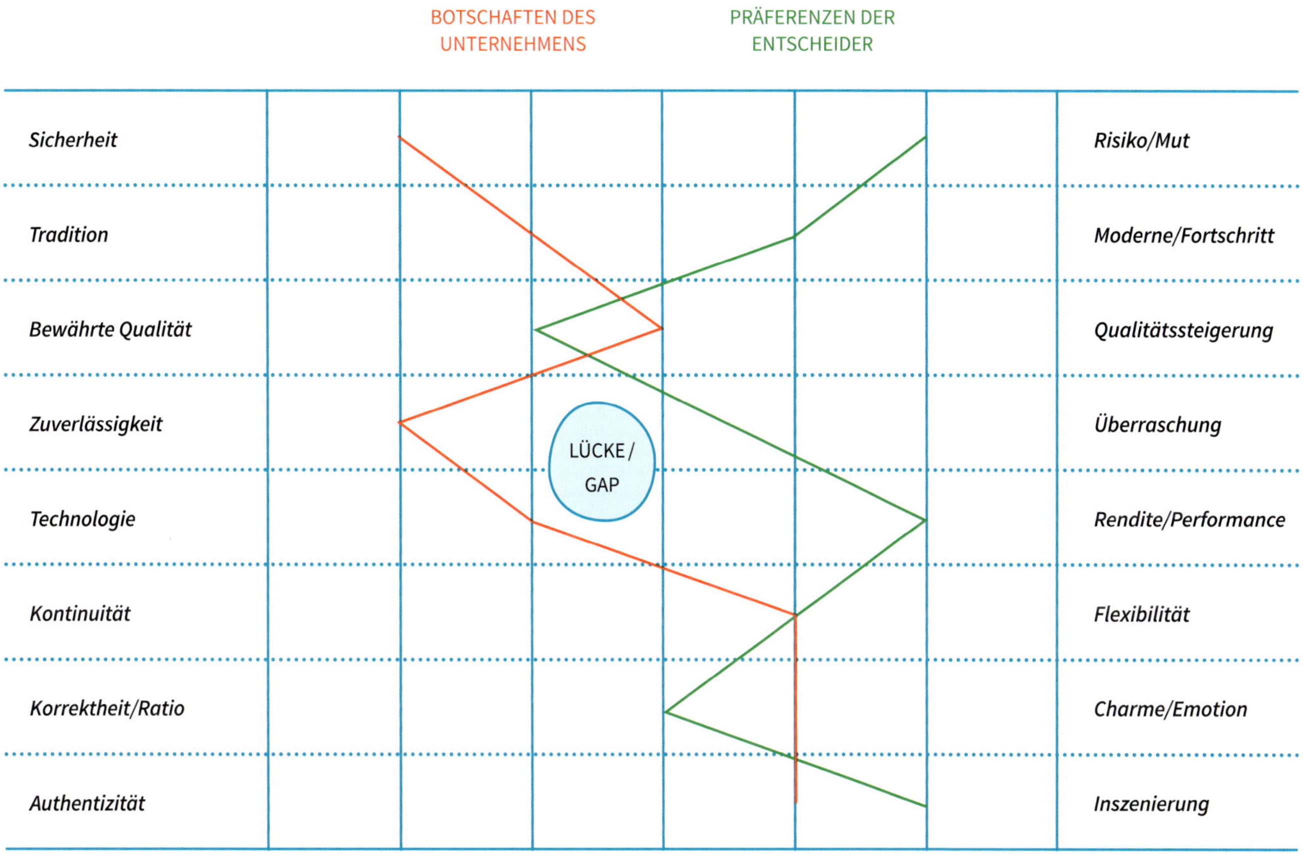
BOTSCHAFTEN DES UNTERNEHMENS
PRÄFERENZEN DER ENTSCHEIDER
Sicherheit
Risiko/Mut
Tradition
Moderne/Fortschritt
Bewährte Qualität
Qualitätssteigerung
Zuverlässigkeit
Überraschung
LÜCKE / GAP
Technologie
Rendite/Performance
Kontinuität
Flexibilität
Korrektheit/Ratio
Charme/Emotion
Authentizität
Inszenierung

TOOL 28 POSITIONIERUNGSKREUZ

Leitfrage

Wo steht der Wettbewerb und wie soll das eigene Unternehmen/die eigene Marke positioniert werden?

Zielsetzungen

- Das eigene Unternehmen/die eigene Marke im Wettbewerb verorten
- Alleinstellungsmöglichkeiten identifizieren

Umsetzung

Das Positionierungkreuz zeigt über zwei Paare von gegensätzlichen Merkmalen die Verortung von Unternehmen/Marken in einem Markt alternativ

- die IST-Positionierung des eigenen Unternehmens/der eigenen Marke im Vergleich zum Wettbewerb
- die SOLL-Positionierung.

Die Bestimmung der Merkmale auf den Achsen des Kreuzes greift auf die Ergebnisse der Analysephase zurück. Besonders wichtig sind dabei die Interessen/Relevanzen der Stakeholder im betreffenden Markt (vgl. Tools 2 und 3).

Für die IST-Positionierung gilt: Unternehmen/Marken, die im Positionierungskreuz nah beieinander liegen, stehen in starker Konkurrenz zueinander. In Quadranten, in denen keine Wettbewerbsunternehmen/-marken verortet sind, gibt es offensichtlich eine Marktlücke. Durch Positionierung an dieser Stelle über die betreffenden Merkmale kann sich das eigene Unternehmen/die eigene Marke vom Wettbewerb abheben.

So arbeitet man mit dem Positionierungskreuz:

1. Die relevanten semantischen Bewertungsmerkmale (= Achsendimensionen) werden bestimmt.
2. Die Wahrnehmung des eigenen Unternehmens/der eigenen Marke und die der anderen Unternehmen/Marken wird ermittelt, z. B. auf Basis von Darstellungen in Eigenmedien oder auf Basis von Marktforschungen zur Wahrnehmung der Stakeholder.
3. Das eigene Unternehmen/die eigene Marke und die Konkurrenzunternehmen/Marken werden im Positionierungskreuz anhand der Merkmalspaare verortet.
4. Ggf. können weitere Positionierungsversuche mit anderen relevanten Merkmalspaaren durchgeführt werden.
5. Je nachdem, ob Lücken sichtbar werden, wird die Positionierungsstrategie (Alleinstellung oder Überbietung in einem relevanten Merkmal) gewählt.

Theorie: Positionierung

Die Positionierung bezeichnet den aktiven Ausbau einer Marke im Markt über das gezielte Schaffen und die Kommunikation von Stärken und Qualitäten, durch die sich ein Unternehmen bzw. ein Produkt oder eine Dienstleistung in den Augen der Stakeholder (z. B. der Kunden) klar und positiv von den Unternehmen/Produkten/Dienstleistungen der anderen Marktteilnehmer unterscheidet. Im Zentrum der Betrachtung müssen dabei die wahrgenommenen/veröffentlichten Merkmale von Marken stehen, die eine Präferenz beim Nutzer auslösen. (Vgl. Wikipedia 2019; Bruhn 2009, S. 177 f.; Esch 2006, S. 47 f.)

Aus der Positionierungsanalyse wird die Positionierungsstrategie abgeleitet. Die Differenzierung von den Wettbewerbern ist dabei nicht immer das primäre Ziel – es gibt grundsätzlich zwei Handlungsoptionen (vgl. Wikipedia 2019; Aaker 2013):

- Die Points-of-Difference-Positionierung zielt auf die Abgrenzung vom Wettbewerb ab, oft durch Besetzung einer Marktnische.
- Die Points-of-Parity-Positionierung bedeutet Positionierung über dieselben Merkmale wie der Wettbewerb – meist im Präferenzpunkt (»Idealposition«) der Konsumenten. An diesem Punkt muss dann möglichst eine Überbietung des Wettbewerbs erfolgen, z. B. im Merkmal *Qualität*.

IST-Positionierung basierend auf einer Analyse von Owned Media der Unternehmen

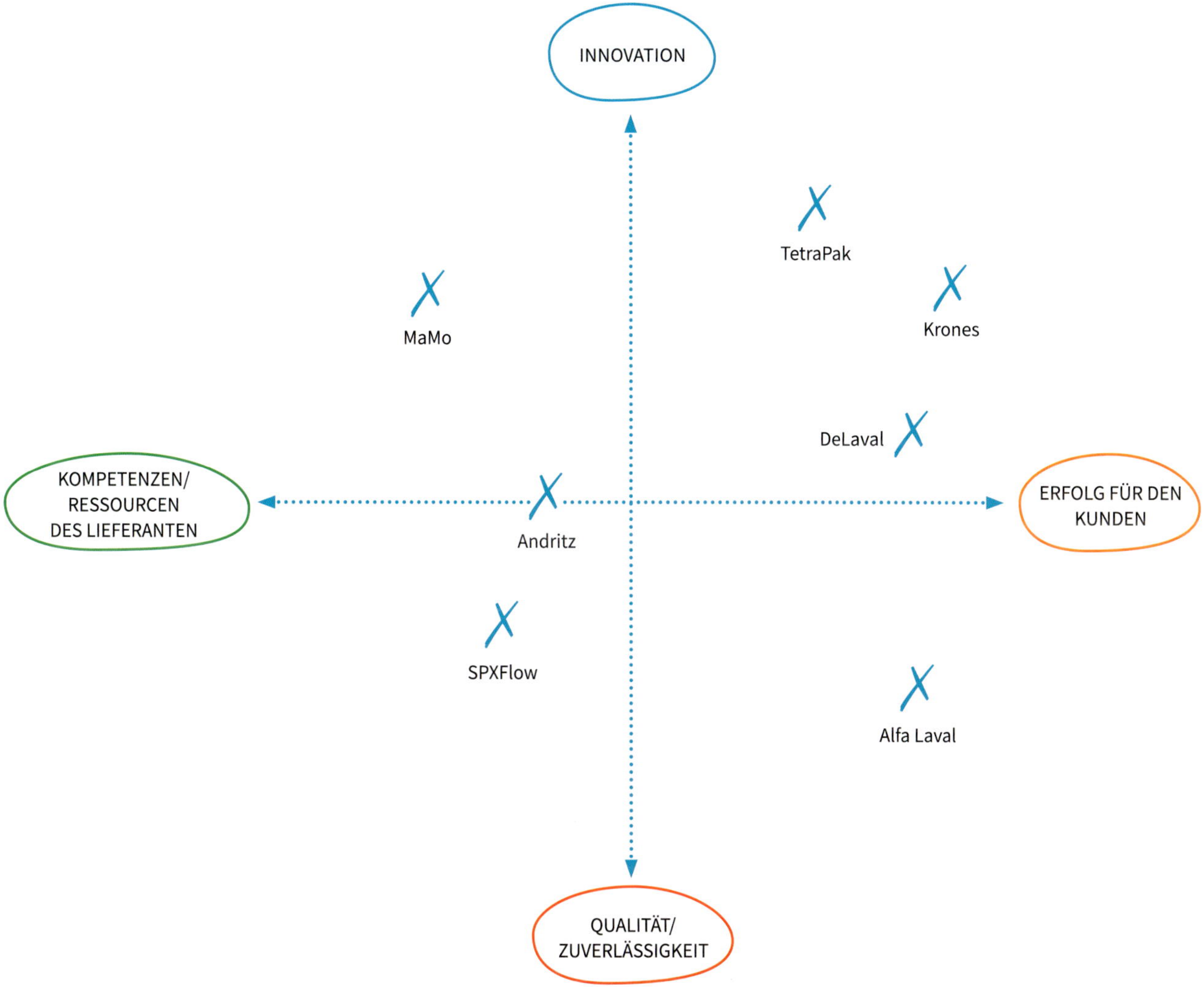

TOOL 29 BOTSCHAFTEN, FOKUS AUF KUNDENBENEFITS

Leitfrage

Welche Benefits erwarten die Stakeholder von den Leistungen des Anbieters/der Marke?

Zielsetzungen

- Themenbereiche, Entscheidungskriterien und gewünschte Benefits in den Bereichen entwickeln, die für potenzielle Kunden in einem Markt bei der Auswahl ihres Lieferanten relevant sind
- (Alternativ) Themenbereiche, Kriterien für Unterstützungsbereitschaft und gewünschte soziale Wertbeiträge des Unternehmens bei relevanten Stakeholdern entwickeln
- Botschaften entwickeln, die die Leistungen des Unternehmens kundenzentriert beschreiben

Umsetzung

Das Tool stellt in konzentrischen Kreisen von innen nach außen den Zusammenhang zwischen den Stakeholdern für ihre Entscheidung/Unterstützungsbereitschaft bei den relevanten Themen (Issues), den Entscheidungskriterien für diese Themen/in diesen Bereichen und den erwarteten funktionalen und emotionalen Benefits her.

Die initiierende Leitfrage für die Arbeit mit dem Tool erfolgt aus Sicht der Stakeholder und kann z. B. lauten: »Wer ist der Lieferant meiner Wahl?« (Supplier of Choice) oder auch »Welches Unternehmen mit seinen Vorhaben unterstütze ich?«. Die Benennung der T hemenfelder erfolgt auf Basis der Issue-Analysen (Tools 2 und 3). Die Leistungen des Unternehmens – und dementsprechend die gewünschten Benefits – können sowohl wahrgenommene Merkmale von Produkten/Services in der Kundenbeziehung als auch soziale Wertbeiträge in anderen Stakeholderbeziehungen, z. B. mit Mitarbeitern, Behörden und Politikern, Meinungsbildnern, Nachbarschaften, sein. Die wesentlichen Benefits werden zur Leadstruktur für die Storyline verdichtet (vgl. Tool 30: Botschaftenpyramide).

Ausgehend von der Leitfrage werden die drei Kreise von innen nach außen befüllt:

1. Im inneren Ring werden die übergeordneten Themen (Issues) im Markt/im Meinungsumfeld eingetragen, die das Unternehmen bewegen und für Stakeholderentscheidungen relevant sind (z. B. *Zuverlässigkeit, Qualität, Innovationskraft*).
2. Den Issues zugeordnet, werden im zweiten Ring Kriterien erfasst, die Entscheider/Stakeholder für ihr Verhalten (z. B. die Kaufentscheidung) anlegen (z. B. *Liefertreue, Technologieführerschaft*).
3. Im dritten Ring werden die funktionalen und emotionalen Vorteile (Benefits) benannt, mit denen das Unternehmen die Stakeholder (entsprechend ihren Kriterien bei den relevanten Themen) überzeugen kann.
4. Durch Scoring, z. B. mit Klebepunkten, werden die wichtigsten Kriterien und erwarteten Benefits ausgewählt.
5. Die wichtigsten Kriterien und Benefits werden in einer hierarchischen Struktur angeordnet, z. B. in einer journalistischen Leadstruktur oder in der Struktur der Botschaftenpyramide (Tool 30) oder nach den Strukturmustern der Fünfsatztechnik (vgl. Tool 34).

Themen und Entscheidungskriterien in der Spezialchemie

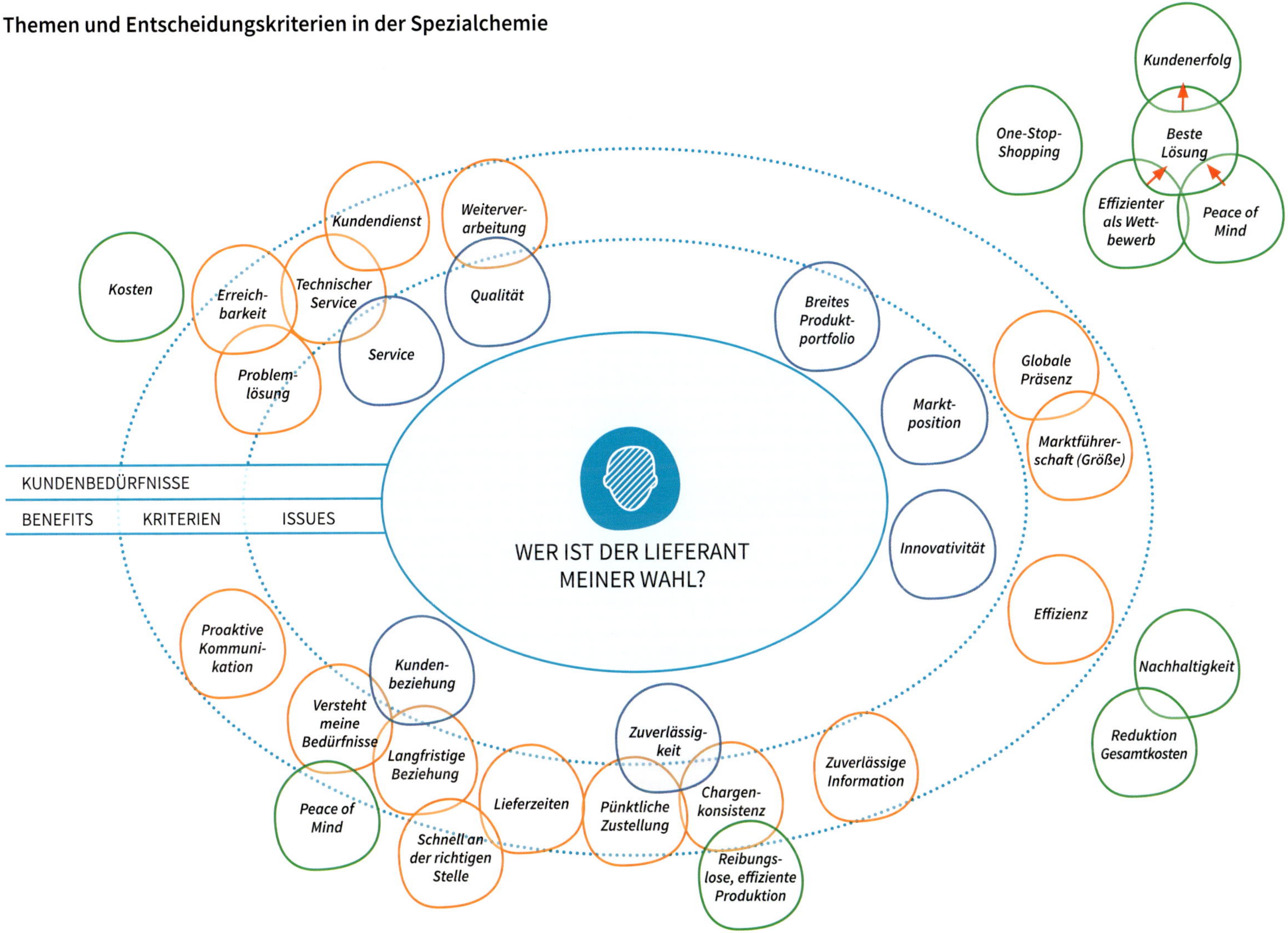

TOOL 30 BOTSCHAFTENPYRAMIDE

Leitfrage

Wie lauten die überzeugenden Botschaften des Unternehmens?

Zielsetzungen

- Eine stringente, schlüssige Storyline entwickeln
- Stakeholder-Benefits ins Zentrum der Story stellen
- Einen prägnanten und zutreffenden Claim kreieren

Umsetzung

Eine Marke bietet dem Kunden Nutzwerte in zwei Dimensionen: Bei den funktionalen Benefits handelt es sich um konkrete Produktleistungen. Die emotionalen Benefits beschreiben, welche Gefühle beim Kunden ausgelöst werden. Für eine erfolgreiche Markenpositionierung müssen sowohl die funktionalen als auch die emotionalen Nutzwerte kommuniziert werden.

Die Botschaftenpyramide unterstützt bei der Formulierung einer kohärenten Story, die auf den Ressourcen, Kompetenzen und Leistungen des Unternehmens basiert. Die Botschaften zielen als Proofs auf die Benefits (Nutzwerte) für den Kunden ab. Die Nutzwerte markieren bestmöglich den Unterschied zum Wettbewerb – und gipfeln in Kernbotschaft und Claim.

Die Arbeit mit der Botschaftenpyramide erfolgt in diesen Schritten:

1. Befüllung der Pyramide mit bestehenden und neuen Botschaften unter Berücksichtigung der Stakeholder-Issues (vgl. Tools 2 und 3) von unten nach oben. Neue Botschaften und Streichungen werden farblich kenntlich gemacht.
2. Prüfung auf Kohärenz der Botschaftenpyramide und Finetuning
3. Abstimmung mit der Geschäftsführung
4. Verschriftlichung der Botschaften als Storyline und komprimiertes Statement (Elevator Pitch)

Theorie: Kano-Modell

Das Kano-Modell zur Kundenzufriedenheit verknüpft die Erwartung an ein Produkt mit der Zufriedenheit in fünf Merkmalsebenen (vgl. Kano et al. 1984):

- **Basismerkmale** werden dem Kunden erst bewusst, wenn sie nicht erfüllt sind (implizite Erwartungen) und führen dann zu Unzufriedenheit.
- **Leistungsmerkmale** schaffen Zufriedenheit oder beseitigen Unzufriedenheit.
- **Begeisterungsmerkmale** sind überraschende Merkmale mit einem Zusatznutzen, der das Produkt im Wettbewerb abhebt.
- **Unerhebliche Merkmale** stiften weder Zufriedenheit noch Unzufriedenheit.
- **Rückweisungsmerkmale** führen zu Unzufriedenheit.

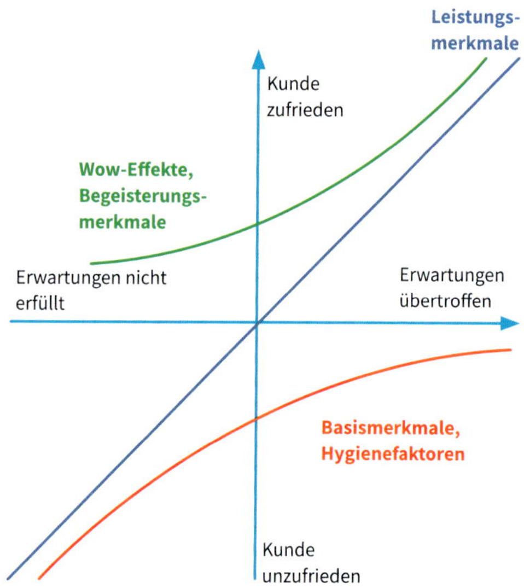

(Matzke 2015)

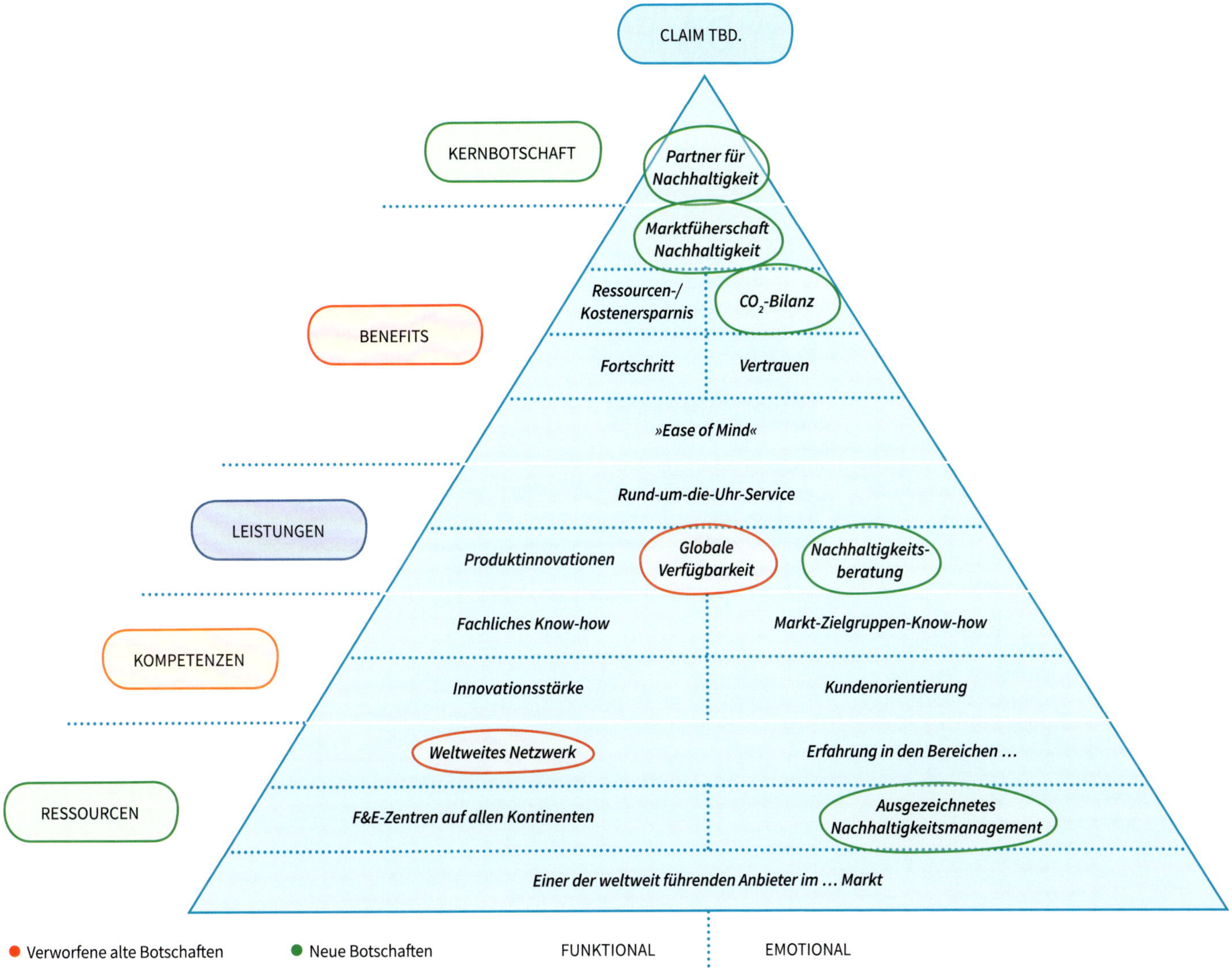
CLAIM TBD.
KERNBOTSCHAFT
Partner für Nachhaltigkeit
Marktfüherschaft Nachhaltigkeit
BENEFITS
Ressourcen-/ Kostenersparnis
CO_2-Bilanz
Fortschritt
Vertrauen
»Ease of Mind«
LEISTUNGEN
Rund-um-die-Uhr-Service
Produktinnovationen
Globale Verfügbarkeit
Nachhaltigkeits-beratung
KOMPETENZEN
Fachliches Know-how
Markt-Zielgruppen-Know-how
Innovationsstärke
Kundenorientierung
RESSOURCEN
Weltweites Netzwerk
Erfahrung in den Bereichen …
F&E-Zentren auf allen Kontinenten
Ausgezeichnetes Nachhaltigkeitsmanagement
Einer der weltweit führenden Anbieter im … Markt
Verworfene alte Botschaften
Neue Botschaften
FUNKTIONAL
EMOTIONAL

TOOL 31 STORYLINE: AIDA-FORMEL

Leitfrage

Wie können die SOLL-Botschaften aufmerksamkeitsstark kommuniziert werden?

Zielsetzungen

- An den Relevanzen der Stakeholder andocken
- Bei den Stakeholdern Aufmerksamkeit für die eigenen Botschaften erzeugen
- Präferenz hervorrufen
- Unterstützungsbereitschaft für die Ziele des Unternehmens schaffen bzw. Kaufentscheidungen beeinflussen

Umsetzung

Das Tool überträgt das AIDA-Modell aus der Werbewirkungsforschung auf die Struktur der Storyline. Ausgangspunkt ist die Botschaftenpyramide (Tool 30), deren Botschaften durch die AIDA-Struktur in eine aufmerksamkeitssteigernde und zielorientierte narrative Struktur gebracht werden.

So wird das Tool angewendet:

1. Die Botschaften aus der Botschaftenpyramide werden den Stufen des AIDA-Modells zugeordnet: Attention (Aufmerksamkeit), Interest (Interesse), Desire (Verlangen), Action (Handlung).
2. Es werden logische und argumentative Verbindungen geschaffen.
3. Ggf. werden Botschaften ergänzt und ausgebaut.

Theorie: AIDA-Modell

Die AIDA-Formel ist ein Basismodell aus dem Marketing. Sie hat die Werbewirtschaft nachhaltig geprägt. Sie wurde 1898 von Elmo Lewis als Verkaufsleitfaden entwickelt und hielt später Einzug in die Werbewirkungsforschung. Es handelt sich um ein rein lineares Modell, d. h., die Stufen der Werbewirkung folgen direkt aufeinander. Nach dem AIDA-Modell durchläuft der Kunde bis zur Kaufentscheidung vier Phasen:

- Attention (Aufmerksamkeit). Der Kunde wird auf das Produkt/die Dienstleistung aufmerksam.
- Interest (Interesse). Die Aufmerksamkeit wandelt sich zu Interesse, der Kunde beschäftigt sich näher mit dem Thema.
- Desire (Verlangen). Das Interesse manifestiert sich in dem Verlangen, das Produkt/die Dienstleistung zu erwerben.
- Action (Handlung). Der Kunde befriedigt sein Bedürfnis und kauft.

Die AIDA-Formel stellt die Basis für viele weitere Stufenmodelle dar, die in den letzten Jahrzehnten entwickelt wurden, um die Wirkungen von Werbung aufzuschlüsseln.

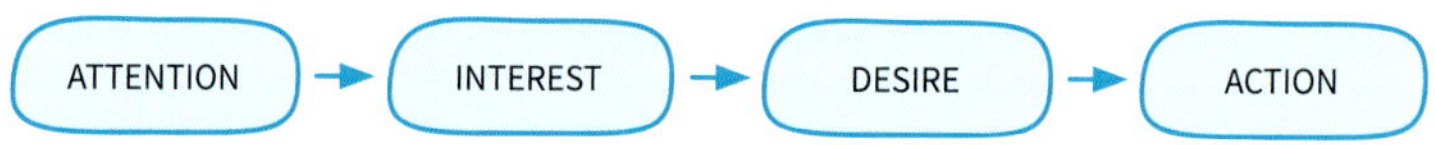

	ELEMENT	STORYLINE
ATTENTION	Headline	*My tree is my castle*
INTEREST	Illustration	***Flower-friendly, Wind of Change, my heart beats green, …***
DESIRE	Copy	***The e-commerce market is flourishing. Grow with us and see our woods grow with each click of our customers. We lead the path to sustainable e-commerce. And we are hiring Digital Minds to pioneer with us.***
ACTION	URL	*www.godigitalatgreendeal.com*

TOOL 32 CORPORATE STORY

Leitfrage

Welche übergeordneten Ziele will das Unternehmen erreichen und was wird dafür von den Stakeholdern erwartet?

Zielsetzungen

- One-Voice Policy in der Kommunikation mit allen Stakeholdern realisieren
- Ein argumentatives Dach entwickeln, das die Anforderungen im Markt mit der Unternehmensstrategie und dem Verhalten der Stakeholder verbindet
- Den strategischen Aktivitäten des Unternehmens einen motivierenden Sinn (»Purpose«) verleihen
- Mitarbeiter und andere Stakeholder auf die Unternehmensziele orientieren

Umsetzung

Die Corporate Story hat eine Orientierungs- und Lenkungsfunktion für die Stakeholder des Unternehmens, insbesondere für die Führungskräfte und Mitarbeiter. Sie vermittelt ihnen ein Verständnis für die Unternehmensziele und -strategie und motiviert sie zu einem Handeln, das diese Ziele unterstützt. Um die Kernbotschaften der Corporate Story zu formulieren, werden sechs Bereiche betrachtet:

- **Situation/Marktentwicklung/Wettbewerbsumfeld.** In welchen Märkten ist das Unternehmen aktiv und was sind die Treiber und Erfolgsfaktoren für diese Märkte?
- **Vision.** Welches übergeordnete Ziel verfolgt das Unternehmen?
- **Mission.** Welches Leistungsversprechen gibt das Unternehmen seinen Kunden? Welche emotionalen und funktionalen Benefits gehen damit einher?
- **Kompetenzen und Ressourcen.** Mit welchen Kompetenzen und Ressourcen wird das Leistungsversprechen erfüllt und was begründet den Vorsprung des Unternehmens gegenüber dem Wettbewerb?
- **Strategie und Maßnahmen.** Mit welcher Strategie und welchen Maßnahmen setzt das Unternehmen die Vision um und erfüllt das Leistungsversprechen?
- **Werte und Verhalten.** Wie müssen sich Führungskräfte und Mitarbeiter verhalten, um die Vision und das Leistungsversprechen zu verwirklichen?

Für die Entwicklung einer Corporate Story werden Botschaften diesen Bereichen zugeordnet und daraus eine kohärente Storyline formuliert:

1. Anhand von sechs Leitfragen werden die Inhalte der Corporate Story zusammengetragen.
2. Anschließend werden die Kernbotschaften für die sechs Bereiche ausgearbeitet.
3. Die Corporate Story wird so formuliert, dass sie alle Bereiche miteinander verbindet und ein zusammenhängendes Bild ergibt.

Theorie: Corporate Identity

Die Corporate Identity bezeichnet den Auftritt eines Unternehmens auf der Basis von Gestaltung, Handeln und Kommunikation nach innen und außen. Dies umfasst auch die Vision, Mission und Werte eines Unternehmens. Birkigt, Stadler und Funck (2000) begreifen die Corporate Identity als Zusammenspiel von vier Faktoren: Persönlichkeit, Verhalten, Erscheinungsbild und Kommunikation des Unternehmens (siehe Abb.).

Die Corporate Identity erzeugt durch ihre Ausdrucksformen ein Fremdbild bei den Stakeholdern: das Corporate Image.

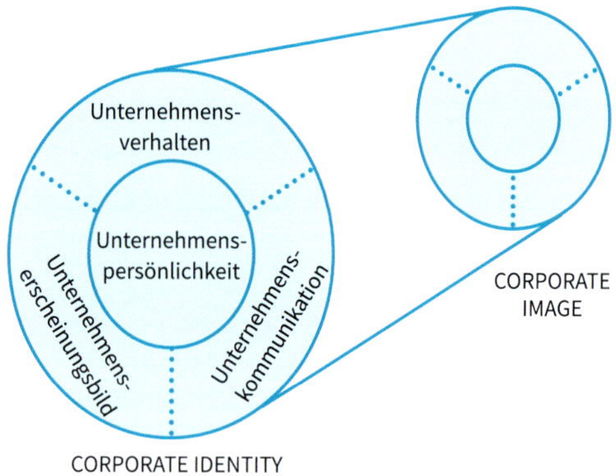

(nach Birkigt/Stadler/Funck 2000)

SITUATION/MARKTENTWICKLUNG/ WETTBEWERBSUMFELD	• Welche Märkte bedient das Unternehmen? • Was sind die Treiber und Erfolgsfaktoren in diesen Märkten? • Wenn sich das Unternehmen nicht verändert, kann es nicht erfolgreich fortbestehen. Die Richtung des Handlungsbedarfs ergibt sich aus der Marktentwicklung – gesellschaftliche Trends, Entwicklungen in den Kundenmärkten und im Wettbewerbsumfeld	*Wir setzen auf Kundenorientierung, ganzheitliche Lösungen und einfache, effiziente Prozesse.*
VISION	Welches übergeordnete Ziel und welche operativen Zielsetzungen verfolgt das Unternehmen?	*Wir sind Benchmark für unsere Wettbewerber, an dem sie sich messen wollen.* *Unser Außenumsatz steigt bis zum Jahr 2025 kontinuierlich auf xxx Mio. EUR.*
MISSION (UNTERNEHMENSZWECK)	• Welches Leistungsversprechen gibt das Unternehmen seinen Kunden und anderen Stakeholdern? • Worin genau bestehen die Nutzen (funktionale und emotionale Benefits) aus diesem Leistungsversprechen für die Kunden, insbesondere im Wettbewerbsvergleich?	*Unser Unternehmen ist der zuverlässige Partner für Premiumlösungen und Serviceleistungen, die bessere Produkte ermöglichen.*
KOMPETENZEN UND RESSOURCEN	• Mit welchen Fähigkeiten und Ressourcen – zum Beispiel Produktionsanlagen, F & E-Einrichtungen, Vertriebsstrukturen – wird das Leistungsversprechen erfüllt? • Was begründet hier den Vorsprung des Unternehmens im Wettbewerbsvergleich?	...
STRATEGIE UND MASSNAHMEN	Mit welcher Strategie und welchen Maßnahmen (»Schlüsselprojekten«) setzt das Unternehmen die Vision um und erfüllt das Leistungsversprechen?	...
WERTE UND VERHALTEN	Wie müssen sich Führungskräfte und Mitarbeiter verhalten, um die Vision und das Leistungsversprechen im Tagesgeschäft zu verwirklichen? (Inkl. Ableitung der Maßnahmen in Kommunikation, HR und Controlling)	...

TOOL 33 STORYLINE: ISSUE SURFING

Leitfrage

Wie können die eigenen Themen mit der Agenda der Stakeholder verbunden werden?

Zielsetzungen

- Aufmerksamkeit für das eigene Thema erzeugen
- Themen ressourcenschonend platzieren
- Risiken im Themenmanagement minimieren
- Relevante Frames für die Storyline vorbereiten

Umsetzung

In der Szenario-Analyse (vgl. Tool 43) werden alternative Strategien für die Botschaften und Aktivitäten entwickelt und evaluiert. Issue Surfing ist die erfolgversprechendste Strategie des Issue Managements.

Das Tool setzt bei den Themen auf der öffentlichen Agenda an und verbindet sie mit den Themen des Unternehmens. Die geeignete Strategie des Issue Surfing wird spezifiziert. Dies geschieht in folgenden Schritten:

1. Für das eigene Thema relevante Issues auf der öffentlichen Agenda werden identifiziert und beschrieben (vgl. Tools 2 und 3).
2. Die wesentlichen Inhalte und Bilder/Symbole der relevanten Issues werden in Hinblick auf ihre Anschlussfähigkeit bewertet.
3. Die Issue-Surfing-Strategie, das heißt die Verbindung von öffentlichem und Eigenthema über einen bestimmten Frame, wird beschrieben.
4. Die Content-Bausteine werden entsprechend der Strategie generiert – sie fließen in die Storyline ein.

Das JP | KOM Modell des Issue Managements

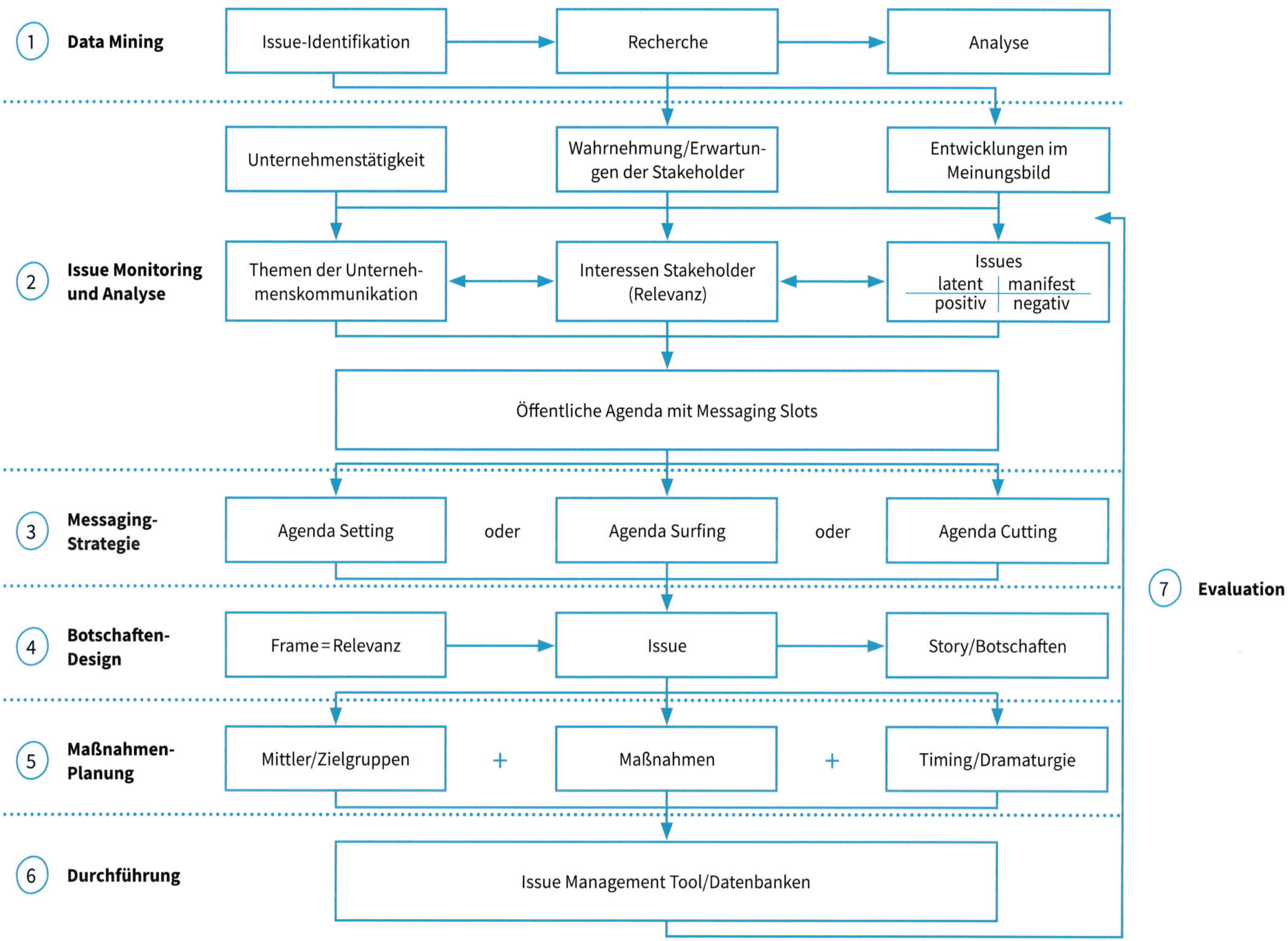

(Pfannenberg 2013)

Theorie: Issue Setting, Issue Surfing, Issue Cutting

Im Issue Management müssen drei verschiedene Themenströme zielgerichtet zusammengebracht werden: die SOLL-Themen des eigenen Unternehmens/Marketings, die Erwartungen und Interessen der Stakeholder und die öffentliche Agenda. Letztlich ist die öffentliche Agenda – mit ihren latenten und manifesten Issues, die einen positiven oder negativen Spin aufweisen – der Ort, an dem sich Issue Management durch die Nutzung von Opportunitäten (Messaging Slots) realisieren kann (vgl. Pfannenberg 2013, S. 33 f.).

Für das Management von Issues stehen nach Schenk (2007) grundsätzlich drei Strategien zur Verfügung:

- **Issue Setting.** Das Setzen von neuen Themen, die bisher noch nicht auf der öffentlichen Agenda stehen und auch bis dahin noch keine erhöhte Relevanz für die Stakeholder haben (vgl. Tool 2), erfordert einen hohen Ressourceneinsatz – und selbst dann lässt sich schwer abschätzen, ob die Platzierung des Themas gelingt.
- **Issue Surfing.** Das eigene Thema wird mit Issues verbunden, die bereits auf der öffentlichen Agenda stehen. Dies erspart Ressourcen für die Platzierung des eigenen Themas, da an bestehende Relevanzen und Agenden in der Öffentlichkeit angedockt werden kann. Das Surfing auf einem kritischen Thema erzeugt zwar auf jeden Fall Aufmerksamkeit, birgt jedoch erhebliche Risiken: Das eigene Thema kann durch Transfer von dem kritischen anderen Issue/bzw. dem Absender jenes Issues einen negativen Spin bekommen – deshalb ist diese Strategie nur im Ausnahmefall zu empfehlen, z. B. wenn das eigene Unternehmen als »Weißer Ritter« auftreten kann. Deutlich risikoärmer ist das frühzeitige »Aufspringen« auf einen positiven Trend.
- **Issue Cutting.** Der Versuch, ein Issue von der öffentlichen Agenda zu »tilgen« gelingt nur selten. Dies gilt vor allem dann, wenn sich das Issue bereits aus der Latenzphase in die manifeste Phase entwickelt hat – dann nimmt die Steuerungsfähigkeit des Unternehmens deutlich ab und das Issue entwickelt seine Eigendynamik (vgl. Tool 2).

Welche von diesen Strategien gewählt wird – wie die Verbindung zwischen öffentlicher Agenda und eigenen Themen geschaffen wird – entscheidet über das Design des Frames, mit dem in der Storyline Relevanz für die Stakeholder hergestellt wird, sodass ihre Aufmerksamkeit geweckt und gesichert werden kann.

Issue-Surfing-Strategien eines Medizintechnik-Unternehmens

THEMA ÖFFENTLICHE AGENDA	INHALTE DES ÖFFENTLICHEN THEMAS	BILDER/SYMBOLE IN DER ÖFFENTLICHKEIT	ISSUE-SURFING-STRATEGIE	ISSUE-SURFING-CONTENT
»Body Positive« Movement	• *Positive Selbstwahrnehmung* • *Akzeptanz körperlicher Makel* • *Gesundes Körperbewusstsein* • *»Ich liebe meinen Körper.«*		• *Surfen auf dem globalen Trend, um Bewusstsein und Akzeptanz für betroffene Patienten zu erhöhen* • *Game Changer: Patienten aktivieren, ihren Körper zu akzeptieren, wie er ist*	• *Storytelling/Slice of Life* • *»Mein XXX ist Teil meines Lebens und ich gehe selbstbewusst damit um.«*
Personalisierung und Individualisierung	• *Verstärkte Ausdifferenzierung persönlicher Lebensstile (und deren Inszenierung) steigert Nachfrage nach individuellen oder individualisierten Produkten* • *Personalisierung industriell gefertigter Produkte in allen Lebensbereichen* • *Beispiele: personalisiertes Fahrrad, Turnschuhe mit aufgedrucktem Namen*	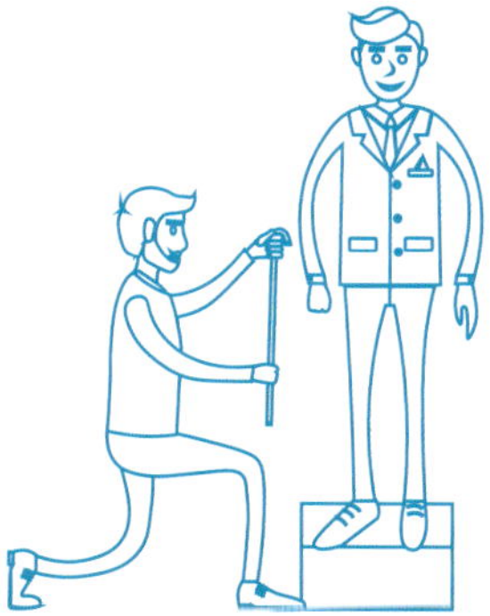	*Surfen auf dem Trend zum maßgeschneiderten Produkt*	• *Vorteil individualisierter Medizinprodukte für Patienten, Gesundheitssystem und Gesellschaft* • *Infografiken*

TOOL 34 OPTIMIERUNG DER STORYLINE

Leitfrage

Wie muss die IST-Storyline weiterentwickelt werden, um die SOLL-Botschaften zu vermitteln und die Stakeholder zu überzeugen/emotionalisieren?

Zielsetzung

- Die Botschaften sind richtig und vollständig, das heißt, der Content entspricht den strategischen Interessen des Unternehmens bzw. dem Profil der Marke bzw. der Positionierung des Produkts/des Services.
- Der Content nimmt die Interessen/Relevanzen der Stakeholder (vgl. Tool 2) auf: Die Botschaften sind entsprechend eingebettet (Framing) bzw. durch Issue Surfing an die Relevanzen der Stakeholder angedockt (vgl. Tool 33).
- Die Struktur des Content – die Abfolge der Inhalte/Argumente – ist schlüssig und logisch, und die Kriterien für gelungene Kommunikation nach Schulz von Thun – Verständlichkeit, Beziehungsaufbau, Selbstdarstellung und Appell (vgl. Tool 36) – sind erfüllt.
- Die Storyline SOLL als Basis für alle Kommunikationsmaßnahmen ist definiert.

Umsetzung

Die Storyline ist – im Unterschied zur Story als sujethaltige Erzählstruktur (vgl. Tool 53) – die strukturierte Zusammenstellung der Kernbotschaften des Unternehmens/der Marke/für das Produkt bzw. den Service in einer designierten Struktur.

Die Storyline-Arbeit beginnt selten bei Null – meist gibt es schon eine oder mehrere (Roh-)Fassungen, z. B. im Briefing für die Agentur, in einer Strategiepräsentation (PowerPoint-Format), in Vorträgen und Pressetexten. Hier setzt die Storyline-Arbeit an.

Die Optimierung der Storyline und ihre Ausrichtung auf die Stakeholder erfolgen in diesen Schritten:

1. Die Storyline-Arbeit kann agil mit Metaplan-Instrumenten oder besser noch am Whiteboard erfolgen. Die Botschaften werden auf Karten/Stattys geschrieben und aufgehängt.
2. Die logischen und argumentativen Strukturen werden eingezeichnet.
3. In einer weiteren Farbe erfolgen Kommentare und Bewertungen der IST-Storyline.
4. Neue Botschaften werden auf Karten/Stattys geschrieben.
5. Für die neue Struktur werden die Karten/Stattys entsprechend verschoben.
6. Es werden neue logische und argumentative Verbindungen eingezeichnet (SOLL).

A. Rekonstruktion der IST-(Roh-)Fassung

A.1. Mapping der Botschaften IST. Aus dem Storyline-Material werden die Botschaften herausgezogen und idealtypisch vertextet. Jede Botschaft wird auf eine Karte geschrieben.

A.2. Rekonstruktion der Storyline-Struktur mit Botschaften IST. Die Botschaften werden in eine Storyline-Struktur – eine Reihenfolge und teilweise Hierarchie (Botschaft und Unterbotschaften zum Thema) – gebracht. Dazu wird ein Storyline-Schema benutzt, z. B. die AIDA-Formel (vgl. Tool 31).

A.3. Logische und argumentative Verbindungen sowie Sprechakte IST. In der strukturierten Story werden die logischen und argumentativen Verbindungen zwischen den Botschaften bewertet, z. B. Frame, Folgerung, Beleg, Einschränkung des Geltungsbereichs, Argument etc. Dafür können Tools wie z. B. die Fünfsatztechnik eingesetzt werden. Zusätzlich werden die Sprechakte, z. B. nach Bühler (1934), unterschieden: Ausdruck, Appell und Darstellung.

B. Bewertung der Storyline IST

B.1. Bewertung der Botschaften. Es wird untersucht, ob die Botschaften der Storyline relevant für die Stakeholder sind und ob sie den strategischen Interessen des Unternehmens/dem Profil der Marke/der Positionierung des Produkts/des Services entsprechen. So wird u. a. aufgedeckt, wo ggf. noch Botschaften fehlen.

B.2. Bewertung der logischen und argumentativen Verbindungen. Die Argumentation wird auf Schlüssigkeit überprüft. Dabei werden Mängel und Verbesserungspotenziale, teilweise auch Lücken im argumentativen Hergang deutlich.

B.3. Bewertung des Beziehungsmanagements in der Storyline IST. Anhand der Analyse der Sprechakte und mit der Bewertung des Selbstausdrucks und der Beziehungsqualität der Kommunikation nach Schulz von Thun (vgl. Tool 36) können Botschaften und Sprechweisen aufgedeckt werden, die ein nicht zielführendes Selbstbild des Absenders (z. B. »Arroganz«) und/oder störende Signale für das Beziehungsgefüge zwischen Sender und Empfänger (z. B. Einschränkung der Handlungsautonomie beim Empfänger) vermitteln.

C. Optimierte Storyline SOLL

C.1. Optimierte Botschaften. Auf Basis der Bewertung der Botschaften IST und des Beziehungsmanagements im Text IST werden ggf. neue Botschaften generiert, bestehende Botschaften verändert und teilweise auch Botschaften getilgt. Dies können Informationen sein, Selbstausdrucks- und Beziehungssignale oder auch Bewertungen.

C.2. Optimierte Struktur der Storyline. Die ergänzten und verbesserten Botschaften werden in eine neue Struktur – Reihenfolge und Hierarchie – gebracht. Dabei kann ggf. dasselbe Schema wie in Schritt A.2, z. B. AIDA, verwendet werden.

C.3. Schaffung neuer bzw. Optimierung der logischen und argumentativen Verbindungen. In der ergänzten und teilweise strukturell veränderten Storyline werden die logischen und argumentativen Verbindungen optimiert bzw. in neuen Strukturen neu geschaffen.

Vorhandene Storytelling-Elemente – ein Sujet mit einer handelnden Figur (Held) in einer Raumstruktur über ein Wertesystem (vgl. Tools 53 und 55) – können bereits in die Storyline IST eingehängt werden. In der Storyline SOLL erfolgt dann auch die Optimierung des Storytellings entsprechend den SOLL-Botschaften in der SOLL-Struktur.

Theorie: Fünfsatztechnik

Fünfsätze sind Strukturen für das klare, zielgerichtete Argumentieren (vgl. Hölscher 2012). Die Schemata des Fünfsatzes haben stets fünf Denkschritte. Mittels eines Fünfsatzes soll der Standpunkt in maximal einer Minute dargelegt werden.

Der Ursprung der Fünfsatztechnik liegt in der antiken Rhetorik, insbesondere bei Cicero, der seine Reden (Stellungnahmen) in fünf Schritten vortrug: Einleitung (*exordium*), Erzählung (*narratio*), Thema (*propositio*), Beweisführung (*argumentatio*) und Schlussfolgerung (*conclusio*).

Alle Arten von Fünfsätzen haben zwei Dinge gemeinsam: Im ersten Denkschritt wird die Aufmerksamkeit des Zuhörers auf das Thema gelenkt. Der letzte Satz ist ein Zielsatz oder ein Appell. Dazwischen erfolgt die Beweisführung (vgl. Hölscher 2012).

KOMPROMISS

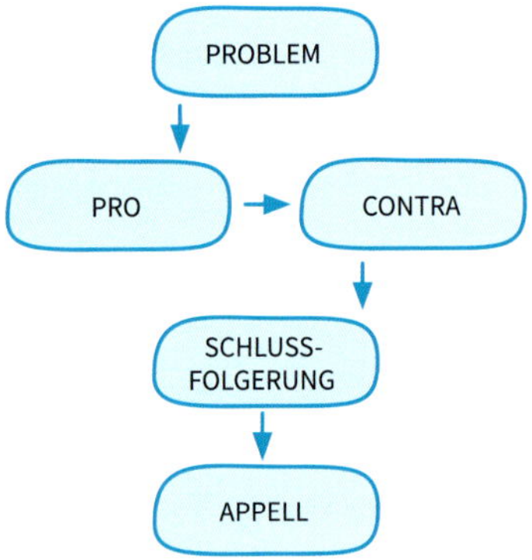

WIDERSPRUCH

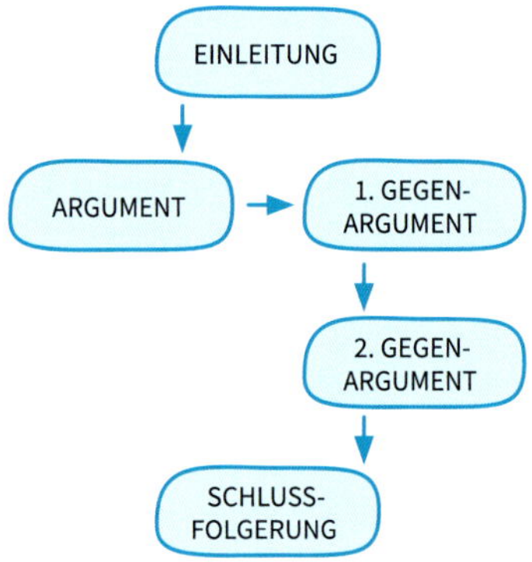

ÜBERZEUGUNG

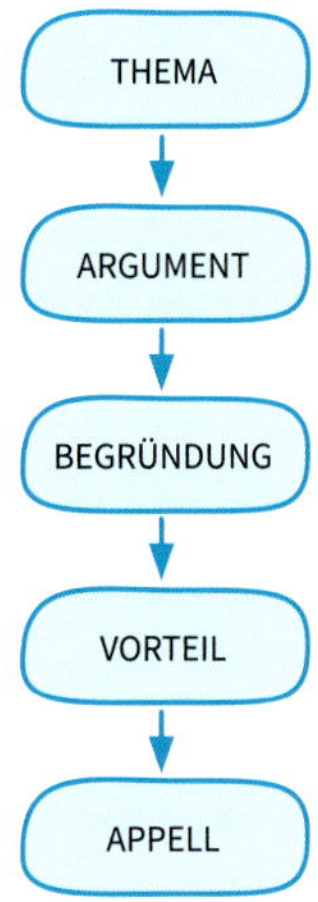

DEDUKTION

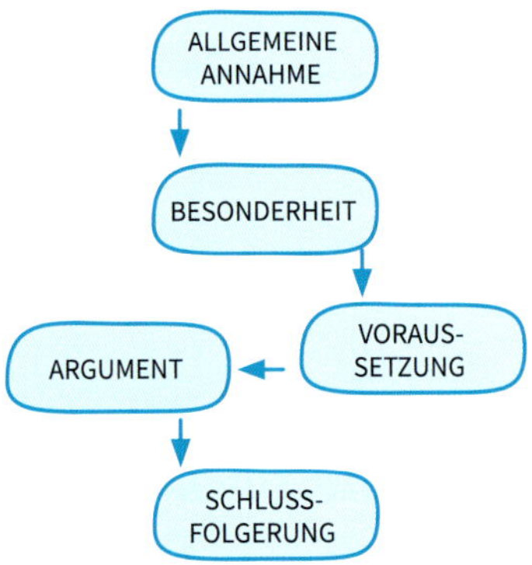

PROBLEMLÖSUNG

ANSICHT AUSKLAMMERN

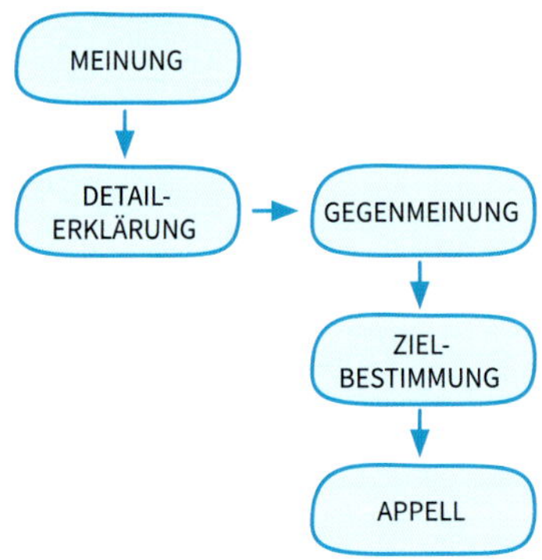

(nach Hölscher 2012)

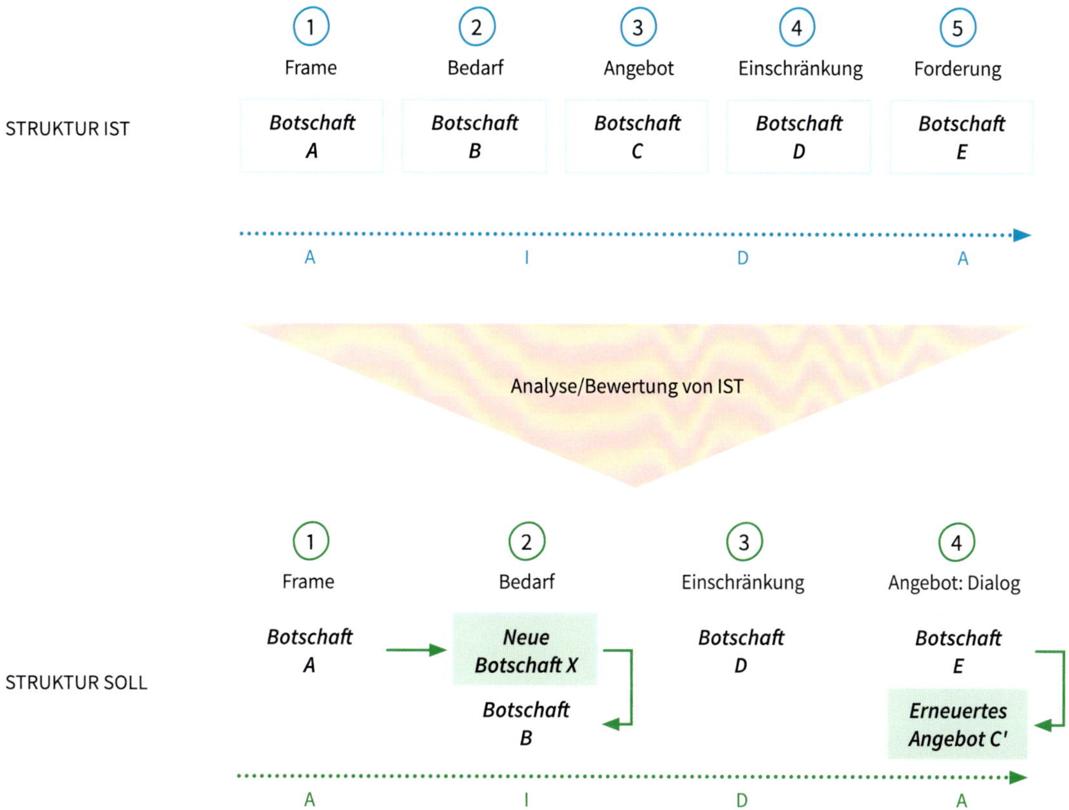

Das Angebot »Dialog« erscheint gemäß dem AIDA-Schema anstelle der Forderung. So kann auch das positive Framing des Angebots aktiviert werden.

TOOL 35 PRIORISIERUNG THEMEN NACH STAKEHOLDERN

Leitfrage

Welche Kernbotschaften der Storyline sollen für welche Stakeholder ausgespielt werden?

Zielsetzungen

- Die Botschaften der Storyline und deren Aufbau auf die Themeninteressen der Stakeholder ausrichten
- Höhere Aufmerksamkeit für die Themen und Botschaften durch stakeholderspezifische Ansprache erzielen
- Die Botschaften auf Kommunikationsaktivitäten verteilen

Umsetzung

Das Tool ermöglicht die Differenzierung und Priorisierung der Botschaften für die Stakeholdergruppen – und somit eine zielgruppenspezifische Ansprache.

Die Kommunikationsziele leiten sich aus der Strategy Map der Kommunikation (Tool 26) und der Botschaftenpyramide (Tool 30) ab. Die Stakeholder ergeben sich aus dem Stakeholder-Kompass (Tool 22). Die Priorisierung der relevanten Themen für die einzelnen Stakeholder greift auf die Ergebnisse zu den Themeninteressen der Stakeholder aus der Analysephase zurück (vgl. Tools 2 und 3).

So wird das Tool angewendet:

1. Die Tabelle wird mit Zielen und Stakeholdern befüllt.
2. Die Themen für die Stakeholdergruppen werden mithilfe einer dreistufigen Skala priorisiert.

ZIELGRUPPE / ZIEL	*Kunden*	*Meinungsführer*	*NGOs*	*Verbände*	*Mitarbeiter*	*Politiker*
Positionierung als attraktiver Arbeitgeber	−	++	−	−	++	+
Positionierung als Innovationsführer	+	++	−	−	+	−
Positionierung als nachhaltig handelndes Unternehmen	++	++	++	++	++	++
Netzwerke für Dialog und Wissensaustausch nutzen	−	++	++	++	−	+
Positionierung als Kompetenzträger für energieeffiziente Produkte	+	++	++	++	++	+

++ sehr wichtig   + wichtig   − nachrangig

TOOL 36 SPRACHANALYSE NACH SCHULZ VON THUN

Leitfrage

Wie muss die Sprache der Kommunikationsmaßnahmen beschaffen sein?

Zielsetzung

- Die sprachliche Qualität von IST-Kommunikation bewerten
- Die latenten Kommunikationsinhalte in sprachlichen Äußerungen analysieren
- Störpotenziale in der Kommunikation reduzieren
- Ansatzpunkte für die Optimierung entwickeln

Umsetzung

Dieses Tool dient der Analyse der latenten Kommunikationsinhalte nach Schulz von Thun (1981). Ausgangspunkt ist die These, dass die latenten Inhalte der Äußerung beim Empfänger über den Erfolg der Kommunikation entscheiden. Die Kriterien der Sprachanalyse orientieren sich an vier Aspekten der Kommunikation (vgl. Pfannenberg/Plog 2000):

Verständlichkeit. Können die Adressaten die Botschaft verstehen?

- Einfachheit. Geläufige Wörter; Erklärung von Fachwörtern; einfacher Satzbau etc.
- Ordnung. Sichtbare äußere Gliederung; Folgerichtigkeit der Argumentation etc.
- Prägnanz. Konkretheit und Bedeutungsgehalt der Wörter; Beschränkung auf das Wesentliche etc.
- Zusätzliche Stimulanz. Bildhaftigkeit der Sprache; Erzählformen (Storytelling)

Selbstdarstellung. Entspricht die Sprache dem SOLL-Image des Unternehmens bzw. dem SOLL-Markenbild?

- Souveränität. Die Sprache drückt ein (nicht übertriebenes) Selbstbewusstsein aus.
- Authentizität. Die Sprache vermittelt Offenheit – keine Fassadenkommunikation.
- Kongruenz. Die Sprache ist stimmig und widerspruchsfrei.
- Kompetenz. Die Sprache vermittelt Sachkompetenz.

Beziehung. Wird eine positive Beziehung zum Kommunikationspartner aufgebaut?

- Wertschätzung des Empfängers als achtenswerte, gleichberechtigte Person
- Keine Bevormundung des Empfängers durch den Sender
- Aufbau von Vertrauen
- Wünschenswerte Distanz gemäß den Regeln im Kulturkreis des Adressaten

Appell. Bewirkt die Sprache bei den Adressaten die gewünschten Handlungen?

- Selektivität. Die Handlungsanweisungen/-motivationen sind unmissverständlich.
- Motivation. Die Ansprache des Adressaten ist positiv.
- Emotion. Es werden »angenehme«, »positive« Wörter benutzt, wie im Hogrefe Testsystem (HTS, vgl. Hogrefe o. J.).
- Freiwilligkeit. Der Empfänger behält das Gefühl, selbstinitiiert zu handeln.

So wird das Tool angewendet:

1. Es wird ein Zieltableau für die Gewichtung von *Verständlichkeit*, *Selbstdarstellung*, *Beziehung* und *Appell* definiert.
2. Die Mikroanalyse bestehender Texte wird anhand der Kriterien der Sprachanalyse durchgeführt.
3. Auf Grundlage der Sprachanalyse werden die Texte auf einer Skala von 1–5 bewertet.
4. Es werden Vorschläge zur Optimierung abgeleitet.

Theorie: Die vier Seiten der Nachricht

Jede Nachricht enthält vier Appelle, die von Sender und Empfänger unterschiedlich interpretiert werden können. Dies besagt das Modell, das der Kommunikationspsychologe Schulz von Thun 1981 in dem Buch »Miteinander reden« auf Basis der Theorien von Watzlawick (Menschliche Kommunikation, 1969) und Bühler (Organon-Modell, 1934) veröffentlicht hat.
Die vier Seiten der Nachricht sind:

- **Sachinhalt.** Wie ist der Sachverhalt zu verstehen?
- **Selbstoffenbarung.** Was ist das für einer? Was ist mit ihm?
- **Beziehung.** Wie redet der eigentlich mit mir? Wen glaubt er vor sich zu haben?
- **Appell.** Was soll ich tun, denken, fühlen aufgrund seiner Mitteilung?

Die vier Seiten der Nachricht

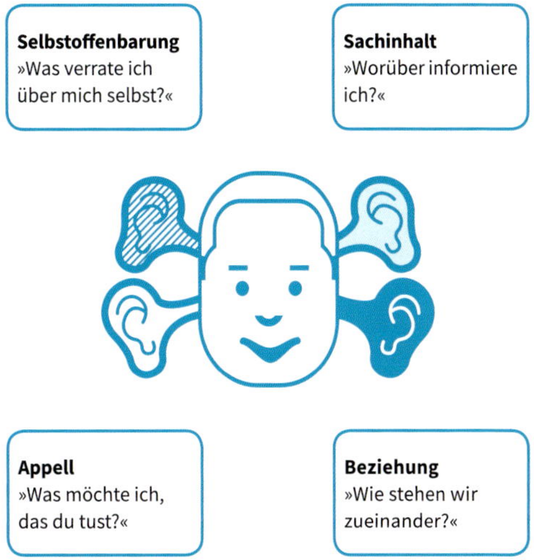

(nach Schulz von Thun 1981)

2.1 Beleidigende Aussage | 2.1 Spricht XXX über mich als Kunden genauso?

»Zwei Monate nach dem Start des freien Telefonmarktes ahnen viele private Tefonkunden allmählich,

2.3 Wirkt unseriös | 1.3 Allgemeinplatz | 2.2 Hat keiner behauptet | 3.3 Widerspruch zu »Freude am Wettbewerb«

was den Geschäftskunden längst bekannt ist: Telekommunikation definiert sich nicht über Dumpingpreise. (...)

3.1 Souveränität | 2.1 Schuss geht nach hinten los? | 3.4 Begründung fehlt

Dass ein solches Leistungsspektrum nicht ohne langjährige Erfahrung angeboten werden kann, liegt auf der Hand.

1.4 negative Assoziation: »Kehrseite der Medaille« | 3.4 Begründung fehlt

Dass niedrige Preise deshalb nur eine Seite der Medaille sein können, ebenfalls.

4.4 Freiwilligkeit | 2.2 Bevormundung

Reden wir doch lieber vom optimalen Preis-Leistungs-Verhältnis.«

(Text aus »digits« 1.98)

Die grafische Darstellung der Ergebnisse

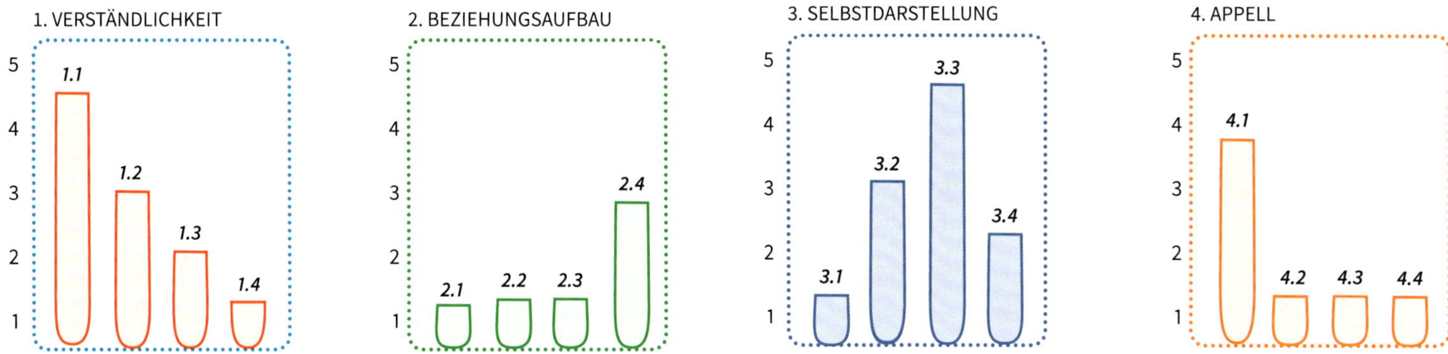

1.1 Einfachheit
1.2 Ordnung
1.3 Prägnanz
1.4 Zuzätzliche Stimulanz

2.1 Wertschätzung
2.2 Keine Bevormundung
2.3 Aufbau von Vertrauen
2.4 Wünschenswerte Distanz

3.1 Souveränität
3.2 Authentizität
3.3 Kongruenz
3.4 Kompetenz

4.1 Selektivität
4.2 Motivation
4.3 Emotion
4.4 Freiwilligkeit

(1) Nicht realisiert ······bis······ voll realisiert (5)

(nach Pfannenberg/Plog 2000)

TOOL 37 BALANCED BRANDCARD

Leitfrage

Welcher Claim, welche Bildwelt und welche Tonalität drücken die Identität und die Nutzenversprechen des Unternehmens/der Marke aus?

Zielsetzungen

- Einen kohärenten Gesamtauftritt des Unternehmens/der Marke in allen seinen Ausdrucksformen entwickeln bzw. sicherstellen
- Die Passung der visuellen und sprachlichen Gestaltung zu den Unternehmens-/Markenwerten und den Kernbotschaften verbessern
- Die Wirkung der Marke – ihre Attraktivität für die Stakeholder – optimieren

Umsetzung

Die Balanced Brandcard stellt die Bausteine der Marke übersichtlich in einem einzigen Schaubild dar, sodass sie gut miteinander abgeglichen werden können (vgl. conSens 2013). Im linken Teil der Brandcard werden überwiegend bereits bekannte Inhalte eingetragen, im rechten Teil werden Inhalte neu entwickelt.

Bei der Entwicklung der Bildwelten unterstützen alternative Moodboards (Tool 51), auf denen mehrere Bilder mit verschiedenen Bildsprachen und -stimmungen dargestellt werden. Die Tonalität wird – auf Basis der Storyline – ebenfalls in Alternativen mithilfe von Mustertexten entwickelt.

So wird das Tool angewendet:

1. Die bekannten beschlossenen Inhalte sowie ggf. Markenname und Slogan werden in die Brandcard eingetragen – Basis hierfür sind bereits abstimmte Botschaften (vgl. Tool 30: Botschaftenpyramide).
2. Die Bildwelt und die Tonalität werden mit Moodboards und Mustertexten entwickelt.
3. Das Matching von Markeninhalten, Bildwelt und Tonalität wird geprüft, sodass sich ein ausgewogenes Gesamtbild der Marke in all ihren Bausteinen/Ausdrucksformen ergibt.

Theorie: Brand Heritage

Brand Heritage (Markentradition) bezeichnet – als Teil der Corporate Identity (vgl. Tool 32) bzw. der Marke – die Verankerung der Marke in der Vergangenheit. Das umfasst nicht nur die Historie der Marke, sondern auch Bausteine wie *Werte, Kultur* und *Symbolik*, insoweit sie eine längere Tradition aufweisen.

Nicht jede Marke weist eine starke Brand Heritage auf: Entscheidend ist nicht nur ein frühes Gründungsdatum des Unternehmens bzw. das Alter der Marke, sondern auch die Verankerung der Markentradition bei den Stakeholdern: Kennen sie die Markentradition? Welche Meinungen haben sie dazu? Trägt die Markentradition zu Präferenz oder Ablehnung des Unternehmens bzw. von Leistungen der Marke bei?

Bei der Brand Heritage handelt es sich um ein intangibles Asset, das nicht direkt messbar ist, aber einen großen Einfluss auf den Wert einer Marke ausüben kann. Wiedmann et al. (2012) sind der Meinung, dass die Relevanz der Tradition für den Erfolg der Marke insbesondere in Zeiten der Globalisierung zunimmt. Eine starke, bei den Stakeholdern etablierte Markentradition erzeugt Authentizität, Glaubwürdigkeit und Vertrauen. Marken, die diese Strategie verfolgen, können oft langfristige Beziehungen zu ihren Stakeholdern aufbauen und sich so von ihren Wettbewerbern differenzieren.

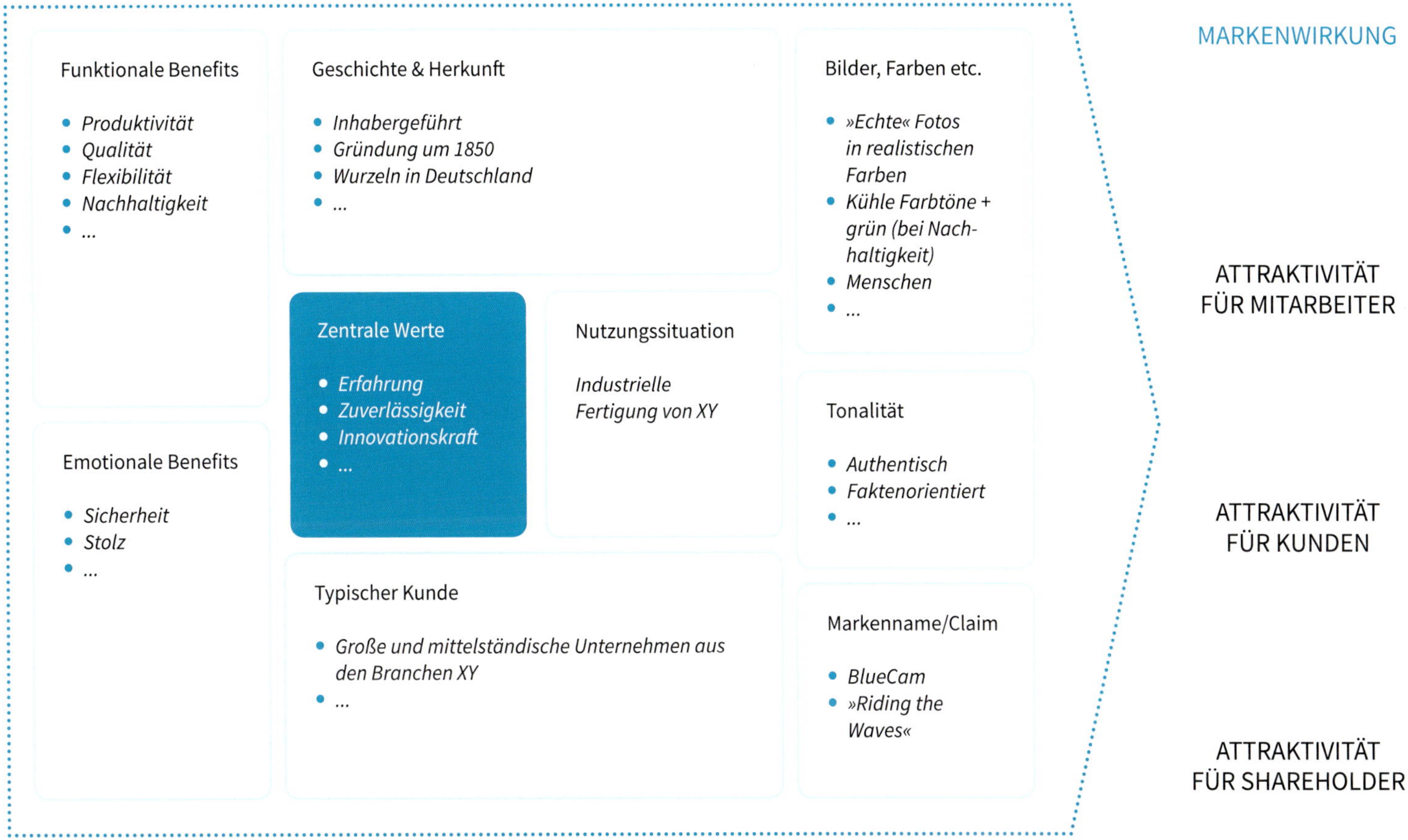

(nach conSens 2013)

TOOL 38 VALUE PROPOSITION CANVAS

Leitfrage

Welche werthaltigen Angebote soll die Kommunikation für die Stakeholder bereitstellen?

Zielsetzungen

- Die Kommunikationsangebote auf die Interessen/Wünsche und das Mediennutzungsverhalten der Stakeholder ausrichten
- Eine zu starke Fokussierung auf die Kommunikation der eigenen Ressourcen und Kompetenzen vermeiden zugunsten einer radikalen Stakeholderorientierung
- Schnell und agil kreative/innovative Kommunikationsideen entwickeln

Umsetzung

Der Value Proposition Canvas wurde entwickelt für das Design bzw. die Weiterentwicklung von Produkten und/oder Dienstleistungen von Unternehmen. Das Tool wird hier angewendet für das Design von Wertangeboten für Stakeholder im Rahmen der Entwicklung von Kommunikationsstrategien – d. h. für die Entwicklung von werthaltigen Kommunikationsangeboten, die den Interessen/Themen und dem Mediennutzungsverhalten der Stakeholder entsprechen.

Das Tool stellt die Bedürfnisse von Stakeholdern und das Kommunikationsangebot direkt gegenüber und ermöglicht so den direkten Vergleich und die Ausrichtung des Angebots auf die Bedürfnisse der Stakeholder (»Übereinstimmung«).

Das **Stakeholderprofil** enthält (vgl. Osterwalder et al. 2015, S. 9ff.):

- **Aufgaben der Stakeholder.** Was die Stakeholder in ihrer Arbeit/in ihrem Alltagsleben erledigen möchten – formuliert in den Worten der Stakeholder
- **Wertstellungen.** Resultate, die Stakeholder erzielen wollen, oder konkrete Vorteile, nach denen sie im Rahmen ihrer Aufgabenstellungen suchen
- **Probleme.** Schlechte Ergebnisse, Risiken und Hindernisse, die sie daran hindern (könnten), ihre Aufgaben zu erfüllen

Dementsprechend muss das **Kommunikationsangebot** folgende Bestandteile spezifizieren (vgl. Osterwalder et al. 2015, S. 8ff.):

- **Werterzeuger.** Wie Kommunikationsaktivitäten für die Stakeholder Wert schaffen.
- **Problemlöser.** Wie Kommunikationsaktivitäten die Stakeholder bei der Lösung von Problemen (in Bezug auf ihre Zielerreichung) unterstützen.
- **Kommunikationsaktivitäten.** Liste der Kommunikationsaktivitäten, die für die Stakeholder – durch Erzeugung von Vorteilen und Problemlösungen – kommunikativen Wert schaffen.

Angestrebt wird die Übereinstimmung von Stakeholderprofil und Kommunikationsaktivitäten. D. h., die Kommunikationsaktivitäten stellen Werterzeuger und Kommunikationslösungen bereit, die zu einer oder mehreren Aufgaben der Stakeholder, den von ihnen gewünschten Wertstellungen und Problemen passen und für sie relevant sind (vgl. Osterwalder et al. 2015, S. 9).

Die Arbeit mit dem Value Proposition Canvas bei der Entwicklung von Kommunikationsstrategien erfolgt in folgenden Schritten:

1. Das Profil der Stakeholder wird angelegt auf der Basis der Analysen der Stakeholderinteressen/-themen (vgl. Tools 2 und 3) und des Mediennutzungsverhaltens (vgl. Tools 15 und 16).
2. Das Kommunikationsangebot wird entwickelt und in den Value Proposition Canvas eingetragen.
3. Die Übereinstimmung von Problem und Lösungsangeboten – von Stakeholderprofil und Kommunikationsaktivitäten – wird geprüft, ggf. wird das Kommunikationsangebot noch genauer auf das Stakeholderprofil kalibriert.
4. Die Einbettung der geschaffenen Wert-/Kommunikationsangebote in die Kommunikationsstrategie und ggf. auch in das Businessmodell des Unternehmens werden beschrieben.

Theorie: Wertangebot im Geschäftsmodell

Die Value Proposition (das Wertangebot) an die Kunden ist ein entscheidender Faktor für die Wertschöpfung des Unternehmens. Wie das Wertangebot in das Geschäftsmodell (Business Model) des Unternehmens eingebettet ist, zeigt der Business Model Canvas – ein Werkzeug, das beschreibt, wie das Unternehmen Wert schafft, vermittelt und gewinnt (vgl. Osterwalder et al. 2015, S. XVI):

- **Kundensegmente.** Gruppen von Personen oder andere Unternehmen/Organisationen, für die das Unternehmen mit einem Wertangebot Wert schaffen möchte
- **Wertangebot.** Bündel von Produkten und/oder Dienstleistungen, die für ein Kundensegment Wert schaffen
- **Kanäle.** Die Art, wie ein Wertangebot durch Kommunikation, Distribution und Verkauf einem Kundensegment übermittelt wird
- **Kundenbeziehungen.** Art der Beziehung zu jedem Kundensegment – wie Kunden geworben und gehalten werden
- **Einnahmequellen.** Resultieren aus dem Wertangebot an Kunden. Leitfrage: Wie schaffen wir Wert zu einem Preis, den der Kunde zu zahlen bereit ist?
- **Schlüsselressourcen.** Die wichtigsten Güter/Assets/Kompetenzen, um die oben beschriebenen Wertangebote zu erstellen
- **Schlüsselaktivitäten.** Die wichtigsten Maßnahmen des Unternehmens, um erfolgreich zu agieren

Die Value Proposition im Business Model Canvas

(strategyzer.com 2018a)

- **Schlüsselpartnerschaften.** Das Netzwerk an Zulieferern und Partnern, die Ressourcen und Aktivitäten einbringen
- **Kostenstruktur.** Alle Kosten bei der Umsetzung des Geschäftsmodells
- **Gewinn.** Die Gesamtheit aller Ertragsströme abzüglich der Gesamtkosten aus der Kostenstruktur

Value Proposition Canvas einer Issue-Management-App

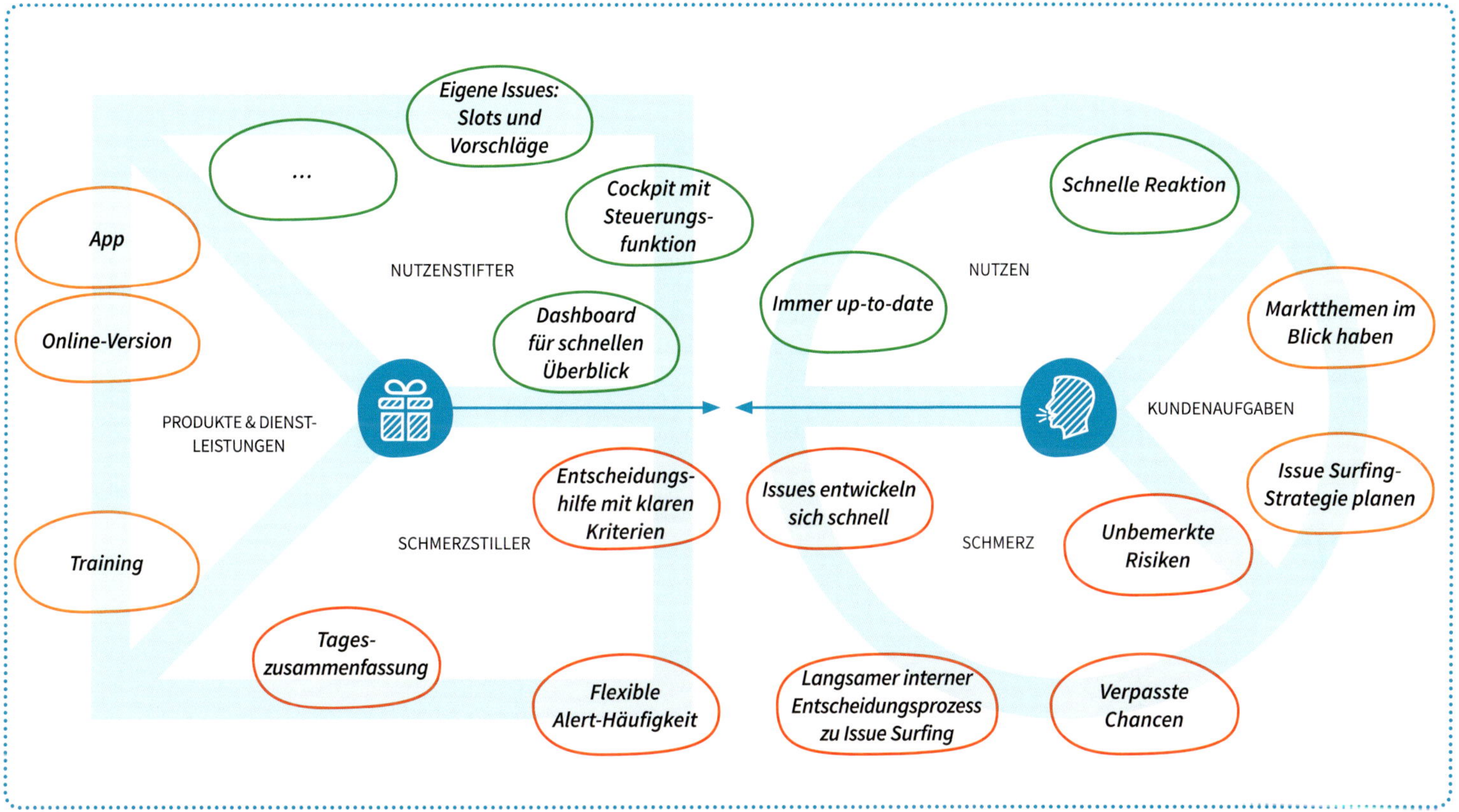

(nach strategyzer.com 2018b)

TOOL 39 STRATEGISCHE HEBEL

Leitfrage

Mit welcher Art von Maßnahmen können die Zielsetzungen der Kommunikation erreicht werden?

Zielsetzungen

- Die wesentlichen Hebel zur Erreichung der Zielsetzungen eingrenzen
- Die Kohärenz von Situationsanalyse, Zielsetzungen und Maßnahmen sicherstellen
- Dem Team Anregungen für die Kreativstrategie und die Maßnahmen geben

Umsetzung

Die Zielsetzungen und die strategischen Hebel werden gelistet und einander zugeordnet: Es kann mehrere strategische Hebel zur Erreichung einer Zielsetzung geben. Umgekehrt kann ein strategischer Hebel zur Erreichung mehrerer Zielsetzungen dienen. Es darf keine Kommunikationsstrategien geben, für die es keine Bedarfe aus der Situationsanalyse und damit keine Zielsetzungen gibt. Für jede Zielsetzung muss mindestens ein strategischer Hebel gefunden werden. Jeder strategische Hebel muss auf der taktischen Ebene mit mindestens einer Maßnahme umgesetzt werden.

Das ausgefüllte Tool liest sich in folgender Syntax: »Um Ziel X zu erreichen, nutzen wir/machen wir/bedienen wir uns (strategischer Hebel).«

Die Schritte zur Arbeit mit dem Tool:

1. Die wesentlichen Zielsetzungen aus der Strategy Map werden auf Karten/Stattys geschrieben.
2. Mit Kreativtechniken wie Kopfstand oder Bildstimulation (vgl. Tools 101 und 109) entwickelt das Team strategische Hebel und schreibt sie auf andersfarbige Karten/Stattys.
3. Die strategischen Hebel werden den Zielsetzungen zugeordnet (mit Pfeilen verbunden).
4. Über ein Voting der Teammitglieder erfolgt die Auswahl der erfolgversprechendsten Strategien.

Theorie: Strategie und Taktik

Der Begriff Strategie im Unterschied zur Taktik stammt ursprünglich aus dem Militärwesen. Dort bezeichnet Strategie (von altgriechisch στρατηγία stratēgía »Feldherrentum, Feldherrenkunst«) den Einsatz von Gewalt bzw. die Gewaltandrohung zu politischen Zwecken. Während die Strategie den grundsätzlichen Handlungsrahmen zur Erreichung eines Ziels festlegt, betrifft die daraus hervorgehende Taktik die militärische Aktivität (vgl. Wikipedia 2019).

Auch in der Betriebswirtschaft – im Controlling, im Marketing – wird Strategie als das Übergeordnete betrachtet, Taktik als die Umsetzung (vgl. Techt o. J.):

- Strategie ist die Antwort auf die Frage »Was (soll erreicht werden)?«
- Taktik ist die Antwort auf die Frage »Wie (soll es erreicht werden)?«

Bei der Umsetzung einer Unternehmensstrategie in eine schlüssige Strategie und Taktik stellen sich folgende Fragen (Techt o. J.):

NOTWENDIGKEITS-ANNAHME(N)	Warum ist es nötig, etwas zu erreichen?
STRATEGIE	Was soll erreicht werden?
PARALLELE ANNAHME(N)	Welche »Facts of live« sind zu berücksichtigen, wenn eine Taktik gefunden/definiert werden soll, die – würde sie umgesetzt werden – dazu führt, dass die Strategie realisiert wird?
TAKTIK	Wie soll es erreicht werden?
VOLLSTÄNDIGKEITS-ANNAHME(N)	Was muss bei der Umsetzung der Taktik unbedingt berücksichtigt werden (während eine große Wahrscheinlichkeit besteht, dass es nicht berücksichtigt wird)?

Werttreiberbaum mit Hierarchie aus strategischen und taktischen Zielen

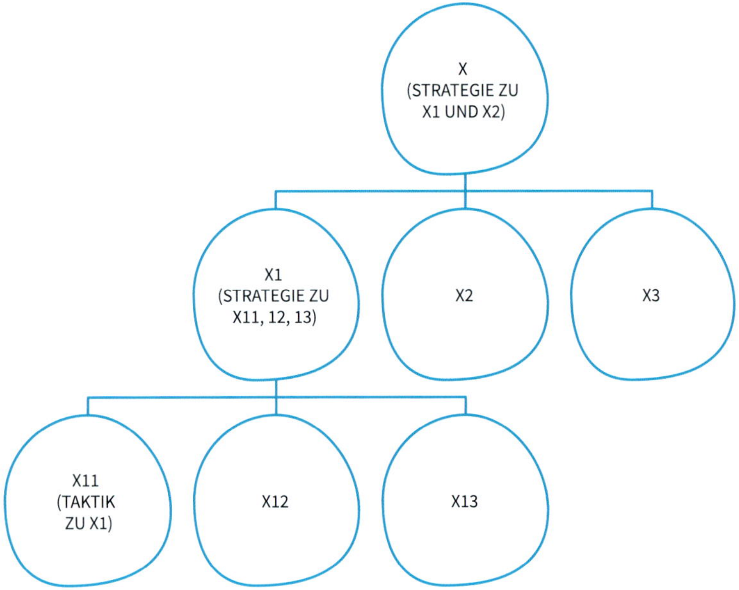

Auf der jeweils nächsten Zielebene werden die taktischen zu strategischen Zielen.

(Techt o. J.)

Im Controlling werden Strategie und Taktik im Rahmen von Werttreiberbäumen (Strategy Maps, vgl. Tool 26) betrachtet: Dabei wird das übergeordnete strategische Ziel (z. B. *Wachstum*) auf untergeordnete »taktische« Ziele heruntergebrochen. Auf der nächsten Betrachtungsebene werden diese taktischen Ziele dann zu strategischen Zielen, die wiederum auf taktische Ziele heruntergebrochen werden, usw. (vgl. Techt o. J.). Was die Strategie und was die Taktik in einem Zielsystem darstellt, ist insofern eine Frage der Betrachtungsebene (vgl. Abb.).

ZIELSETZUNGEN	STRATEGISCHE HEBEL
Commitment der betroffenen Regionen	*Beteiligung von Betroffenen*
Breite Akzeptanz	*Weder in Text noch Gestaltung disruptiver Bruch, sondern deutlich erkennbare Weiterentwicklung*
Anbindung an Unternehmensleitbild	*Werte* Mehrwert *und* Exzellenz *werden auf Performance bezogen*
Emotionales Involvement	*Persönliches Gespräch bleibt der Dreh- und Angelpunkt, unterstützt durch virtuelle Formate im Vor- und Nachhinein*
Wissen über Veränderungsprozess	*Portfolio an Change-Medien, inkl. tagesaktuellem Newsbereich*

TOOL 40 KOORIENTIERUNG

Leitfrage

Wie kann die Koorientierung – die Orientierung der Stakeholder an ihren Peers – für das Beziehungsmanagement mit den Stakeholdern genutzt werden?

Zielsetzungen

- Die sozialen und kommunikativen Interaktionen zwischen den Stakeholdern besser verstehen
- Die Beweggründe der Stakeholder – über ihre eigenen Wünsche und Präferenzen hinaus – kennenlernen, insbesondere die Einschätzungen und Wünsche der Stakeholder bzgl. der Beziehungsqualität und der Übereinstimmung mit dem Unternehmen bei wichtigen Themen
- Die Beziehungsqualität zwischen dem Unternehmen/der Marke und den Stakeholdern verbessern
- Ansätze identifizieren, um die Koorientierung in dem Beziehungsgeflecht zwischen den Stakeholdern und zwischen Stakeholder und Unternehmen für die eigenen kommunikativen Zielsetzungen zu aktivieren

Umsetzung

Die Entwicklung der Strategie kann auch Modelle der Soziologie, Psychologie, Kommunikationswissenschaften etc. als Rationale für das strategische Handeln aktivieren. In diesem Sinne eröffnet das Koorientierungsmodell für die Strategie der Kommunikation neue Horizonte.

So arbeitet man mit dem Koorientierungsmodell:

1. Das Bild des eigenen Unternehmens von der Stakeholderbeziehung und das Bild der Stakeholder von dieser Beziehung in Bezug auf das Thema der Kommunikation (»Issue in Question«) werden ermittelt – Ansatzpunkte kann hier die IST-Reputation bieten (vgl. Tool 5).
2. Im nächsten Schritt wird aus der Metaperspektive ermittelt, wie das Unternehmen und die Stakeholder einschätzen, welche Wahrnehmung die jeweils andere Seite von der Beziehung hat. Auch hier geht es um die Beziehung im Hinblick auf das Thema. Basis können Befragungen der Stakeholder zu ihren Interessen (vgl. Tool 2) und auch Fokusgruppen sein.
3. Es wird festgestellt, in welchem Maße (Bewertung von -- bis ++) und in welchen Punkten es bei den folgenden drei Relationen im Koorientierungsmodell Übereinstimmungen und Differenzen gibt: Agreement (Grad der Übereinstimmung der Wahrnehmungen zwischen einer Organisation und ihren Stakeholdergruppen), Accuracy (Grad der richtigen Einschätzung der Wahrnehmung der Beziehung der anderen Seite = Übereinstimmung zwischen eigener Einschätzung und tatsächlicher Wahrnehmung), insbesondere aber Congruency (Grad der Übereinstimmung zwischen der eigenen Wahrnehmung und der Einschätzung der anderen Seite, Perceived Agreement).
4. Auf der Suche nach strategischen Ansätzen wird die Koorientierung der Stakeholder an anderen einbezogen, um die Stakeholderbeziehung – d. h. die Kongruenz zwischen der eigenen Wahrnehmung der Beziehung und der Einschätzung seitens der Stakeholder – zu verbessern. Hierfür kann z. B. die Szenariotechnik eingesetzt werden (vgl. Tool 43).

Theorie: Koorientierungsmodell

»Grundgedanke der Koorientierung ist, dass sich Menschen in ihrem Denken und Handeln auch an den wahrgenommenen oder vermuteten Haltungen anderer orientieren« (Bürker 2013, S. 62).

Gemäß der Theorie des symbolischen Interaktionismus handeln Menschen auf der Grundlage von Bedeutungen, die sie Dingen/Sachverhalten zuschreiben. Diese Bedeutungen entstehen in der sozialen Interaktion mit Mitmenschen und werden in einem interpretativen Prozess in der Handlung benutzt, gehandhabt und laufend abgeändert (vgl. Blumer 1992 , S. 23f.). Das bedeutet, dass sich Menschen in sozialen Handlungskontexten, z. B. bei der Festlegung von Handlungszielen und (sozialen) Strategien, nicht ausschließlich an den eigenen Wünschen, Bedürfnissen, Erfahrungen, Absichten und Erwartungen orientieren, »sobald andere – zumindest potenziell – betroffen wären« (Bürker 2013, S. 62). Denn eine solche Handlungsweise wäre riskant, sie würde im sozialen Kontext schnell zu Problemen führen: »Um erfolgreich operieren zu können (z. B. schon um zu überleben), sind kognitive Systeme ständig genötigt, sich innerhalb ihrer Kognitionsbereiche an Beobachtungen jeder Art, insbesondere aber an Beobachtungen anderer Lebewesen zu orientieren, also z. B. an fremdem Verhalten, an Gestik und Mimik anderer Personen usw., und zwar auch dann, wenn dies von den betreffenden Personen weder erwünscht, noch beabsichtigt ist.« (Rusch 1986, zit. nach Bürker 2013, S. 62)

Das Koorientierungsmodell der Kommunikation überträgt das Modell der Koorientierung in der interpersonalen Kommunikation (Newcomb 1953) auf die Kommunikationsbeziehungen zwischen Organisationen und Stakeholdern. Während laut Newcomb Symmetriedruck mit dem Ziel gegenseitiger besserer Wahrnehmung die Koorientierung treibt, entwickeln McLeod/Chaffee (1973) ein Faktorenmodell mit mehreren Koorientierungsvariablen:

- **Agreement.** Der Grad der Ähnlichkeit bzw. Übereinstimmung zwischen A und B hinsichtlich der Einstellungen gegenüber X (Salience)
- **Understanding.** Der Grad der Ähnlichkeit bzw. Übereinstimmung zwischen A und B hinsichtlich ihrer Einstellungen gegenüber Eigenschaften von X (Pertinence)

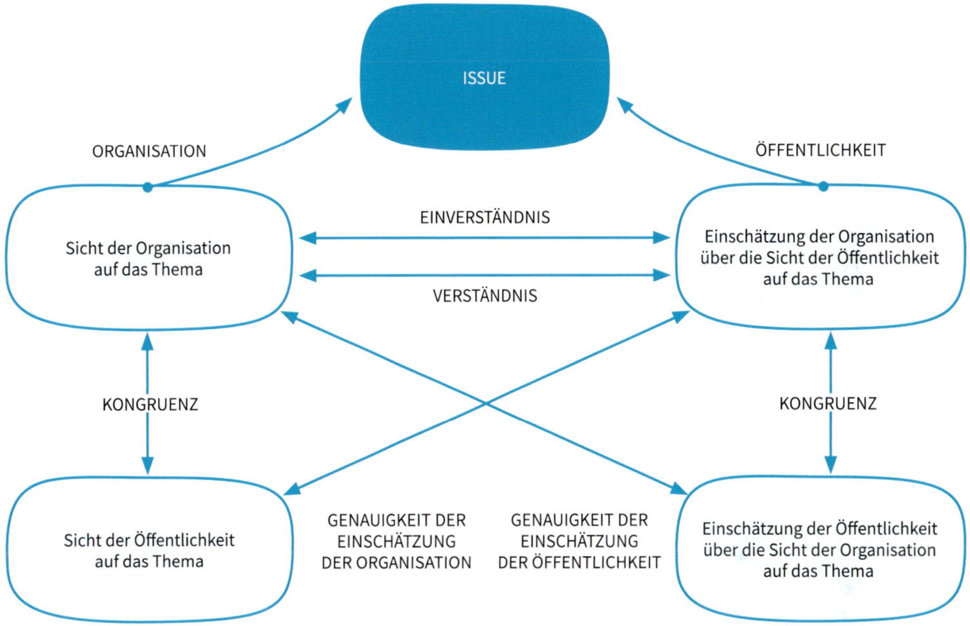

(nach Cutlip/Center/Broom 2000 und McLeod/Chaffee 1973)

- **Congruency.** Der Grad der Ähnlichkeit bzw. Übereinstimmung zwischen A's Einstellungen gegenüber X und A's Wahrnehmung von B's Einstellungen gegenüber X
- **Accuracy.** Der Grad der Ähnlichkeit bzw. Übereinstimmung zwischen A's Einstellungen gegenüber X und B's Wahrnehmung von A's Einstellungen gegenüber X

Broom (1977 ; vgl. auch Cutlip/Center/Broom 2000; Seltzer 2006, S. 275; Bürker 2013, S. 70ff.) nutzt diese Variablen in seinem Koorientierungsmodell für öffentliche Beziehungen in vereinfachter Form (vgl. Abbildung des Modells):

- Direkte Wahrnehmung der Beziehung durch die Organisation
- Direkte Wahrnehmung der Beziehung durch die Stakeholdergruppen
- Metaperspektive der Organisation. Einschätzung der Wahrnehmung der Stakeholdergruppen durch die Organisation
- Metaperspektive der Stakeholdergruppen. Einschätzung der Wahrnehmung der Organisation durch die Stakeholdergruppen

Das Modell verbindet die direkten und die Metaperspektiven der handelnden Akteure in einem Modell mit den Relationen (vgl. Bürker 2013, S. 82):

- **Agreement.** Grad der Übereinstimmung der Wahrnehmungen zwischen einer Organisation und ihren Stakeholdergruppen
- **Accuracy.** Grad der richtigen Einschätzung der Wahrnehmung der anderen Seite (Übereinstimmung zwischen eigener Einschätzung und tatsächlicher Wahrnehmung)
- **Congruency** (= Perceived Agreement). Grad der Übereinstimmung zwischen eigener Wahrnehmung und der Einschätzung der anderen Seite

Laut Bürker (2013, S. 82) können Organisationen im Grunde nur Congruency erfassen und messen, das heißt, der relevante Key Performance Indicator (KPI) für die Zielerreichung bei diesem strategischen Hebel ist der *Grad der Ähnlichkeit* bzw. die *Übereinstimmung zwischen A's Einstellungen gegenüber X und A's Wahrnehmung von B's Einstellungen gegenüber X.*

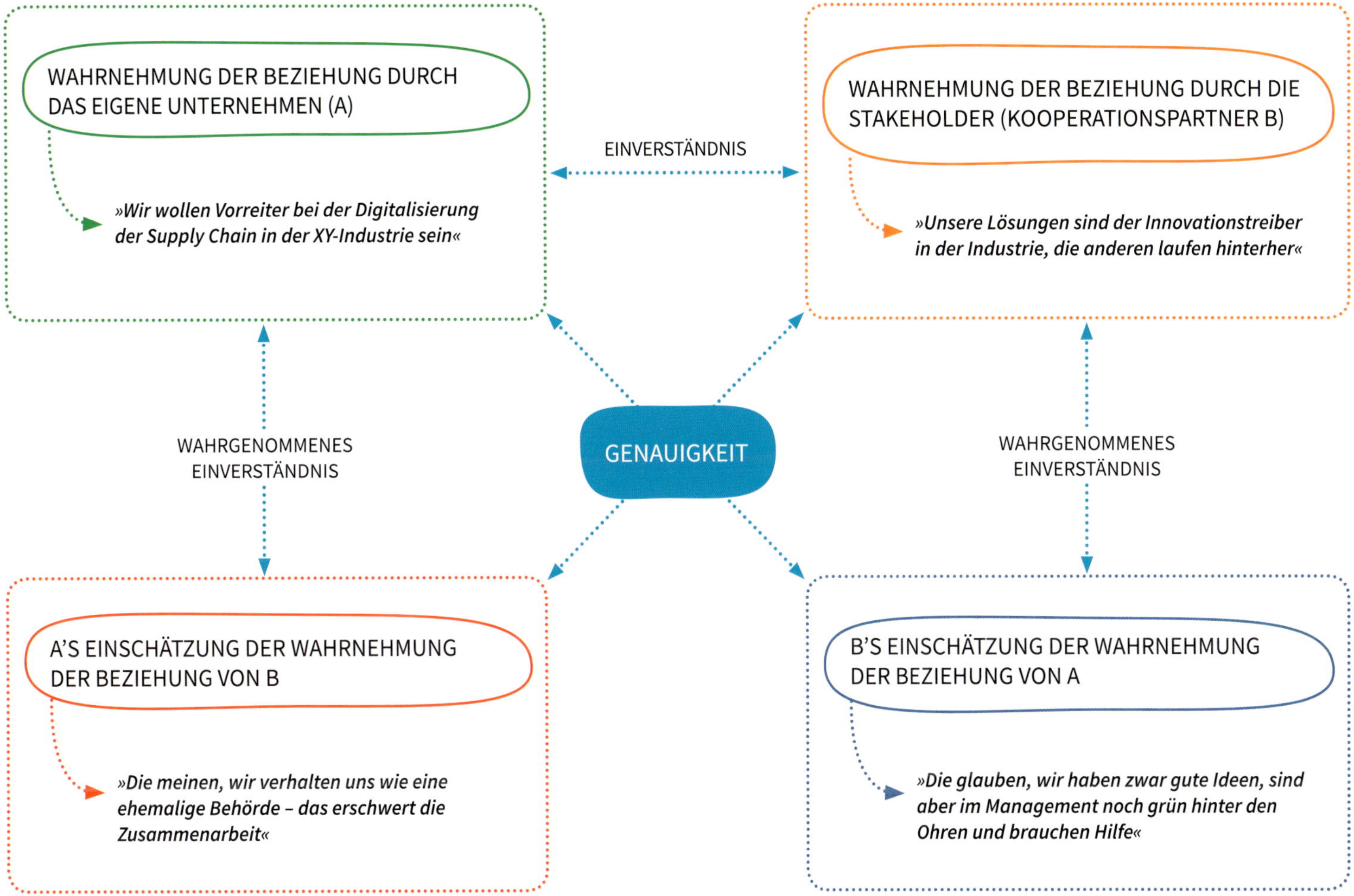

(nach Seltzer 2006; vgl. Bürker 2013)

TOOL 41 STRATEGISCHE ALLIANZEN

Leitfrage

Wie müssen sich die Positionen anderer Akteure entwickeln, sodass sie Verbündete im Meinungsmarkt werden?

Zielsetzungen

- Ermitteln, wer strategischer Allianzpartner im Meinungsmarkt werden könnte – und wer nicht
- Die SOLL-Positionen möglicher Allianzpartner entwickeln
- Die Grundlage für die Gespräche mit möglichen Verbündeten schaffen

Umsetzung

Das Tool arbeitet mit einem einfachen Positionierungskreuz (vgl. Tool 28), auf dessen Achsen zentrale Begriffspaare zu den zentralen Issues im öffentlichen Diskurs eingetragen werden. Diese Begriffspaare werden aus Befragungen der Stakeholder (vgl. Tool 2) und/oder aus dem Issue Mapping (vgl. Tool 3) sowie ggf. den eigenen SOLL-Botschaften herausgezogen.

Die Arbeit mit dem Tool erfolgt in diesen Schritten:

1. Die beiden Begriffspaare für das Positionierungskreuz werden ermittelt und auf den Achsen eingetragen.
2. Für das eigene Unternehmen und die wesentlichen Stakeholder/Akteure im Meinungsmarkt werden die IST-Positionen auf Karten/Stattys geschrieben und im Koordinatensystem verortet. Quelle für die IST-Positionen sind eigene Veröffentlichungen des Unternehmens und seiner Stakeholder und/oder Berichterstattung darüber bzw. Ergebnisse von Befragungen.
3. Für die Stakeholder/Akteure werden mögliche SOLL-Positionen auf Karten geschrieben, sodass die Positionen der anderen Akteure näher an die eigene IST-Position heranrücken.
4. Anhand der IST-Positionen und IST-Interessen der Stakeholder wird überprüft, welche der Stakeholder in Richtung der SOLL-Positionen bewegt werden können.
5. Entsprechend werden die Karten dieser Stakeholder mit den SOLL-Positionen im Koordinatenkreuz verortet. Pfeile verdeutlichen die Bewegung von der IST- zur SOLL-Position des jeweiligen Akteurs.

Theorie: Strategische Allianzen

Strategische Allianzen sind Beziehungen zwischen zwei oder mehr Unternehmen/Organisationen, die gemeinsame Ziele erreichen wollen. Robert F. Hoxie führte den Begriff 1923 bezogen auf die Zusammenarbeit von Gewerkschaften ein. Porter/Fuller (1986, S. 315 f.) griffen das Konzept für die Unternehmensstrategie wieder auf.

Die Betriebswirtschaftslehre (Schwamborn 1994, S. 12) unterscheidet zwischen horizontalen (Unternehmen auf der gleichen Stufe der Wertschöpfungskette) und vertikalen Kooperationen (Unternehmen auf verschiedenen Stufen der Wertschöpfungskette).

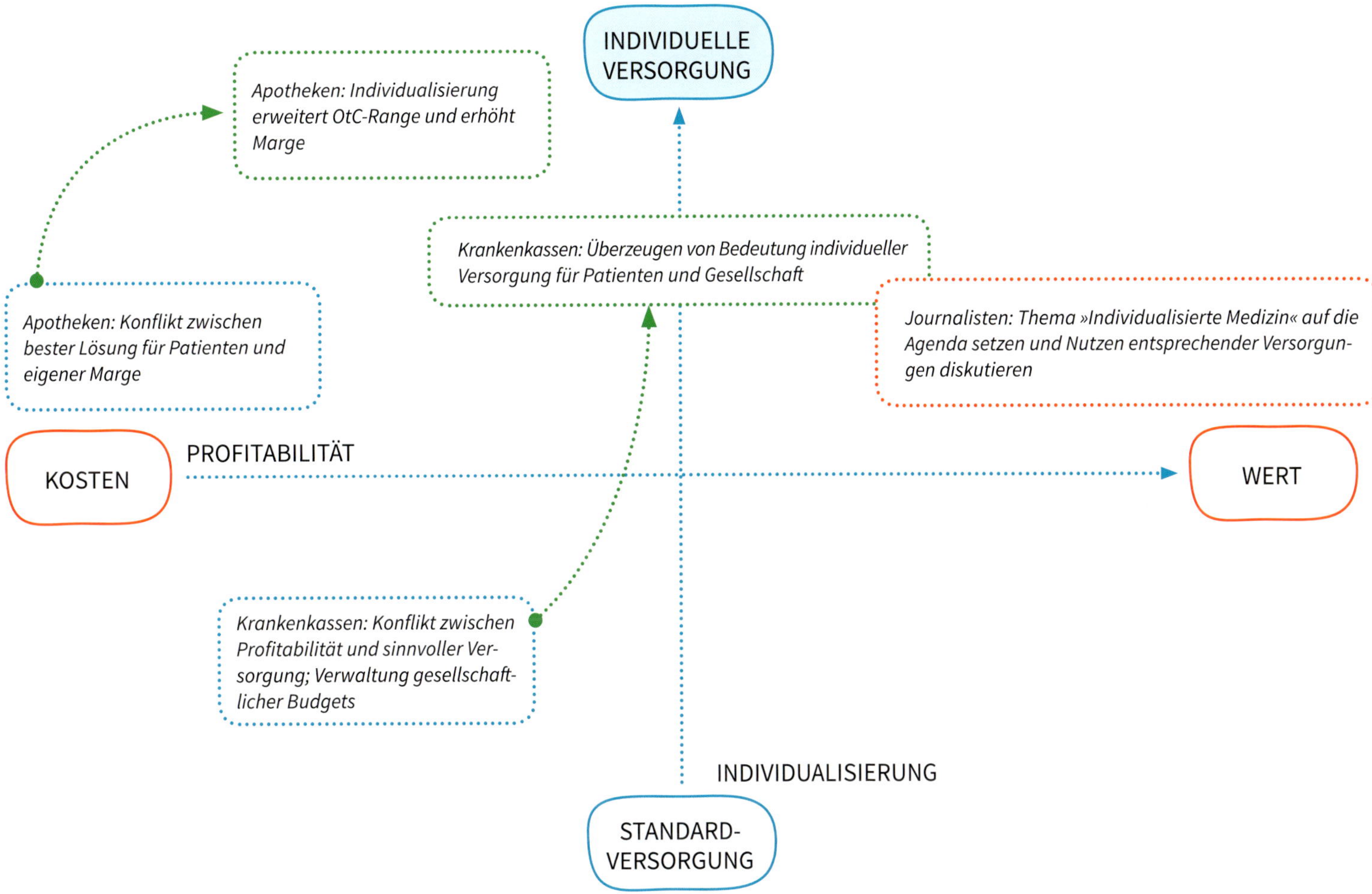
INDIVIDUELLE VERSORGUNG
Apotheken: Individualisierung erweitert OtC-Range und erhöht Marge
Krankenkassen: Überzeugen von Bedeutung individueller Versorgung für Patienten und Gesellschaft
Apotheken: Konflikt zwischen bester Lösung für Patienten und eigener Marge
Journalisten: Thema »Individualisierte Medizin« auf die Agenda setzen und Nutzen entsprechender Versorgungen diskutieren
KOSTEN
PROFITABILITÄT
WERT
Krankenkassen: Konflikt zwischen Profitabilität und sinnvoller Versorgung; Verwaltung gesellschaftlicher Budgets
INDIVIDUALISIERUNG
STANDARD-VERSORGUNG

TOOL 42 JÄGERZAUNMODELL

Leitfrage

Wie können Stakeholder im Wechselspiel von öffentlichem Diskurs und persönlichem Gespräch in Richtung der eigenen Position bewegt werden?

Zielsetzungen

- Den öffentlichen Diskurs und den persönlichen Dialog mit den Stakeholdern inhaltlich synchronisieren
- Den Dialog mit Stakeholdern initiieren und den Boden für strategische Allianzen bereiten
- Den eigenen Positionen Wahrnehmung und schrittweise zunehmende Akzeptanz im Meinungsmarkt wie auch bei relevanten Stakeholdern verschaffen

Umsetzung

Das Jägerzaunmodell ist ein Planungstool des Stakeholdermanagements für die strategische Entwicklung des Meinungsbildes zu kontroversen/schwierigen Themen.

Unterlegt ist ein Phasenmodell mit den Entwicklungsstufen: Stakeholderidentifikation → Aufbau des Stakeholdermanagements → Start des Dialogs → Unterstützung durch Medienarbeit (inkl. Social Media). Das Modell basiert auf der Annahme, dass das Wechselspiel zwischen öffentlichem Diskurs und persönlichen Gesprächen als ein fortschreitender Prozess der inhaltlichen Anreicherung – und der über die Medien vermittelten Koorientierung der Akteure – das Issue vorantreibt.

Dabei gelten die Annahmen, dass der erste Impuls – das Issue Setting – in den Medien erfolgen muss, dass Veröffentlichungen in den Medien als Gesprächsimpuls für persönliche Meetings mit den Stakeholdern gebraucht werden und dass die in den persönlichen Gesprächen gefundenen (Zwischen-)Lösungen wieder in die Medien gespielt werden, um das Issue weiter voranzutreiben.

Die Planung mit dem Jägerzaunmodell erfolgt in diesen Schritten:

1. Die Stakeholdergruppe und das Thema werden festgelegt.
2. Der erste Impuls in der Medienarbeit wird definiert.
3. Die weiteren Schritte in der Medienarbeit und im Stakeholderdialog werden auf Karten/Stattys geschrieben.
4. Die Schritte werden im Jägerzaunmuster als Wechselspiel zwischen öffentlichem Diskurs und Stakeholderdialog von links nach rechts aufgeplant, sodass eine Entwicklung und Vertiefung des Issues stattfindet.

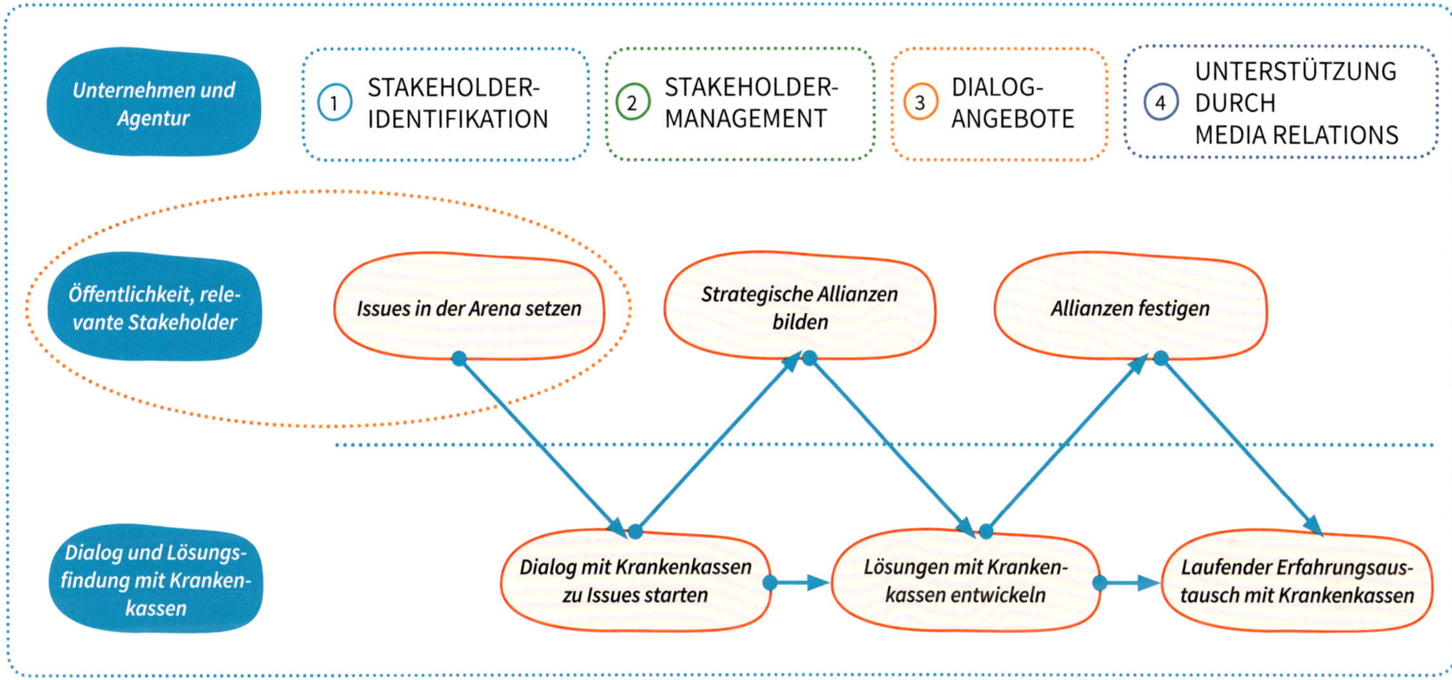
Unternehmen und Agentur
1 STAKEHOLDER-IDENTIFIKATION
2 STAKEHOLDER-MANAGEMENT
3 DIALOG-ANGEBOTE
4 UNTERSTÜTZUNG DURCH MEDIA RELATIONS
Öffentlichkeit, relevante Stakeholder
Issues in der Arena setzen
Strategische Allianzen bilden
Allianzen festigen
Dialog und Lösungsfindung mit Krankenkassen
Dialog mit Krankenkassen zu Issues starten
Lösungen mit Krankenkassen entwickeln
Laufender Erfahrungsaustausch mit Krankenkassen

TOOL 43 SZENARIOTECHNIK

Leitfrage

Wie können wir optimal auf mögliche Entwicklungen im Meinungsmarkt reagieren?

Zielsetzung

- Die Tragweite und die Risikofaktoren von kritischen Issues einschätzen
- Alternative Kommunikationsstrategien und Maßnahmen für die wichtigen Themen entwickeln
- Die möglichen Folgen von eigenen Reaktionen in kritischen Situationen abschätzen können
- Die Entwicklung besserer Handlungsalternativen stimulieren
- Die bestmögliche strategische Alternative auswählen

Umsetzung

Die Tabelle listet die wichtigsten, für das Unternehmen bedeutungsvollen Issues im Meinungsmarkt, für jedes Issue wird die eigene Position aufgeführt.

Die Kurzbeschreibung der Situation – z. B. Aktionen kritischer Stakeholder – bildet den Startpunkt für das Durchspielen alternativer Szenarien. Diese werden durchgespielt über mehrere typische Issue-Phasen (vgl. Tool 42: Jägerzaunmodell) inkl. Reaktionen der Stakeholder darauf und Bewertung der Eintrittswahrscheinlichkeiten. Für jedes Strategieszenario werden auch die wesentlichen Maßnahmen zur Implementierung aufgeführt.

So arbeitet man mit der Tabelle:

1. Auf Basis des aktuellen Monitorings werden die Top-Issues des Unternehmens nach Relevanz von oben nach unten gelistet. Die eigene Position zu dem Issue wird aus der Storyline oder aus anderen abgestimmten Dokumenten herausgezogen.
2. Die Relevanz der Issues wird anhand von Standardkriterien bewertet, z. B. der Nachrichtenfaktoren.
3. Bisherige eigene und Aktivitäten der Stakeholder zu den Issues werden gelistet.
4. Es werden alternative mögliche Handlungssequenzen aus eigenen und Stakeholderaktivitäten entwickelt; die Eintrittswahrscheinlichkeiten und damit die Risiken der Szenarien werden bewertet.
5. Die Maßnahmenprogramme für die Szenarien werden als alternative Handlungsoptionen aufgestellt.
6. Es folgen die Bewertung der alternativen Szenarien und die entsprechende Priorisierung der Aktivitäten.

Theorie: Szenariotechnik

Die Szenariotechnik wird in Politik, Wissenschaft und Wirtschaft zur Prognose und strategischen Planung eingesetzt. Sie dient der Entscheidungsvorbereitung, z. B. im Krisenmanagement, in der Unternehmensentwicklung oder auch im Projektmanagement. Ein bekanntes Beispiel ist die Studie des Internationalen Ausschusses für den Klimawandel (IPCC) zu dessen Auswirkungen.

Mit der Szenariotechnik werden hypothetisch alternative zukünftige Ereignisfolgen entwickelt, gegenübergestellt und analysiert. Dies schließt auch die Betrachtung der Möglichkeiten ein, die Akteure haben, um den Prozess zu beeinflussen. Die Szenariotechnik betrachtet dabei Extremszenarien (Best- und Worst-Case-Szenario) und besonders typische Szenarien (Trendszenarien).

Szenarien werden als Szenariotrichter dargestellt. Ausgehend vom Trendszenario, das von stabilen Umweltentwicklungen ausgeht, werden positive und negative Extremszenarien (Best und Worst Case) entwickelt. Die Öffnung des Trichters zeigt dabei die steigende Abweichung der Extremszenarien gegenüber dem Trendszenario im Zeitverlauf an: In der entfernteren Zukunft können Ereignisse wirksam werden, die zwar nach heutigem Wissenstand nur eine geringe Eintrittswahrwahrscheinlichkeit haben, jedoch nicht ausgeschlossen werden können, und die im Eintrittsfall einen großen

Einfluss hätten – sogenannte Wildcards oder Diskontinuitäten. (Vgl. Dill 2015; von Reibnitz 1992)

Die Szenariotechnik wird in vier **Phasen** umgesetzt:

- **Aufgabe und Faktorenanalyse.** Der Untersuchungsgegenstand wird definiert und beschrieben, dann werden die Deskriptoren und Faktoren ermittelt, die die künftigen Szenarien charakterisieren bzw. beeinflussen.

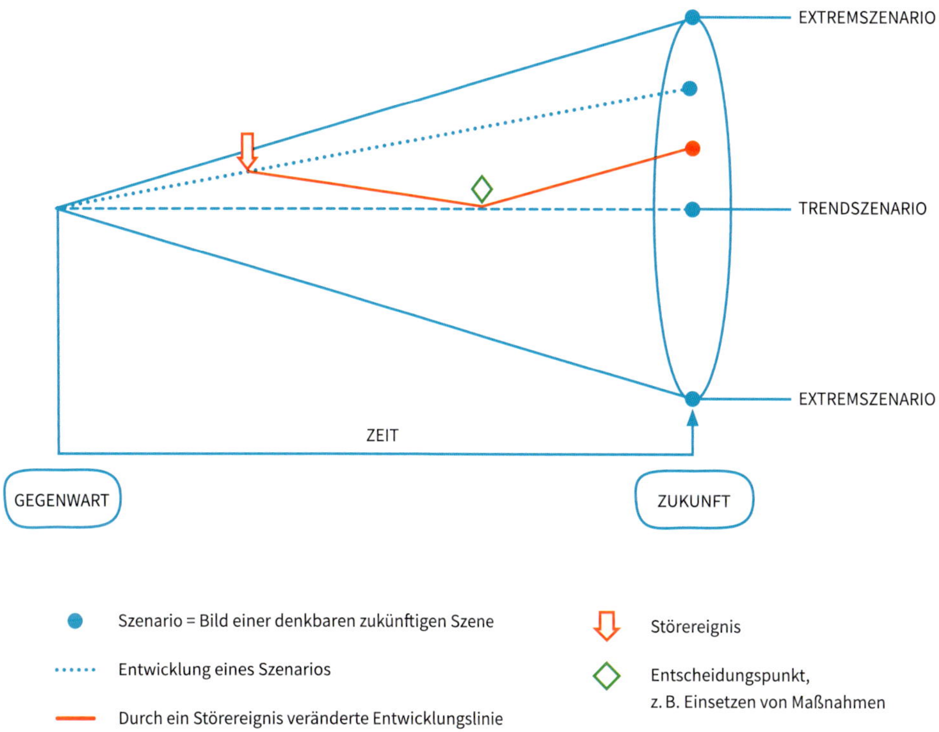

(Dill 2015)

- **Einflussanalyse.** Hier wird untersucht, wie sich die Faktoren wechselseitig beeinflussen und wie stark ihre Wirkung ist. Dies kann z. B. in einer Vernetzungstabelle oder einer Einflussmatrix ermittelt werden.
- **Trendprojektion und Ermittlung von Szenarien.** Die unterschiedlichen Entwicklungsmöglichkeiten für die einzelnen Faktoren werden ermittelt. Durch die (mathematische) Kombination der verschiedenen Faktorausprägungen entstehen mögliche Szenarien.
- **Bewertung und Interpretation.** Die weitere Untersuchung von ausgewählten Szenarien ermöglicht den Vergleich und die Gegenüberstellung von Chancen und Risiken. Auf dieser Basis werden Handlungsoptionen bzw. der Korrekturbedarf an der aktuellen Strategie deutlich.

Gelegentlich werden die Szenariotechnik und die Delphi-Methode (Expertenbefragung in mehreren Stufen) kombiniert: durch Integration von Delphi-Techniken in den Szenarioprozess oder als Bewertung von Szenarioelementen in einer Delphi-Studie.

ISSUE		BEWERTUNG				HANDLUNGSOPTIONEN
BESCHREIBUNG ISSUE	ISSUE STATEMENT	RELEVANZ	SITUATION	SZENARIEN	EINORDNUNG	MASSNAHMEN
		• *Gesellschaftl. Interesse (CSR)* • *(Nähe)* • *Emotionalität* • *Aktualität*	• *Beitrag im Blog von XY …* • *X Shares bei Facebook und Twitter*	Senario 1 • *Issue tritt in Emergenzphase ein; Handlungsspielraum für Unternehmen verringert* • *Kunden werden auf das Issue aufmerksam* → *Entwicklung sehr wahrscheinlich* Szenario 2 • … Szenario 3 • …	Senario 1 • *Hohes Risiko*	Senario 1 • *Intensiviertes Monitoring* • *Ad-hoc-Statement: »Wir prüfen das«, Verweis auf geltende Richtlinien für Supplier* • *Video »Hierher kommen unsere Rohstoffe«* • …

TOOL 44 SWOT ÜBER SZENARIEN

Leitfrage

Welches Strategieszenario soll verfolgt werden?

Zielsetzungen

- Die Stärken und Schwächen von strategischen Handlungsalternativen/Szenarien erkennen und vergleichen
- Chancen und Bedrohungen von strategischen Handlungsalternativen/Szenarien erkennen und vergleichen
- Die bestmögliche strategische Handlungsoption auswählen

Umsetzung

Die *SWOT* über Szenarien kombiniert die SWOT-Analyse (Tool 21) mit der Szenariotechnik (Tool 43). Mit diesem Tool werden sowohl strategische als auch operative Fragestellungen bewertet und entschieden.

Dabei werden alternative Vorgehensweisen direkt gegenübergestellt und mit SWOT-Analysen evaluiert. Dies kann entweder rein qualitativ/deskriptiv geschehen und/oder auch mit einem Scoring, z. B. auf einer Skala von 1–5.

So wird das Tool angewendet:

1. Die zuvor entwickelten alternativen Szenarien werden mit Kurztiteln eingetragen.
2. Die Stärken und Schwächen und die Chancen und Bedrohungen werden für jedes Szenario kurz beschrieben.
3. Ggf. erfolgen Gesamtbewertungen der einzelnen Szenarien.
4. Ggf. wird jedes Szenario durch die Workshopteilnehmer oder Experten bewertet.
5. Die SWOT-Analysen der Szenarien werden verglichen, es erfolgt die Entscheidung für ein Szenario.

SZENARIO	STRENGTHS	WEAKNESSES	OPPORTUNITIES	THREATS
Keine internen Social Media	*Interne Message Control und Schutz vertraulicher Themen*	*Nicht State of the Art*	*Dialogkultur Face-to-Face im Team stärken (?)*	*Mitarbeiter weichen mit Kritik auf externe Plattformen aus* *Demotivation*
Themen ausschließen	*Intern Schutz vertraulicher Themen*	*Management verliert Glaubwürdigkeit (Botschaft »Offener Dialog« nicht gelebt)*	*Dialogkultur Face-to-Face im Team stärken (?)*	*Mitarbeiter weichen mit Kritik auf externe Plattformen aus* *Rückgang Beteiligung, Plattform stirbt*
Anonymität erlauben	*Frühwarnsystem für kritische interne Themen*	*Keine Ansprache des Absenders möglich (anonyme Beiträge)* *Geringere Message Control intern*	*Anonym trauen sich mehr Mitarbeiter zur Teilnahme am Dialog*	*Missbrauch/Attacken gegen Management/Kollegen*
Offene Foren mit Klarnamen	*Offene Form motiviert zu Mitgestaltung* *Botschaft »Offener Dialog« konsequent umgesetzt*	*Geringere Message Control intern*	*Perspektivvielfalt* *Themenbreite* *Dialog unter Kollegen ändert Stil der Beiträge* *Management antwortet nur selektiv*	*Angst der Mitarbeiter, sich in der Unternehmensöffentlichkeit zu äußern*

TOOL 45 INBOUND MARKETING FUNNEL

Wie sollen das Online-Medienportfolio und das Mediainventar in der Customer Journey ausgestaltet sein?

ZIELSETZUNGEN

- (Potenzielle) Kunden motivieren, sich möglichst lange mit den Inhalten des Unternehmens/der Marke zu beschäftigen
- Die Erfolgstreiber und die weniger erfolgreichen Touch Points im Brand Funnel/Loyalty Loop identifizieren
- Die Zielerreichung (Conversion) des Brand Funnels/des Loyalty Loops über alle Touchpoints optimieren
- Anforderungen für relevanten Content definieren, der für hohe Conversions sorgt

Umsetzung

Der Inbound Marketing Funnel basiert auf dem Brand Funnel (vgl. Tool 74) bzw. dem Loyalty Loop (vgl. Tool 75). Von Touchpoint zu Touchpoint werden die SOLL-Conversion-Rates (vgl. Tool 94) festgelegt. Für den gesamten Brand Funnel entsteht so eine SOLL-Conversion-Rate als Verhältnis von Page Impressions beim Erstkontakt (z. B. über Banner auf einer Webseite) zu Käufen.

So arbeitet man mit dem Tool:

1. Der Inbound Marketing Funnel wird entsprechend der Customer Journey aufgebaut.
2. Die SOLL-Clickrate für den Erstkontakt (z. B. ein Banner) und die SOLL-Conversion-Rates in den einzelnen Umwandlungsstufen werden eingetragen.
3. Entsprechend den Mediakosten werden die Kosten pro Click bzw. pro Conversion ermittelt, ebenso die angenommenen Erträge pro Kauf.
4. Die SOLL-Gesamtkosten über alle Touchpoints und die angenommenen Erträge pro Käufer werden gegenübergestellt.
5. Entsprechend den Ergebnissen dieser Analyse erfolgt die Entscheidung über das eingesetzte Medienportfolio und das Mediainventar bzw. eine weitere Optimierung der Customer Journey.

Theorie: Inbound Marketing

Inbound Marketing basiert – im Gegensatz zum Outbound Marketing, bei dem Informationen zum Kunden gesandt werden (wie in der Werbung, bei Mailings und im Telefonmarketing) auf der Idee, vom Kunden »gefunden« zu werden. Dabei spielt die Qualität des Contents eine entscheidende Rolle: Über relevante attraktive Inhalte und Interaktionen will Inbound Marketing den Kunden motivieren, sich crossmedial und möglichst lange mit den Inhalten des Unternehmens/der Marke zu beschäftigen und ihn zum Kauf bzw. zum Engagement führen.

Typische Bausteine des Inbound Marketings sind Content Marketing, Customer Relationship Management (CRM) und Lead Nurturing – zunehmend unterstützt durch automatisiertes Marketing inkl. künstlicher Intelligenz und Big Data (vgl. Tool 4). Laut Pollitt (2011) sind die typischen Schritte des Inbound Marketings:

- **Reach: Traffic gewinnen.** Content erstellen, der suchmaschinenfreundlich veröffentlicht und über soziale Netzwerke sowie PR bekannt gemacht werden kann. Das Seeding an Multiplikatoren wie Blogger, Journalisten und Meinungsführer über gezielte PR initiiert idealerweise die virale Verbreitung.

KPIs im Brand (Onlinemarketing) Funnel. Beispielrechnung

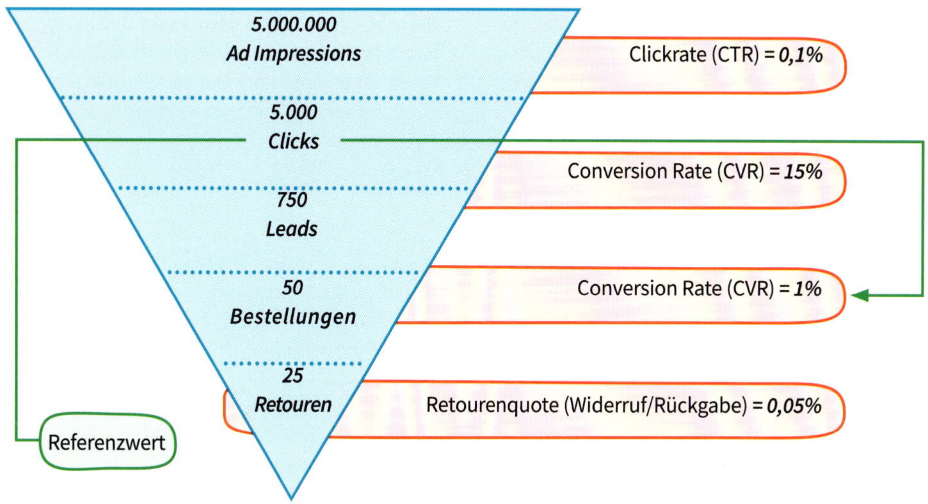

- **Act: Besucher in Leads umwandeln.** Die Visitors auf den eigenen Medien werden durch weiteren Content und engagierende Aktivitäten zur Angabe von Kontaktdaten und weiteren relevanten Informationen veranlasst. In Verbindung mit Maßnahmen wie z. B. Retargeting und zunehmend auch unter Einbeziehung von Big Data können Interessenten dann immer gezielter angesprochen werden (Nurturing).
- **Convert: Leads umwandeln.** Leads werden bestmöglich in Aufträge/Verkäufe umgewandelt.

- **Engage: Wiederkauf stimulieren und Empfehlungsbereitschaft stärken.** Kunden sollen zu wiederkehrenden Kunden mit höherer Marge umgewandelt werden. Diese Kunden werden über das Produkterlebnis und Service/Beratung, über Community Building mit anderen Kunden und weiteren attraktiven Content zu Promotern der Marke. Sie verbreiten Informationen zur Marke bzw. zu den Produkten (Word-of-Mouth) – dies ist das Ziel des Empfehlungsmarketings.
- **Re-automate: Analysieren und optimieren.** Die kontinuierliche Auswertung der Daten, insbesondere der Conversion Rates, ist die Basis für die Conversion-Rate-Optimierung (CRO), z. B. durch die Verbesserung der Usability oder der Zahlungsmöglichkeiten oder auch durch die Suchmaschinenoptimierung.

Typische Conversion-Zielsetzungen entlang des Inbound Marketing Funnels sind dementsprechend: *Klicken* einer Webseite (z. B. von Paid Bannern auf Owned Media), *Downloads*, *Transaktion* oder *Kauf*.

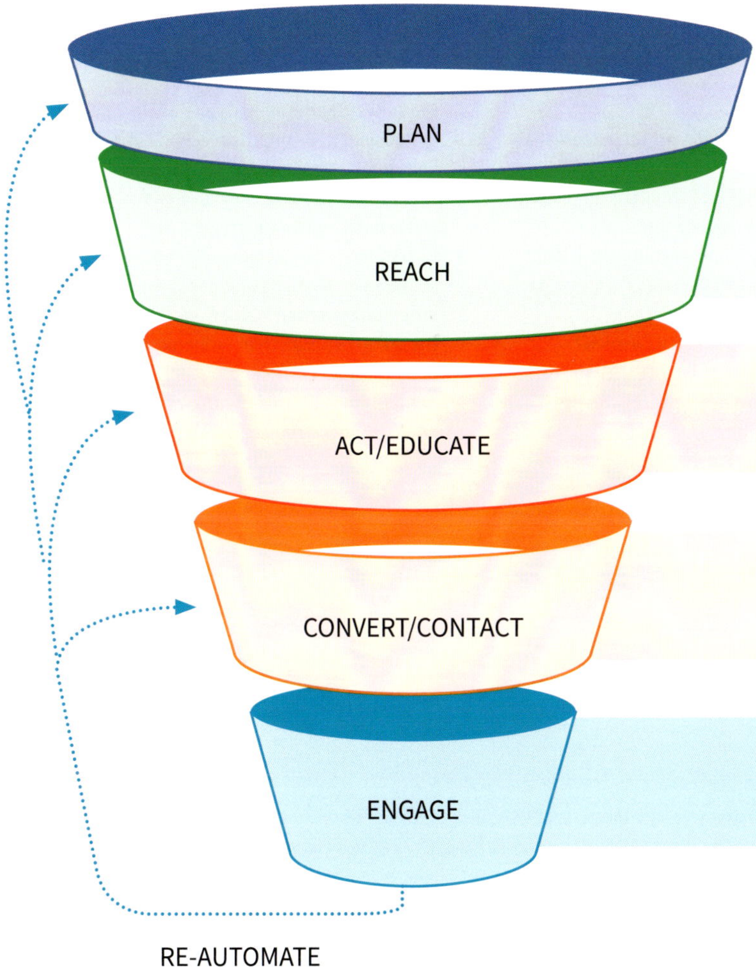

ATTRAKTIVER RELEVANTER CONTENT

- *Treibt den Inbound-Effekt von Partnerseiten und Paid Media*
- *Dient als Startpunkt für den Dialog*
- *Löst Probleme des Kunden*
- *Sorgt für Präsenz in den Suchmaschinen*

		KPIs
• *Suchmaschinen* • *Social Media* • *Blogs* • *Broschüren*	• *Give-Aways* • *Werbung* • *E-Mails* • *Pressearbeit*	• *Fans/Followers* • *Visitors* • *Inbound Links*
• *Webseite* • *Blog* • *Interaktive Apps* • *Videos*	• *Fotos* • *Kundenbeziehungsmanagement CRM*	• *Verweildauer auf der Webseite* • *Shares/Kommentare/Likes* • *Leads/Lead Conversion*
• *Telefonmarketing* • *Terminvereinbarungen*	• *Websseite (Kontakt, Terminvereinbarung)*	• *Aufträge/Käufe* • *Umsatz* • *Durchschnittliches Auftragsvolumen*
• *Kunden engagieren und die Beziehung intensivieren*	• *Kunden werden zu Markenbotschaftern*	• *Wiederholungskäufer* • *Empfehlungen* • *Shares in Social Media*

(nach Done for you o. J.)

TOOL 46 KANALSTRATEGIE

Leitfrage

Wie kann das Medienportfolio im Kommunikationsfeld effektiv genutzt werden?

Zielsetzungen

- Die Kanäle ihren Eigenschaften und ihrer Relevanz für die Zielgruppe entsprechend bestmöglich nutzen
- Im Zusammenspiel den Kanälen klare Funktionen und Themen zuweisen
- Themen medienspezifisch – dem jeweiligen Format entsprechend – aufbereiten
- Die Voraussetzungen für eine schlüssige Stakeholder Journey über die Kanäle hinweg schaffen

Umsetzung

Dieses Planungsinstrument definiert für jeden Kanal im Kommunikationsfeld:

- **Zielgruppe.** Mit welcher Stakeholdergruppe kommunizieren wir über diesen Kanal?
- **Zielsetzung.** Welches Kommunikationsziel kann mit den Aktivitäten auf diesem Kanal unterstützt werden?
- **Frequenz.** Wie oft wird der Kanal bespielt?
- **Medientypische Aufbereitung.** In welchen Formaten werden wichtige Themen typischerweise für diesen Kanal aufbereitet?
- **Beispiel.** Anhand eines Beispiels wird die Kanalstrategie durchgespielt.

So wird das Tool verwendet:

1. Die zur Verfügung stehenden Kanäle im Kommunikationsfeld (z. B. Mitarbeiter- und Führungskräftekommunikation) werden eingetragen.
2. Die (Teil-)Zielgruppe, die diesen Kanal typischerweise nutzt, wird eingetragen.
3. Die strategischen Kommunikationsziele (vgl. Tool 26: Strategy Map), die mit dem jeweiligen Kanal unterstützt werden können, werden vermerkt.
4. Die medienspezifischen Aufbereitungsformen für den Kanal werden eingetragen.
5. Anhand eines Beispiels wird das Medienportfolio noch genauer definiert.

KANAL	ZIELGRUPPE	ZIELSETZUNG	FREQUENZ	AUFBEREITUNG VON THEMEN		
				MEDIENTYPISCHE AUFBEREITUNG	BEISPIEL BILANZ-PRESSEKONFERENZ	...
Mitarbeiterzeitung	***Mitarbeiter***	• *Wissensvermittlung* • *Commitment*	***Quartalsweise***	• *Bericht* • *Interview* • *Porträt* • *Editorial* • *Infografik* • *Bilderstrecke*	• *Bericht* • *Interview* • ...	
Intranet-News	***Mitarbeiter***	*Aktuelle Informationen*	***Täglich***	• *Kurznews* • *Video-Statements*	• ...	
Social Media	***Mitarbeiter***	• *Commitment* • *Empowerment* • *Dialog*	***Täglich***	• *Voting* • *Quiz*	• ...	
...						
...						

(Tessmer 2015)

TOOL 47 SOFTWARE-ARCHITEKTUR

Leitfrage

Was sind die technischen Voraussetzungen und Anforderungen an die Entwicklung und Realisierung des digitalen Mediums?

Zielsetzungen

- Das technische Umfeld zur Implementierung der Software beschreiben
- Die technischen Voraussetzungen für die Entwicklung und Implementierung von Webseiten, Apps etc. prüfen und festlegen

Umsetzung

Diese Tabelle orientiert sich am Vier-Schichten-Modell der Informatik. Das Modell bricht die Komplexität der zu entwickelnden Software, zum Beispiel einer Webseite oder App, auf vier funktional unterschiedliche Anforderungsbereiche (Schichten) herunter:

1. **Client-Schicht.** Geräte für die Nutzung der Software
2. **Präsentationsschicht.** Darstellung und Funktionen der Anwendung
3. **Business-Schicht.** Geschäftslogik, Steuerung der Anwendung
4. **Datenschicht.** Speicherort, Art der Datenhaltung

Jede Schicht kann weiter in einzelne Dimensionen ausspezifiziert werden. Das ermöglicht auch Nicht-IT-Experten, für den Entwicklungsprozess wichtige Fragen zu stellen und zu beantworten. Am Ende stehen ein Anforderungskatalog und die Beschreibung der technischen Umwelt, in der die Anwendung implementiert werden soll.

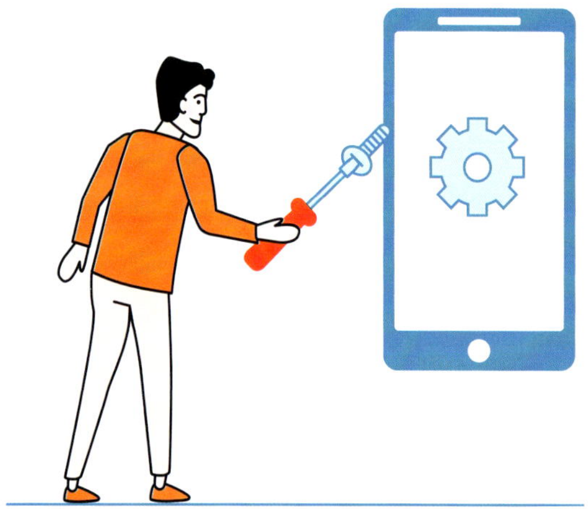

SCHICHT	THEMA	FRAGESTELLUNG (BEISPIELE)
CLIENT-SCHICHT	*Geräte*	*Mit welchen Geräten wird die Anwendung abgerufen? (Desktop PC, Smartphone, Tablet)*
		Ist für verschiedene Geräte unterschiedlicher Content geplant?
	Betriebssystem	*Unter welchen Betriebssystemen (Name und Version) soll die Anwendung laufen?*
	Browser (bei Webanwendungen)	*Mit welchem Browser (Name und Version) wird die Anwendung abgerufen?*
	Redaktionssystem	*Sind für die Anwendung ein oder mehrere Redaktionssysteme (CMS) vorgesehen? Wenn ja: Welche(s) CMS? Für welches Gerät, Betriebssystem, Browser etc. ist die Nutzung geplant?*
PRÄSENTATIONS-SCHICHT	*Art der Anwendung*	*Um was für eine Anwendung handelt es sich? (Webseite, App etc.)*
	Gestaltung	*Welche Anforderungen gibt es an die Gestaltung der Anwendung?*
	Funktionen	*Welche Funktionen sind für die Anwendung geplant? Was ist die Kernfunktion?*
		Was soll der Nutzer in welcher Reihenfolge erfahren und tun?
	Inhalte der Anwendung	*Welche Medien sollen eingebunden werden?*
	Programmiersprachen	*Welche Programmiersprachen sind für welchen Anwendungszweck erforderlich?*
BUSINESS-SCHICHT	*Daten*	*Welche eigenen Daten sollen in der Anwendung genutzt werden?*
		Wo liegen diese Daten und wie ist der Zugriff auf die Daten möglich? (Schnittstellen)
		Welche externen Anwendungen werden eingebunden? (z. B. Social Media Feed, Google Fonts etc.)
		Zu welchen Konditionen ist ein Zugriff auf externe Daten möglich? (Datenschutz beachten)
	Benutzererkennung	*Sind Funktionen geplant, für die eine Benutzererkennung notwendig ist?*
		Wird der Benutzer eindeutig identifiziert? Welche Daten sind dafür notwendig? (Datenschutz beachten)
		Wer soll wie auf welche Inhalte zugreifen dürfen?
		Wer hat Zugriff auf das Redaktionssystem?
DATENSCHICHT	*Serverstandort*	*Wo stehen die Server, auf denen die Daten gespeichert werden?*
	Serverzugriff	*Wer hat Zugriff auf die Daten?*
		Wie ist der Zugriff auf die Daten möglich und wer stellt evtl. Schnittstellen bereit?
	Datenschutz	*Gibt es Funktionen oder Dienstleistungen in der Anwendung, die besondere Hinweise zum Datenschutz benötigen?*
		Welche Daten werden von der Anwendung an externe Dienstleister weitergegeben?

(nach Schatten et al. 2010, ergänzt um Client-Schicht)

TOOL 48 KREATIVE LEITIDEE

Leitfrage

Was ist die kreative Leitidee des Mediums/der Kampagne?

Zielsetzungen

- Best-Practice-Beispiele für kreative Leistungen anschaulich aufbereiten
- Kohärenz zwischen den Elementen des eigenen Kreativkonzepts sichern
- Verschiedene kreative Lösungen vergleichbar machen
- Den kreativen Output stimulieren

Umsetzung

Die kreative Leitidee einer Kampagne/eines Mediums ist eine Bild-Text-Verdichtung. Damit sie Bedeutung erzeugt, muss diese Bild-Text-Idee einem Themenfeld zugewiesen sein, d. h. einen klaren Scope aufweisen, der im Frame aktiviert wird. Die Bedeutung wird durch das Design – das Zusammenspiel der Gestaltungsmittel – hervorgebracht. Das kreative Zusammenspiel dieser Elemente folgt stets, wenn auch mehr oder weniger deutlich, einem Konzept.

Das Tool hält auf einem einfachen Sheet/Steckbrief fest:

- **Kreative Idee.** Welche Grundidee hat die Kreation geleitet?
- **Frame.** Zu welchem Thema/Problem findet sich hier eine Botschaft?
- **Design.** In welchem Darstellungsstil sind Visual und Textelemente umgesetzt?
- **Visual.** Welche Elemente werden dargestellt?
- **Text.** Was ist die zentrale Botschaft?
- **Meshing.** Wie sind die Kanäle der Kampagne in der Customer Journey miteinander verbunden?
- **Anmerkungen.** Wie ist die Leitidee zu bewerten? Wie kann sie ggf. ausgebaut werden?

Das Mapping wie auch der Aufbau einer neuen kreativen Leitidee erfolgen induktiv über die Beschreibung bzw. Ideation der einzelnen Elemente:

1. Es wird herausgearbeitet, zu welchem Thema die Kampagne/das Medium eine Aussage macht (Frame).
2. Das Bild/die Grafik und die zentrale Botschaft werden erläutert.
3. Es wird beschrieben, wie die Gestaltung die zentrale Botschaft hervorbringt.
4. Es wird versucht, die kreative Leitidee in einer kurzen, treffenden und anschaulichen Formulierung festzuhalten.
5. Zur Ergänzung des Steckbriefs wird das Meshing-Prinzip, über das die Medien der Kampagne in der Stakeholder Journey verbunden sind, benannt.

UNTERNEHMEN	*IBM*
RAHMEN	*Beitrag zu Nachhaltigkeit*
KREATIVE IDEE	*Spielerische, kindliche Gestaltung und Überraschung (»Nicht zu fassen«)*
DESIGN	*Flat Design, maximal reduziert*
VISUAL	*Mehrdeutige flache Symbole, die Alltagsverbesserung veranschaulichen*
TEXT	*Beitrag des Produkts zu einem besseren Leben*
MESHING	*Mit Landing Page der »Smarter Planet«-Kampagne*
ANDERE	*Benefits für verschiedene Bereiche*

(IBM 2011)

TOOL 49 NAMING

Leitfrage

Wie soll das (neue) Unternehmen/die Institution/die Leistung/das Medium heißen?

Zielsetzungen

- (Neuer) Name ist inhaltlich zutreffend.
- (Neuer) Name ist klangvoll, aufmerksamkeitsstark und attraktiv für die Stakeholder.
- (Neuer) Name ist merkfähig und folgt einem bekannten Bildungsschema.

Umsetzung

Der Namensfindungsprozess besteht aus einem Wechselspiel zwischen Generierung von Namenskandidaten und schrittweiser Verdichtung als Selektion von Vorschlägen. Das sind die Schritte im Naming-Prozess:

1. Geführt durch die Kommunikationsstrategie und gleichzeitig orientiert an den Regeln handwerklicher Richtigkeit/Tradition der Werbewirtschaft, werden Kriterienkataloge für die Bewertung möglicher Namen aufgestellt und in eine Bewertungstabelle übertragen. Es ist wichtig, dass die Bewertungskataloge vor dem Start der Kreation festgelegt werden, weil sonst in Hinblick auf persönliche Präferenzen der Workshopteilnehmer/des Kreativteams eine Manipulation der Kriterienkataloge erfolgt.
2. Es werden möglichst vielfältige Namenskandidaten generiert. Dabei werden Kreativtechniken wie das Brainwriting (vgl. Tool 97, auch per Mail-Kaskade) und der Morphologische Kasten (vgl. Tool 110) eingesetzt.
3. Die Namens-Kandidaten werden entsprechend ihrem Bildungsschema (z. B. Ort + Medium wie »Hauptstadtbüro«) und dem verwendeten semantischen Material bzw. ihrer Bedeutung gruppiert bzw. gelistet.
4. Der eigentliche Auswahlprozess erfolgt in den Schritten: Sammlung (Longlist), Verdichtung (Auswahl) und Favorisierung (Reduktion Kandidaten).
5. Mithilfe des vorher erstellten Voting-Tools mit den vorab definierten Bewertungskriterien werden die favorisierten Namensvorschläge evaluiert.
6. Auf dieser Grundlage fällt entweder die Entscheidung für einen Namen – oder der Prozess beginnt von vorn, so lange bis ein Namensvorschlag gefunden ist, der die wesentlichen Kriterien erfüllt.

Generierung von Namen

SCHRITT 1: SAMMLUNG		SCHRITT 2: VERDICHTUNG		SCHRITT 3: FAVORISIERUNG	
Greendeal	*Hauptstadtbüro*	*Greendeal*	*Hauptstadtbüro*	*Greendeal*	*Zukunftsforum*
Greendeal	*Arena*	*Greendeal*	*Arena*	*Greendeal*	*Arena*
Greendeal	*Politik-Portal*	*Greendeal*	*Zukunftsforum*		
Greendeal	*Berliner Vertretung*	*Greendeal*	*Politisches Handeln*		
Greendeal	*Zukunftsforum*				
Greendeal	*Digitales Hauptstadtbüro*				
Greendeal	*Politisches Handeln*				
Greendeal	*Public Affairs-Portal*				

Bewertung von Namen (Beispiel Mitarbeiter-Medium)

	AUFFÄLLIG	KLANGVOLL	ZUTREFFEND	FORMAL RICHTIG
Ahead	+	+ + +	+ +	+ + +
Material Matters	+	+ + +	+ + +	+ + +
Under the Surface	+ +	+	+ +	+ + +

TOOL 50 MARKENBILD

Leitfrage

Was sind die zentralen Bausteine der Marke?

Zielsetzungen

- Ein kohärentes Markenbild erzeugen
- Die Markenbotschaft klar und emotional transportieren
- Kreative Darstellungsformen finden
- Die Grundlage für eine effektive Markenführung in allen Kommunikationsfeldern bzw. in allen Kampagnenbausteinen schaffen

Umsetzung

Das Markenbild ist der Nukleus für die Implementierung der Marke auf allen Kanälen über alle Formate. Es kann übersichtlich auf einem Blatt dargestellt werden mit:

- **Visual und Claim.** Beispiele sind je nach Anwendungsfeld Markenzeichen/Logo/Signet/Wortbildmarke und Claim/Slogan/Markenversprechen.
- **Basis-Layout.** Die Grundelemente der Kampagne werden konzentriert und mustergültig anhand eines einfachen zentralen Formats dargestellt, z. B. in einer Anzeige oder einem Banner.
- **Kreative Idee.** Die zentrale kreative Idee wird benannt. Ausgangspunkt ist die Frage: Was bewegt die Markenbotschaft? (vgl. Tool 48: Kreative Leitidee)

So wird das Markenbild entwickelt:

1. In Kreativprozessen werden die Elemente der Marke erarbeitet bzw. – beim Rebranding – neu kalibriert.
2. Die Darstellung des Markenbildes fasst die Ergebnisse der Kreativprozesse zusammen.
3. Die Elemente des Markenbildes werden im Markenhandbuch kodifiziert.

Theorie: Marke und Markenmanagement

Marke (engl. Brand) bezeichnet die zugeschriebenen Eigenschaften von Objekten wie Produkten/Services, Personen, Unternehmen und anderen Institutionen. Über den Markennamen werden dem Objekt emotionale oder funktionale Nutzen zugeschrieben, sie heben die Marke vom Wettbewerb ab (Positionierung).

Typische Aufgaben des Markenmanagements sind (vgl. Meffert/Burmann 2002, S. 74 ff.; Meffert/Schneider/Ebert 2002, S. 632):

- Beim **Markenaufbau** (Branding) wird eine neue Marke mit unverwechselbarem Profil (Markenidentität) geformt.
- Bei der **Markenführung** geht es um die Einführung der Marke am Markt, die Steigerung der Bekanntheit und die Angleichung von Fremd- und Selbstbild.
- Beim **Rebranding** erhält die Marke eine neue Identität.

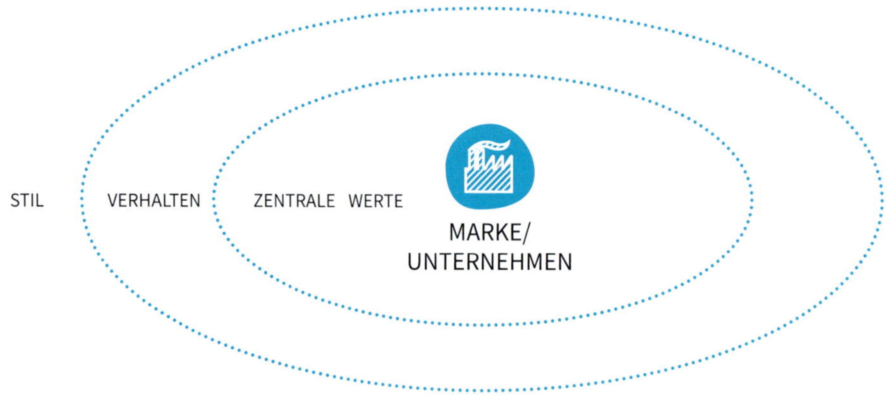

cognis. we know how

NAME	*vom Lateinischen cognoscere = erkennen, verstehen*
FARBEN	*Cognis Blau, Cyan, Schwarz, Weiß*
CLAIM	*Cognis weiß genau, wie es seine Produkte und Lösungen für den Erfolgs seiner Kunden einsetzen muss. Basis dafür ist ein tiefes Verständnis für das Geschäft seiner Kunden.*

ANZEIGENMOTIVE

2.1 Debriefing
2.2 Analyse
2.3 Strat. Planung
2.4 Maßnahmen
2.5 Controlling

TOOL 51 MOODBOARD

Leitfrage

Wie soll die Bildwelt der Kampagne/der zu entwickelnden Medien aussehen?

Zielsetzungen

- Bild- und Farbwelt intuitiv entwickeln
- Gestalterische Konzepte veranschaulichen
- Botschaften des Unternehmens/der Marke durch Gestaltung sichern

Umsetzung

Moodboards sind Arbeits- und Präsentationsmittel, mit denen die Bildwelt in Alternativen gestaltet wird. Sie transportieren Stimmungen und Emotionen stärker als eine schriftliche Beschreibung und unterstützen so die Entscheidung über Alternativen.

Das Moodboard ist eine Collage aus Fotos, Illustrationen, Grafiken, Text und ggf. auch Objekten oder Texturen in materieller oder digitaler Form. In der Komposition kommt es noch nicht auf Einzelheiten an, sondern auf ein schlüssiges emotionales und motivisches Gesamtkonzept. Bestandteile des Moodboards sind:

- Sujet
- Bildaufbau
- Farbwelten für Fotos
- Weitere Gestaltungselemente, z. B. Schmuckelemente und Navigationselemente

In digitalen Plattformen wie Matboard können Designer Online-Bilder aus verschiedenen Quellen sammeln und zu Moodboards kuratieren (vgl. Wyatt 2018).

So verwendet man das Tool:

1. **Sammlung.** Über die digitale Bildersuche, aus gedruckten Magazinen oder mit der Handykamera im Alltag werden Bilder und Elemente gesammelt, die mögliche passende Stimmungen vermitteln.
2. **Auswahl.** Es werden zwei bis drei Linien festgelegt, die weiterverfolgt werden. Zu jeder Linie werden passende Bilder und Elemente ausgewählt, um die Stimmung zu verdichten.
3. **Komposition.** Die Bilder werden digital oder auf einer Wand angeordnet. Ein großes Bild sollte das Sujet deutlich zeigen. Einzelne kraftvolle Begriffe in einer der Stimmung entsprechenden Typografie können die Bilder ergänzen und verstärken.
4. **Präsentation.** Zur Entscheidungsfindung werden die Moodboards nebeneinandergestellt und bewertet (vgl. Bewertungsmatrix in Tool 52). Dabei sollte der Designer auch die Stimmung der Betrachter beobachten, um zu prüfen, wie die Motive wirken.

Moodboards Beispiel Geschäftsbericht

(nach Wyatt 2018)

TOOL 52 BEWERTUNGSMATRIX LOOK & FEEL

Leitfrage

Welcher Kreativansatz soll umgesetzt werden?

Zielsetzungen

- Transport der Markenbotschaften durch das Gestaltungskonzept optimieren
- Hohe Attraktivität der Gestaltung sichern

Umsetzung

Bei der Entwicklung von Kampagnen bzw. der (Weiter-)Entwicklung von Marken arbeitet die Kreation in der Regel mit Alternativen (»Linien«). Diese Linien werden als Szenarien umfassend bis zur Präsentationsreife mit Visual und zumindest Konzept-Headlines entwickelt.

Für die Entscheidung werden die Linien nebeneinandergestellt und verglichen. Die Entscheidung erfolgt transparent nach Kriterien, die sich vor allem aus der Kommunikationsstrategie und den Markenbotschaften, aber auch aus werbefachlichen Standards (wie z. B. *Attraktivität* und *Differenzierung*) ableiten. Um zu optimalen Entscheidungen zu kommen, sollten die Kriterien vor dem Start der Kreativarbeit definiert werden.

Das Tool ist eine einfache Bewertungsmatrix:

1. Die Kriterien zur Beurteilung werden definiert und in die Matrix eingetragen.
2. Die Ergebnisse der Kreativarbeit werden auf das zentrale Visual und einen Kurztitel verdichtet. Dieser symbolisiert die Kampagnen-/Gestaltungsvariante in der Bewertungsmatrix.
3. Die Linien werden nach den Kriterien mit einem Punktesystem von 1–5 bewertet.
4. Anschließend werden – ggf. gewichtet – die Summen gezogen und der Favorit gewählt.

	VARIANTE A	VARIANTE B	VARIANTE C
	Skyline 	***Auge*** 	***Hand*** 
EMOTIONALITÄT	*3*	*5*	*4*
GLAUBWÜRDIGKEIT/CULTURAL FIT	*4*	*3*	*5*
ANSCHLUSSFÄHIGKEIT AN WEITERE MEDIEN	*4*	*3*	*5*
DIFFERENZIERUNGSPOTENZIAL	*5*	*4*	*3*
GESAMT	***16***	***15***	***17***

1 Nicht erfüllt ·········· bis ·········· in hohem Maße *5*

TOOL 53 ELEMENTE DER STORY

Leitfrage

Welche Elemente braucht die Story, sodass sie die Botschaft anschaulich vermittelt?

Zielsetzungen

- Die Figuren für das Storytelling entwickeln
- Die räumliche Struktur der Story aufbauen
- Die Folge der Ereignisse (Plot) kreieren
- Bedeutung erzeugen und damit die Botschaft transportieren

Umsetzung

Das Tool stellt in einem Canvas die Bedeutungsebene, die Sujetebene und die Elemente der Story dar (vgl. Lotmann 1972, S. 303ff.).

- **Die Bedeutung** enthält eine Aussage zu einem relevanten Thema (Botschaft). Dabei geht es oft um Fragen des gesellschaftlich legitimen/»richtigen« Handelns. Die Bedeutung der Story wird durch die Folge der Ereignisse (das Sujet als Abfolge von Motiven) erzeugt. Das Sujet verbindet die wesentlichen Bausteine der Story.
- **Der Held als Handlungsträger.** Die Ereignisfolge (das Sujet) kommt dadurch in Gang, dass der Held die klassifikatorische Grenze in der Raumstruktur – zum Beispiel einen Fluss – überschreitet. Dadurch entsteht durch Aktivierung und Negierung Bewegung in dem von der Erzählung/dem Film modellierten Wertesystem, das in der räumlichen Struktur abgebildet ist (vgl. Tool 56).
- **Der Gegenspieler.** Oft hat der Held einen Gegenspieler, der für entgegengesetzte gesellschaftliche Werte steht. Der Gegenspieler ist auf der anderen Seite der räumlichen Struktur verortet, z. B. jenseits des Flusses, in einem gefährlichen Land.
- **Nebenfiguren.** Neben dem Helden und seinem Gegenspieler agieren weitere Figuren, die zu den Hauptfiguren in einem bestimmten Verhältnis stehen und die ebenfalls in der Raumstruktur verortet sind. Durch das Sujet kommt wertmäßige Bewegung in das System der Figuren.
- **Das Objekt der Begierde.** Oft geht es in der Ereignisfolge darum, ein Ziel/einen Gegenstand zu erreichen – wie z. B. den »Heiligen Gral«.
- **Herausforderungen.** In der Folge der Ereignisse – auf der Sujetebene – muss der Held auf dem Weg zum Objekt der Begierde Aufgaben bewältigen. Diese Herausforderungen sind oft an der klassifikatorischen Grenze verortet (z. B. Kampf gegen den Drachen auf der Brücke) oder im entgegengesetzten topologischen Bereich (z. B. in einem fremden Land).
- **Orte/Topologie.** Die Folge der Ereignisse findet in einer Raumstruktur statt, in der das thematisierte gesellschaftliche Wertesystem organisiert ist. Der Raum ist durch entgegengesetzte Wertsphären und eine klassifikatorische Grenze strukturiert, die diese Wertsphären voneinander trennt.
- **Ressourcen/Helfer.** Dem Helden stehen in der Auseinandersetzung mit dem Gegenspieler und im Kampf um das Objekt der Begierde Ressourcen und/oder Helfer zur Verfügung. Dies können Gegenstände/Gadgets sein, wie z. B. ein Zauberschwert, oder auch Personen, wie z. B. die Gute Fee.
- **Statements.** Die Figuren, insbesondere auch der Held, können Interpretationen der Ereignisfolge äußern/fühlen/im inneren Monolog erleben. Diese Interpretationen können sich auf das Sujet selbst wie auch auf das gesellschaftliche Thema der Story beziehen. Allerdings sind solche Statements (z. B. »Greed is good, greed works« als Statement von Gordon Gekko in »Wall Street«) nicht mit der Bedeutung in eins zu setzen/zu verwechseln.
- **Details.** Die Einzelheiten der Topologie (der Landschaft), der Charaktere, der Kleidung und der Handlung sind nicht alle bedeutungsstiftend. Allerdings verleihen solche Details der Story Anschaulichkeit und Emotionalität – und damit Glaubwürdigkeit und Überzeugungskraft.

Die Storyarbeit erfolgt in den Schritten:

1. Die SOLL-Botschaften zu einem Thema sind durch die Storyline des Unternehmens vorgegeben. Sie werden verdichtet.
2. Es wird im Unternehmen, im Kulturtext mit seinen Überlieferungen und in anderen gesellschaftlichen Feldern nach Storymaterial gesucht.
3. Im Storymaterial wird eine sujethaltige Struktur als Folge von Ereignissen identifiziert.
4. Die Elemente der Story werden entwickelt: im Storymaterial aufgefunden oder ggf. durch Erfindung ergänzt.

Theorie: Erzählungen als Modelle gesellschaftlicher Wirklichkeit

Erzähltexte konstituieren ein Modell von gesellschaftlicher Wirklichkeit, das ist die Bedeutung. Nach Lotman (1972, S. 299 ff.), der im Anschluss an die russische Märchen- und Sagenforschung die Struktur literarischer Texte untersucht hat, modellieren Erzählungen und Spielfilme die gesellschaftliche Realität und ermöglichen damit Erkenntnisse über sie. Gegenstand der Erkenntnis sind zentrale gesellschaftliche Themen wie »Richtiges Handeln«, »Gerechtigkeit«, »Wege zum Erfolg«, »Liebe und Partnerschaft« oder auch »Zusammenarbeit in der Gruppe«.

Die Bedeutung wird durch Wiederholungsstrukturen auf der Ereignisebene (Plot, Sujet) erzeugt; dabei ist die Abweichung in der Wiederholung signifikant (bedeutungsstiftend). Die Verweisstruktur zwischen der Ereignisfolge und der Bedeutung wird durch den Rezipienten im Kontext der jeweiligen Kultur/der Konventionen aktiviert. Außer in der Fabel (»Und die Moral von der Geschicht …«) wird die Bedeutung in literarischen Texten nicht ausgesprochen, sondern entsteht im Kopf des Hörers/Lesers/Zuschauers.

Literarische Texte sind, insbesondere im Vergleich zu Sachtexten, besonders komplex und damit bedeutungsreich. Dies wird laut Roman Jakobson (1979, S. 108 f.; vgl. Monaco 1980, S. 164) dadurch ermöglicht, dass literarische Texte die syntagmatische Struktur (die lineare Abfolge der Zeichen) auf die paradigmatische Struktur (die Austauschrelation) projizieren; dadurch entstehen parallele Strukturen mit signifikanten Wiederholungen und Abweichungen (vgl. Schaubild). In der Traumdeutung hat Sigmund Freud (1900) diese beiden Mechanismen in ihrem Zusammenwirken als Verdichtung und Verschiebung (die abgewandelte Wiederholung) beschrieben.

Bericht vs. Story

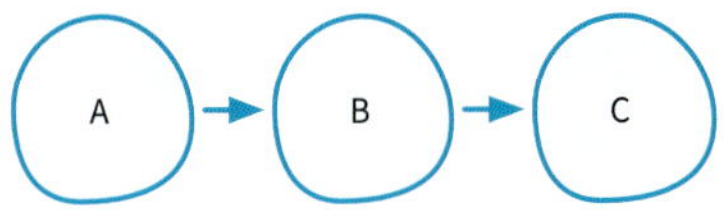

Struktur von Berichten: lineare Verkettung

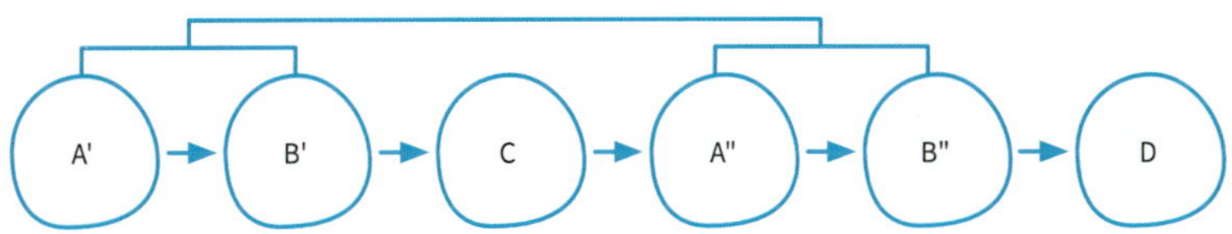

Struktur von Stories: bedeutungsvolle Wiederholung mit Abweichung

Geräusche
Landschaften
Atmosphäre
Handlungselemente
Namen
Nebenfiguren

VIELE LEBENDIGE DETAILS

TOOL 54 STORYENTWICKLUNG: FRAGETECHNIK

Leitfrage

Wie können die SOLL-Botschaften als Sujet (Ereignisfolge) gestaltet werden?

Zielsetzungen

- Storymaterial auffinden
- Die Ereignisfolge der Story generieren
- Die SOLL-Botschaften anschaulich und emotional transportieren

Umsetzung

Das Tool setzt einfache Fragen aus dem Kontext des neurolinguistischen Programmierens (NLP), insbesondere das Metamodell der Sprache (vgl. Bandler/Grinder 1981) ein, um aus den SOLL-Botschaften eine Story zu entwickeln, die die Storyline des Unternehmens/der Brand/des Produkts genau trifft und gleichzeitig einen kreativen Überschuss durch eine interessante Ereignisfolge und Storydetails erzeugt.

Die Arbeit mit dem Tool erfolgt in vier Schritten:

1. Die SOLL-Botschaften werden auf Karten/Stattys geschrieben und verdichtet.
2. Mit Leitfragen, die Motive der Ereignisfolge im Unternehmen/mit dem Produkt aufdecken, werden dazu passende Motive des Sujets erzeugt.
3. Ausgehend von den Motiven erzeugen weitere Leitfragen anschauliche und emotionalisierende Details.
4. Durch zweistufiges Hochchunken mit Leitfragen von der Detailebene auf die Sujetebene und von dort auf die Bedeutungsebene wird die Story konsolidiert und ihre Stimmigkeit optimiert.

Theorie: Das Sujet und die Bedeutung

Die Topologie (System der Raumrelationen). Nach Lotman (1972, S. 311 f.) ist das grundlegende Wertesystem in Erzähltexten als räumliche Struktur organisiert. Wichtigstes topologisches Merkmal ist die klassifikatorische Grenze, die den Raum in zwei Teilräume (und damit Wertsysteme) unterteilt und prinzipiell unüberschreitbar ist – außer für den Helden. Ein Beispiel für die klassifikatorische Grenze in Märchen/Sagen ist der Fluss, auf dessen Brücke der Held mit dem Drachen kämpft. Typische Organisationsformen der räumlichen Struktur in Märchen/Sagen sind: Haus vs. Wald, Stadt vs. Land, Erde vs. Himmel, oben vs. unten, offen vs. geschlossen.

Das Sujet. Die in der Raumstruktur des literarischen Textes/des Spielfilms aufgebaute gesellschaftliche Normenwelt wird durch die Handlung als Folge von Ereignissen thematisiert. Lotman (1972, S. 334) bezeichnet das Sujet als »ein revolutionäres Element« im Verhältnis zum allgemeinen Weltbild, das in der räumlichen Struktur aufgebaut worden ist: Das Sujet erzeugt die Bedeutung als wertmäßig konfliktgeladene sekundäre Textebene. Die Bedeutung wird durch Wiederholungsstrukturen auf der Ereignisebene erzeugt; dabei ist die Abweichung in der Wiederholung signifikant (bedeutungsstiftend).

Das Sujet besteht aus mehreren Motiven: einzelnen Handlungen des Helden als Interaktionen mit den anderen Figuren in der Raumstruktur. Als Teil des Sujets ist das Motiv gleichzeitig Element des Sujets und Baustein für den Aufbau von Bedeutung (Lotman 1972, S. 332ff.).

Die Beziehung zwischen dem Motiv und dessen Bedeutung kann grundsätzlich auf drei Arten konstituiert sein (vgl. Monaco 1980, S. 165ff.):

- **Icon.** Der Signifikant stellt das Signifikat hauptsächlich durch seine Ähnlichkeit mit ihm selbst dar.
- **Index.** Es besteht eine inhärente »hinweisende« Beziehung des Signifikanten mit dem Signifikat.
- **Symbol.** Die Beziehung zwischen dem Signifikanten und dem Signifikat ist willkürlich, das heißt, sie beruht auf gesellschaftlicher Konvention in einem kulturellen Kontext.

Icon: Dieses Bild ist, was es ist – ein Schock!

Index: Die Uhr als Verweis, dass die Zeit für den Helden abläuft.

Symbol: Zeichen der Macht, z. B. in Kafkas »Verwandlung«.

In seinem kulturellen Kontext kann der der Leser bzw. der Zuschauer im Film die konnotative **Bedeutung von symbolischen Strukturen** alternativ durch folgende Strukturen aktivieren (vgl. Monaco 1980, S. 170ff.):

- **Metonymie.** Ein assoziiertes Detail oder eine assoziierte Vorstellung wird benutzt, um eine Idee zu evozieren.
- **Synekdoche.** Ein Teil stellt das Ganze (eine Idee) dar.
- **Trope.** Es wird eine bekannte Redewendung genutzt, die ggf. abgewandelt wird.

Was sagt das über XY
und die Leistungskraft?
…

Was tun wir dafür?
Was ist konkret passiert?
Wer hat was gemacht?
Wie hat sich das gezeigt?
…

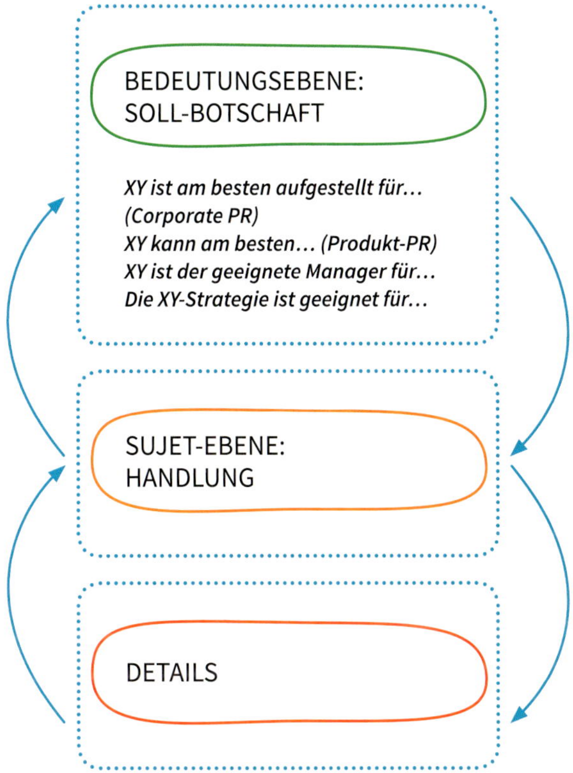

Wie passt das zusammen?
Wie ist das Geschäft gelaufen?
…

Wer war dabei?
Waren noch andere beteiligt?
Was zeichnet diese Personen aus?
Wie sah es vor Ort aus?
Was wurde genau gesagt?
Wie fühlte sich das vorher und nachher an?
Was war besonders an der Situation?
Was ist drumherum passiert?
…

TOOL 55 ERZÄHLPATTERNS

Leitfrage

Wie soll die Folge der Ereignisse aufgebaut sein, um die Botschaft zu transportieren?

Zielsetzungen

- Das Storymaterial strukturieren
- An bekannte Erzählmuster anschließen und so die Rezeption erleichtern

Umsetzung

Der Sujetaufbau in Erzählungen folgt in der Regel Erzählmustern, die kulturell verankert sind. Die Benutzung solcher Patterns erleichtert die Strukturierung des Storymaterials und insbesondere auch die Rezeption – und somit das Verständnis, die Aneignung der Botschaft und deren emotionale Aufladung.

Gängige Erzählpatterns sind beispielsweise:

- Generationensaga (z. B. »Buddenbrooks«, »Drei Schwäne«)
- Entwicklung der Persönlichkeit (Entwicklungsroman)
- Unerwartetes Comeback (»Rocky«)
- Schrittweise Aufdeckung (Kriminalroman)
- Heldenreise (Bewältigung von Aufgaben wie in Märchen/Sagen, vgl. Tool 56)
- Against all Odds (Verbotene Liebe, Erfolg trotz Krankheit)
- From Rage to Races (Tellerwäscher-Karrieren)
- Schicksal (Arztroman)
- Verlust und Neuanfang (z. B. Verlassen der Heimat)
- Aufstieg und Niedergang
- etc.

Im Detail liegen hinter den Sujetstrukturen logische Patterns, wie z. B. Kontrast und Auflösung sowie Raummuster (z. B. Ortswechsel).

So arbeiten Storyteller im Unternehmen mit den Erzählpatterns:

1. Das Storymaterial wird auf vorhandene Patterns untersucht.
2. Die Story wird versuchsweise mit möglichen Patterns und logischen Strukturen erzählt.
3. Die alternativen Storyentwürfe werden bewertet: Transportieren sie die Botschaft? Sind sie attraktiv für die Stakeholder? Bringen Sie Risiken, z. B. negative Nebenbedeutungen, mit sich?
4. Die Story wird in der Struktur ausgebaut, z. B. durch Veränderung der Ereignisfolge, durch Frames und Verbindungen, durch Ergänzungen, durch Details.

ZIRKULÄRES MUSTER

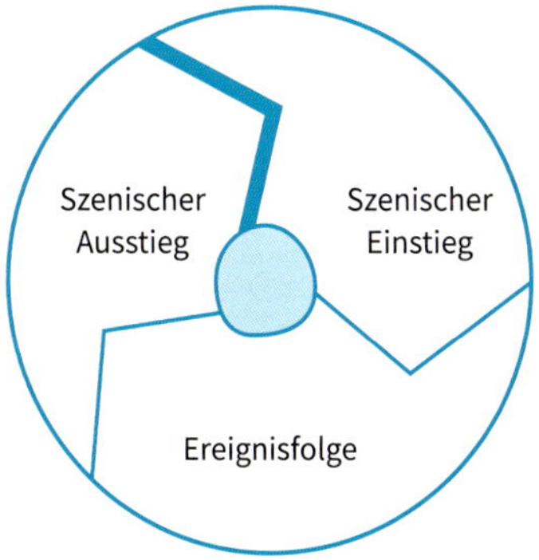

ERFOLGSGESCHICHTE (EX POST)

LIVE-BERICHT

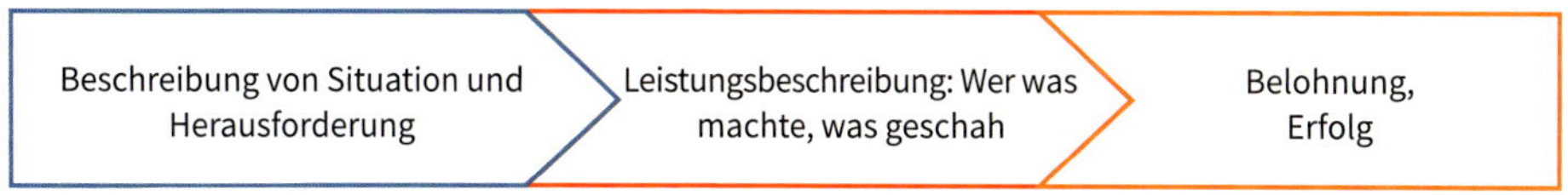

ORTSWECHSEL

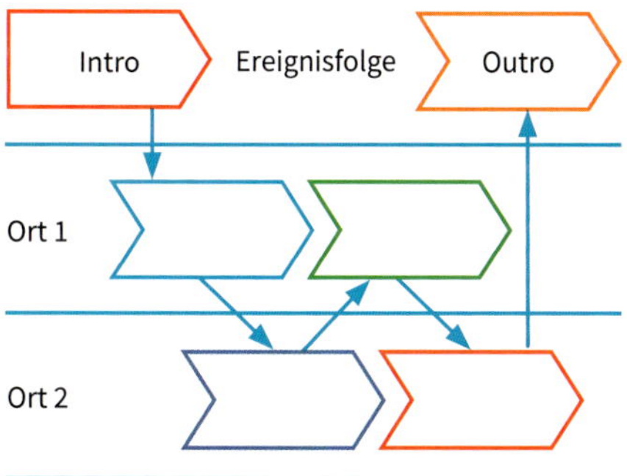

PYRAMIDE

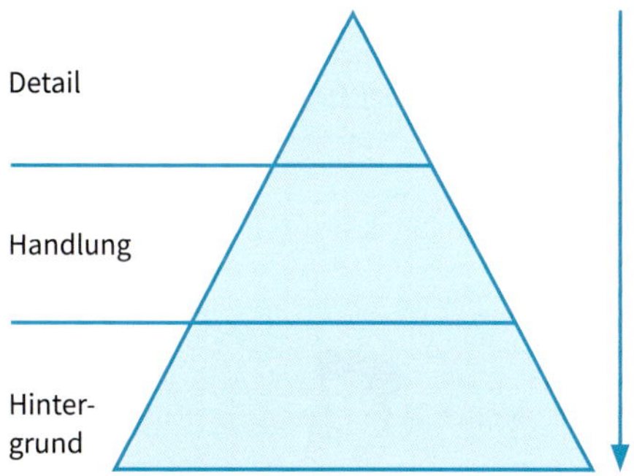

KONTRAST UND LÖSUNG

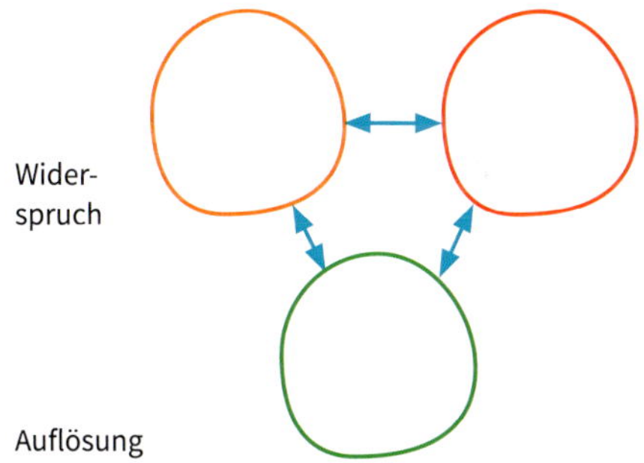

TOOL 56 ERZÄHLPATTERN HELDENREISE

Leitfrage

Wie soll die Folge der Ereignisse mit dem Helden im Mittelpunkt aufgebaut sein?

Zielsetzungen

- Das Storymaterial strukturieren
- An bekannte Erzählmuster anschließen und so die Rezeption erleichtern
- Für anspruchsvolle Ziele motivieren/emotionalisieren

Umsetzung

Die Heldenreise ist ein Erzählmuster, das für die Verwendung in der Unternehmens- und Marketingkommunikation gut geeignet ist:

- Es schließt an bekannte, in vielen Kulturen gut verankerte Erzählmuster des Mythos an und ist damit relativ leicht zu erzeugen und gut dekodierbar.
- Es ist dramaturgisch abwechslungsreich/spannend und kann dadurch Emotionen aktivieren.
- Es stellt das Individuum in den Mittelpunkt. Das entspricht oft den Darstellungsinteressen von Unternehmen, die das Handeln von Management, Mitarbeitern oder Kunden legitimieren oder verändern wollen.

Das Tool gibt die wesentlichen Stationen der Heldenreise und die typischen Motivstrukturen dieser Stationen vor und erleichtert so den Transfer des mythologischen Patterns auf das eigene Storymaterial:

1. Das Storymaterial wird auf vorhandene Patterns untersucht, die sich für eine Heldenreise eignen.
2. Die Story wird versuchsweise in mehreren Varianten – wie unterschiedliche Helden, unterschiedlicher Sujetaufbau, unterschiedliche Raumstruktur etc. – erzählt.
3. Die alternativen Storyentwürfe werden bewertet: Transportieren sie die Botschaft? Sind sie attraktiv für die Stakeholder? Bringen Sie Risiken, z. B. negative Nebenbedeutungen mit sich?
4. Die Story wird in der Struktur der Heldenreise ausgebaut, z. B. durch Veränderung der Ereignisfolge, durch Frames und Verbindungen, durch Ergänzungen, durch Details.

Theorie: Die Heldenreise

Laut Joseph Campbell (vgl. Campbell/Moyers 1994) ist die Heldenreise (Quest) das Grundmuster von Mythologien. Dieser archetypischen Grundstruktur, die durch typische Figuren und Ereignisfolgen mit einem Helden im Mittelpunkt gekennzeichnet ist, folgen die Mythen in vielen Kulturen, heutzutage aber auch Romane und insbesondere Filme.

Das Konzept der Heldenreise schließt an die Untersuchungen der russischen Strukturalisten, insbesondere an Propps »Morphologie des Märchens« (1928), an. Insofern ist die Theorie der Heldenreise mit dem Helden als Zentralfigur und der typischen Raumstruktur kompatibel mit der Struktur literarischer Texte, wie sie Lotman herausgearbeitet hat (vgl. Tool 53).

Die Stationen der Heldenreise

STATION	MOTIVE DES MYTHOS	STORY REALISIERUNG VARIANTE A	STORY REALISIERUNG VARIANTE B	STORY REALISIERUNG VARIANTE C
BERUFUNG	Erfahrung eines Mangels/Erscheinen der Aufgabe Held zögert, die Aufgabe anzunehmen Übernatürliche Hilfe durch Mentoren	***Tiere werden vom Hof verjagt***	...	...
ÜBERSCHREITEN DER ERSTEN SCHWELLE	Überwindung des Zögerns und Start der Reise Herausforderungen drohen Helden zu überwältigen Ausmaß der Aufgabe wird bewusst			
WEG DER PRÜFUNGEN	Auftreten von Problemen (Aufgaben, innere Widerstände, Illusionen) Begegnung mit der Göttin/der Frau als Versucherin Versöhnung mit dem Erbe der Vorfahren Apotheose (Bewusstwerdung »göttlicher Kraft«)			
ENDGÜLTIGE SEGNUNG	Raub/Empfang eines Schatzes/Elixiers, z. B. • Symbol innerer Erfahrung • Erreichen eines magischen Ortes			
DIE MAGISCHE FLUCHT	Held zögert, in den Alltag zurückzukehren Flucht vor Bedrohungen Tat des Helden auf dem Hinweg wird zur Rettung			
RÜCKKEHR	Rückkehr in die Alltagswelt Unglaube und Unverständnis der Zurückgebliebenen Integration der Erfahrung in das Alltagsleben: Neue Möglichkeiten!			

2.4 Maßnahmen

Die Entwicklung des Maßnahmenportfolios und die Ausgestaltung der Maßnahmen orientieren sich an der Strategie, insbesondere an den strategischen Hebeln: Dort ist der Korridor für die Auswahl und das Zusammenspiel der Aktivitäten in der Stakeholder Journey ausgelegt, oftmals sind auch bereits die Schlüsselmaßnahmen benannt.

Das Medienportfolio orientiert sich stark an den Erwartungen und Mediennutzungsgewohnheiten der Stakeholder, zusätzlich werden hier psychologische und kommunikationswissenschaftliche Kriterien, wie z. B. die Media Richness, herangezogen – denn die Kommunikationssituation und der Inhalt haben wesentlichen Einfluss auf die Wahl des Mediums.

Bei der Entwicklung und Beschreibung der Aktivitäten kommt es auf Anschaulichkeit und Verbindlichkeit an. Hier haben sich Standardformate wie z. B. Steckbriefe bewährt. Mockups, Layouts, Veranstaltungspläne und Fotos verleihen den Beschreibungen Anschaulichkeit. Darüber hinaus finden handwerkliche und werbefachliche Standardformate Anwendung, dies ist besonders für das Briefing von produzierenden Dienstleistern (wie z. B. Kamerateams oder Agenturen in anderen Ländern) wichtig und sichert die Effizienz.

Stehen die wesentlichen Maßnahmen und damit die Touchpoints fest, müssen die Aktivitäten zu einer lückenlosen Stakeholder Journey verbunden werden. Dafür gibt es verschiedene Modelle, vom klassischen Brand Funnel über das Inbound Marketing bis zum Loyalty Loop, der stark auf die Empfehlungsbereitschaft (Advocacy) in den sozialen Medien abhebt.

Die Realisierbarkeit des Maßnahmenprogramms braucht schließlich eine transparente Budgetierung, den Maßnahmenplan als Kalender und den Einsatz von klassischen Planungstechniken – am besten der Netzplantechnik und von Planungs-Software – für die effiziente und termingerechte Implementierung.

TOOL 57 MEDIENPORTFOLIO SYSTEMATISCH

Leitfrage

Welche Medien stehen zur Ansprache der Stakeholder zur Verfügung?

Zielsetzung

- Überblick gewinnen über die verfügbaren Channels und Applications – Plattformen und Anwendungen – im Kommunikationsfeld
- Die verfügbaren Channels und Applications nach Einsatzbereichen systematisieren
- Die Auswahl der Channels und Applications für die Kommunikationsaufgabe vorbereiten

Umsetzung

Die Zahl der verfügbaren Plattformen und Medien nimmt insbesondere durch die Social Media und neuartige digitale Geschäftsmodelle kontinuierlich zu. Als Startpunkt für die Konfiguration des Medienportfolios kann auf systematisierte Darstellungen der verfügbaren Medien zurückgegriffen werden, z. B. auf Medienportfolios in Baumstruktur, die einen systematischen Überblick über Channels und Applications top-down nach Einsatzfeldern geben, oder auch auf das Social Media Prisma (vgl. Theorie).

So arbeitet man mit systematisierten Medienportfolios:

1. Ggf. werden aktuelle Medien zusätzlich in die bestehende Struktur eingebracht.
2. Entsprechend den Zielsetzungen und strategischen Hebeln der geplanten Kampagne werden Äste/Felder des Medienportfolios näher betrachtet.
3. Es wird eine Vorauswahl an Medien zur möglichen Verwendung getroffen.

Conversation-Prisma 5.0

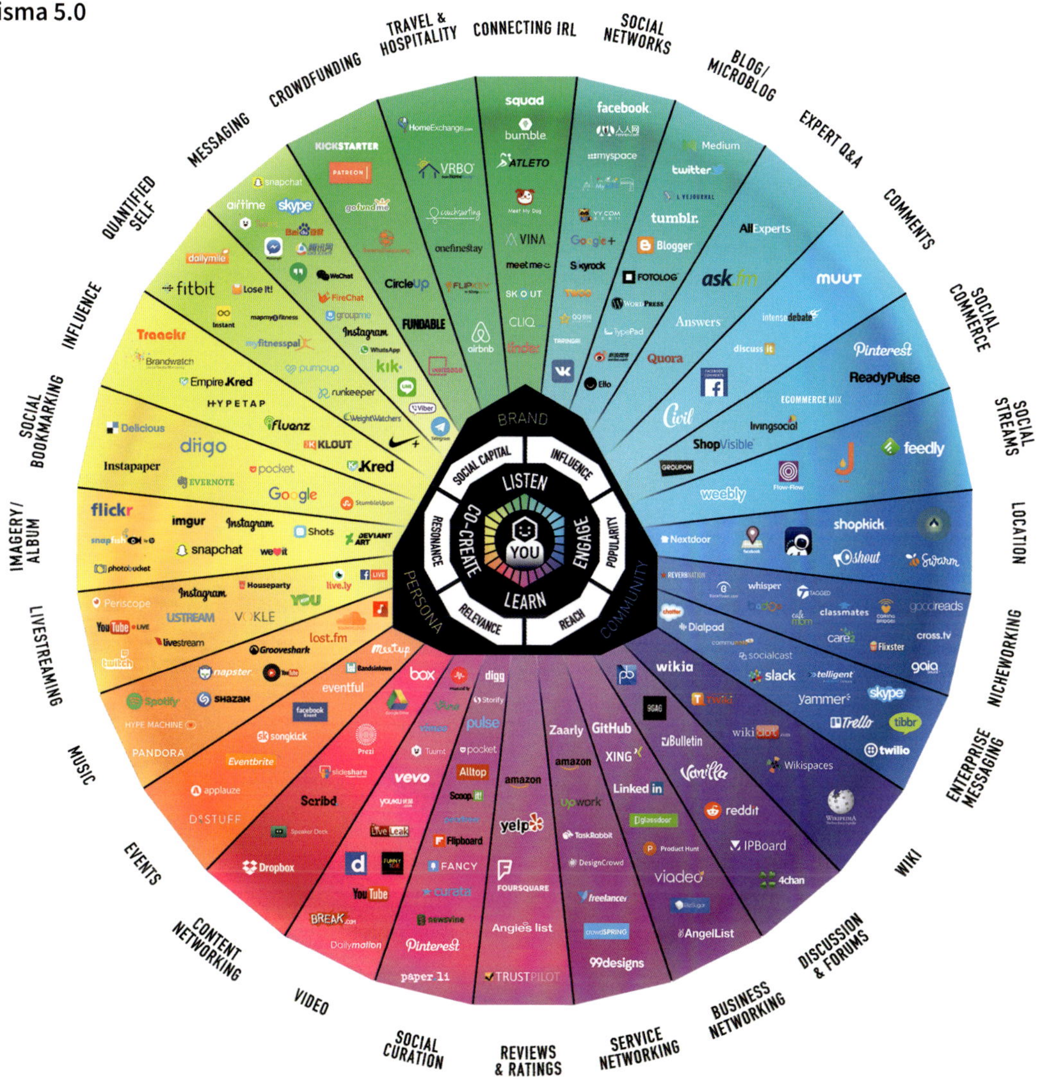

(Solis/JESS3 2019)

Theorie: Social Media Prisma

Das Conversation-Prisma zeigt systematisch und anschaulich die Vielfalt von Social Media und Plattformen für die digitale Kommunikation auf einen Blick. Im Zentrum des Prismas sind die Wirkdimensionen von Social Media dargestellt:

- Die Stakeholder
- Die Einsatzfelder entsprechend den Groundswell-Stufen von Li und Bernoff (vgl. Tool 59): Lernen, Zuhören, Mitmachen und Ko-Kreation
- Die direkten und mittelbaren Wirkungen: Reichweite, Relevanz, Resonanz, Wirkung in sozialen Medien, Einfluss, Popularität
- Der Outcome in den Bereichen Brand, Stakeholder und Community-Building
- Die Kategorien von Social Media

Das Conversation-Prisma gibt Brian Solis gemeinsam mit der Agentur JESS3 seit 2008 regelmäßig heraus, 2018 ist die fünfte Edition erschienen (Solis/JESS3 2019). Es ist auch eine vereinfachte deutsche Version verfügbar, in der die deutschen Plattformen wie z. B. *XING* und *kununu* ergänzt sind (vgl. ethority 2019).

Der Vergleich zwischen den Editionen in den letzten zehn Jahren gibt Aufschlüsse über Entwicklungen und Trends der digitalen Kommunikation.

Medienportfolio Online-Marketing

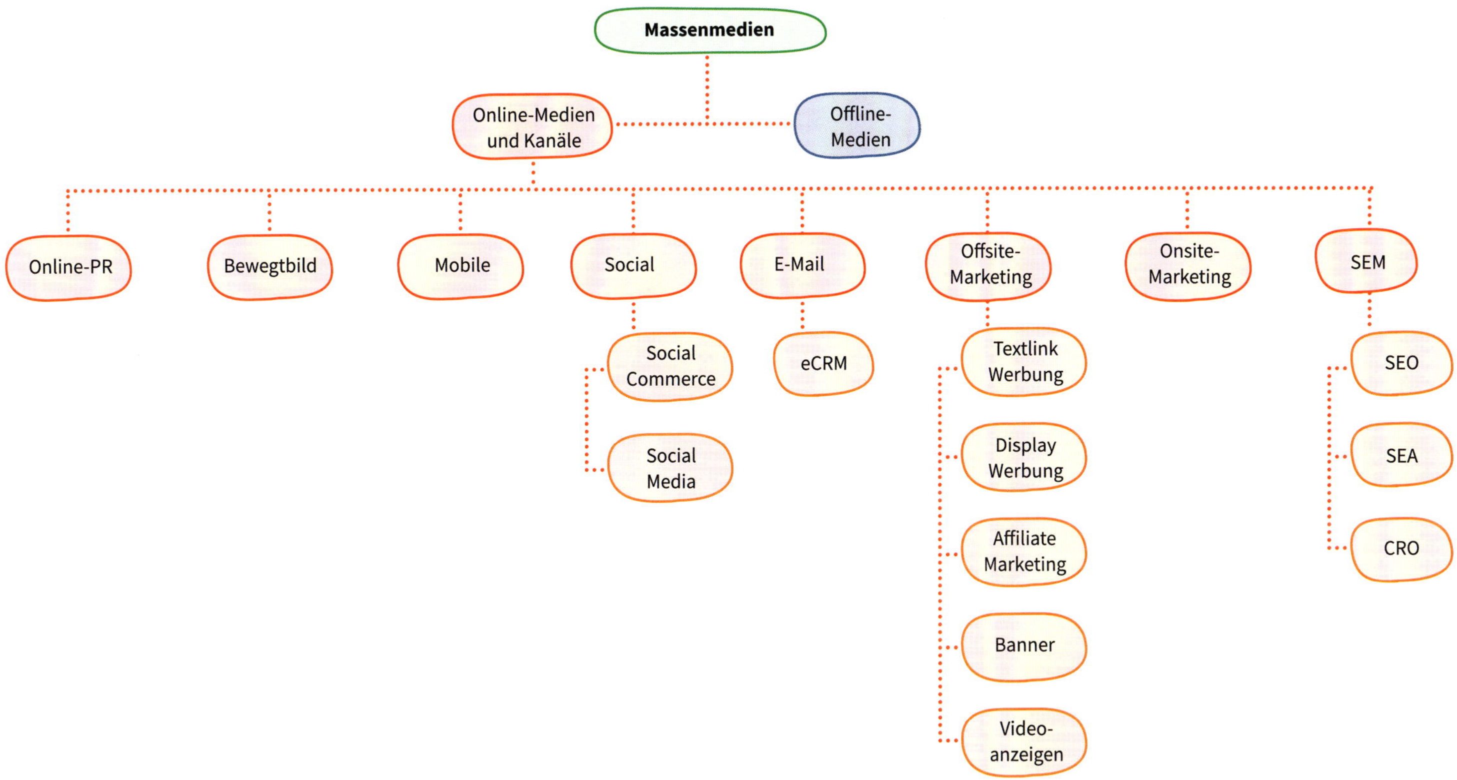

(Tams o. J.)

TOOL 58 MASSNAHMEN IST/SOLL: POSITIONIERUNGSKREUZ

Leitfrage

Welche Medien setzen wir ein, um die Kommunikationsziele zu erreichen?

Zielsetzungen

- Das Medienportfolio auf die Zielsetzungen der Kommunikation ausrichten
- Redundanzen und Lücken im Medienportfolio erkennen
- Die Medien des Medienportfolios entsprechend den Zielsetzungen der Kommunikation entwickeln

Umsetzung

Das Tool ist ein einfaches Positionierungskreuz, ähnlich wie im Brand Management eingesetzt (vgl. Tool 28). Die Bewertungsdimensionen auf den beiden Achsen werden entsprechend den Zielsetzungen der Kommunikation als Gegensatzpaare vergeben.

Klumpenbildung in den Feldern des Positionierungskreuzes zeigt Redundanzen im IST-Medienportfolio an. Dies ist ein Hinweis darauf, dass aktuell mehrere Medien mit ähnlichen Funktionen eingesetzt werden – dann können einige der Medien künftig (SOLL) abgeschafft werden, oder Medien werden in eine andere Funktionalität weiterentwickelt. Pfeile zeigen den Entwicklungspfad von Medien (IST → SOLL) an.

So arbeitet man mit dem Tool:

1. Das Positionierungskreuz wird in zwei Dimensionen mit Bewertungspaaren entsprechend den wichtigsten Zielsetzungen der Kommunikation aufgespannt.
2. Die IST-Medien werden auf Karten/Stattys geschrieben und im Positionierungskreuz entsprechend ihrer aktuellen Funktion verortet.
3. Klumpenbildungen und Lücken im Medienportfolio werden erkannt und analysiert.
4. Das Medienportfolio wird bereinigt und ergänzt.
5. Entsprechend den Anforderungen eines ausgeglichenen Portfolios werden einige der IST-Medien in eine andere Funktionalität (Positionierung im Portfolio) entwickelt.

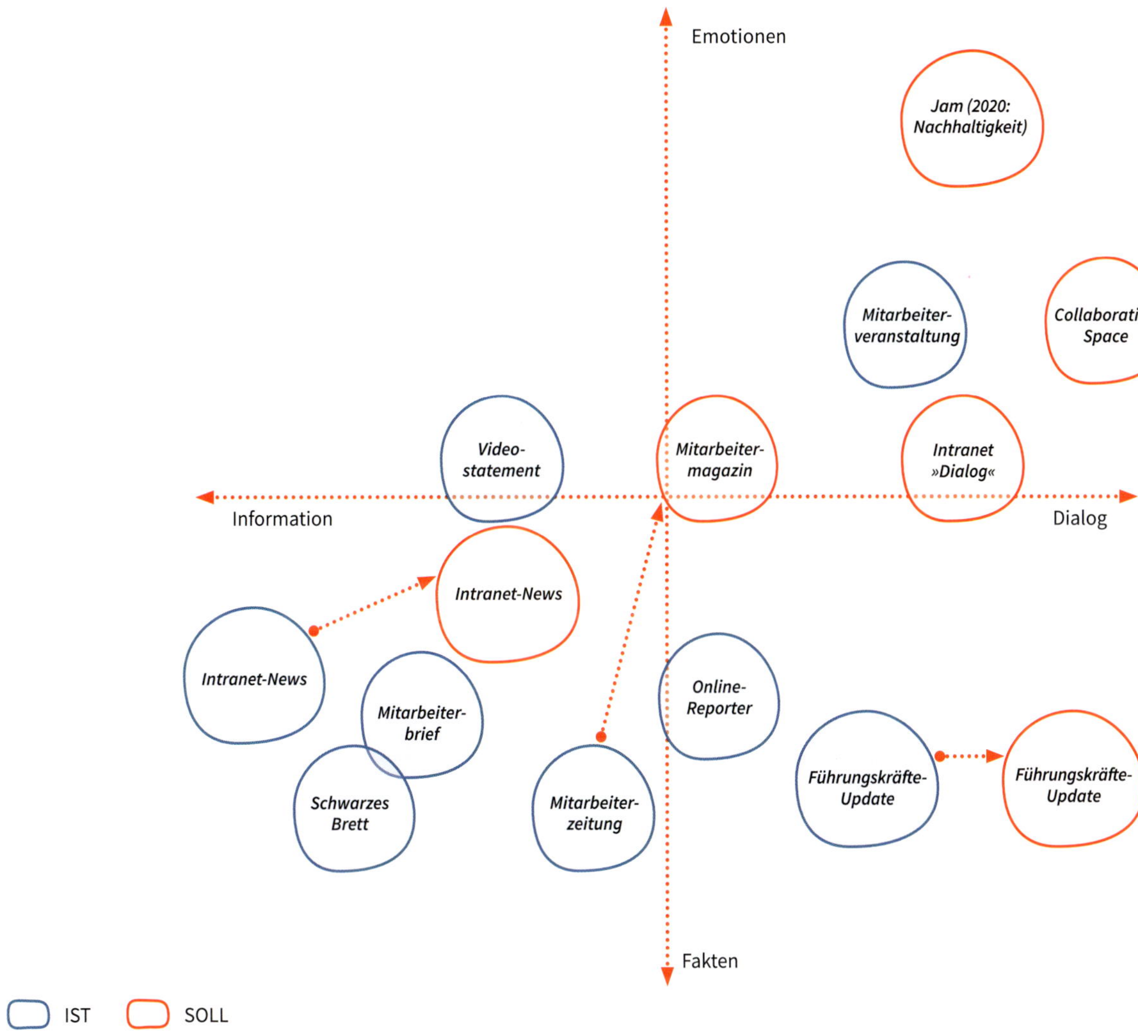
Emotionen
Jam (2020: Nachhaltigkeit)
Mitarbeiter-veranstaltung
Collaboration Space
Video-statement
Mitarbeiter-magazin
Intranet »Dialog«
Information
Dialog
Intranet-News
Intranet-News
Mitarbeiter-brief
Online-Reporter
Schwarzes Brett
Mitarbeiter-zeitung
Führungskräfte-Update
Führungskräfte-Update
Fakten
IST
SOLL

TOOL 59 MEDIENPORTFOLIO IST/SOLL: GROUNDSWELL-STUFEN

Leitfrage

Welche Medien setzen wir für welche Kommunikationsziele ein?

Zielsetzungen

- Das Medienportfolio entsprechend den Leistungscharakteristiken der Medien optimieren
- Redundanzen und Lücken im Medienportfolio erkennen
- Die Medien des Medienportfolios entsprechend den Zielsetzungen der Kommunikation entwickeln

Umsetzung

Dieses Portfolio-Tool verbindet drei Bewertungskriterien:

- den Grad der Interaktivität (Dialog)
- die Media Richness des Mediums (vgl. Tool 19)
- die Funktionen von (sozialen) Medien entsprechend den Groundswell-Stufen von Li und Bernoff (2008).

Die drei Bewertungskriterien sind gleichgerichtet, d. h., höhere Bewertungen in einem Kriterium führen tendenziell auch zu höheren Bewertungen in den anderen Dimensionen.

Klumpenbildung zeigt Redundanzen im IST-Medienportfolio an. Dies ist ein Hinweis darauf, dass hier mehrere Medien mit ähnlichen Eigenschaften/Funktionen eingesetzt werden – dann können einige der Medien künftig (SOLL) abgeschafft werden, oder Medien werden in eine andere Funktionalität weiterentwickelt. Pfeile zeigen den Entwicklungspfad von Medien (IST → SOLL) an.

So arbeitet man mit dem Tool:

1. Die IST-Medien werden auf Karten/Stattys geschrieben und in dem Positionierungskreuz entsprechend ihren aktuellen Eigenschaften/ihrer Funktionalität verortet.
2. Klumpenbildungen und Lücken im Medienportfolio werden analysiert.
3. Das Medienportfolio wird bereinigt und ergänzt.
4. Entsprechend den Anforderungen eines ausgeglichenen Portfolios werden einige der IST-Medien in eine andere Funktionalität entwickelt.

Theorie: Groundswell

Nach Li und Bernoff (2008, S. 77ff.) können Unternehmen durch die Nutzung des Web 2.0 (Social Media) folgende Ziele verfolgen, die aufeinander aufbauen:

- **Listening.** Informationsgewinnung für Forschung & Entwicklung und Marketing
- **Talking.** Verbreitung von Botschaften
- **Energizing.** Identifikation von enthusiastischen Usern/Kunden und Nutzung von Empfehlungsbereitschaft (Word of Mouth)
- **Supporting.** Enabling von wechselseitigen Hilfestellungen und Wissensaustausch der User/Kunden, z. B. in User-Foren
- **Embracing.** Integration von Usern/Kunden in die Optimierung von Prozessen bis hin zur Teilnahme an der (Produkt-)Entwicklung (Ko-Kreation).

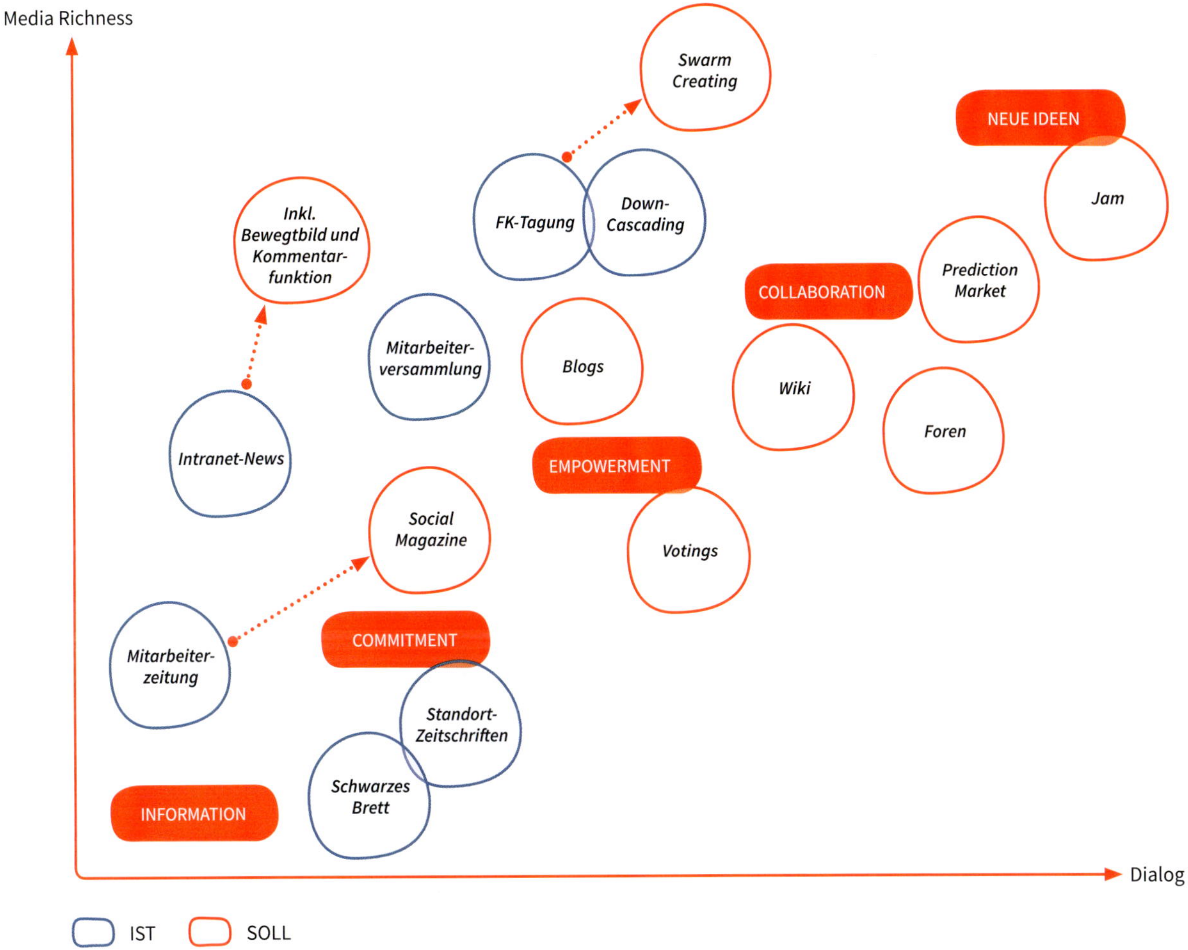
Media Richness
Swarm Creating
NEUE IDEEN
Jam
Inkl. Bewegtbild und Kommentar-funktion
FK-Tagung
Down-Cascading
COLLABORATION
Prediction Market
Mitarbeiter-versammlung
Blogs
Wiki
Foren
Intranet-News
EMPOWERMENT
Social Magazine
Votings
Mitarbeiter-zeitung
COMMITMENT
Standort-Zeitschriften
Schwarzes Brett
INFORMATION
Dialog
IST
SOLL

TOOL 60 CONTENT-MARKETING-MODELL

Leitfrage

Über welche Kanäle spielen wir den Content aus?

Zielsetzungen

- Das Portfolio der genutzten Kanäle und Medien in der Kampagne managen
- Den Content entsprechend den Eigenschaften der genutzten Plattformen und Instrumente optimal auf die Kanäle verteilen
- Den Content spezifisch für die Kanäle aufbereiten

Umsetzung

Das Content-Marketing-Modell von Lange (2014) basiert auf dem PESO-Modell (vgl. Tool 17) und differenziert vier Grundtypen von Content. Die vier Content-Typen unterscheiden sich im Grad der Kontrolle, die das Unternehmen ausüben kann, sowie in Reichweite und Glaubwürdigkeit des Absenders:

- **Owned Content.** Inhalte auf Kanälen, die das Unternehmen selbst besitzt und kontrolliert
- **Paid Content.** Inhalte, die Kanäle gegen Bezahlung platzieren
- **Earned Content.** Auslösen redaktioneller Berichterstattung durch Relevanz
- **Social Content.** Inhalte, die User in Social Media unterstützen

Zwischen den Grundtypen von Content verortet das Modell vier Mischformen:

- **Fan-Dialog.** Interaktion zwischen Unternehmen und Stakeholdern
- **Native Advertising.** Redaktionelle Inhalte bezahlt platzieren
- **Advocacy.** Stakeholder unterstützen die Botschaft des Unternehmens
- **Promoted Content.** Reichweite von redaktionellen Inhalten über bezahlte Platzierungen erhöhen

So arbeitet man mit dem Modell:

1. Alle Kanäle, die zur Auswahl stehen, werden in das Modell eingetragen.
2. Das Portfolio der Kanäle, das in der Kommunikationskampagne genutzt werden soll, wird definiert.
3. Die Inhalte werden kanalspezifisch aufbereitet.
4. Die Inhalte werden über die Kanäle verteilt.

KEINE KONTROLLE ÜBER INHALTE

»NIMMT MAN TEIL«
ÖFFENTLICHE DEBATTE

Wo: Öffentliche Plattformen (inkl. Facebook & Co.) sowie private (Hobby-)Blogs
Mit wem: Thematisch Betroffene & Zaungäste
Womit: Postings, Kommentare, Forenbeiträge
Eigene Rolle: Gast oder Teilnehmer

»BINDET MAN ANDERE EIN«
COMMUNITY MANAGEMENT

Wo: Eigene Profile auf Facebook, Twitter, YouTube & Co., aber auch eigene Events
Mit wem: Fans, Follower & Interessenten
Womit: Redaktionell und Marke
Eigene Rolle: Experte / Moderator

»GEHÖRT EINEM«
CORPORATE PUBLISHING UND MARKETING

Wo: Blog, Webseite, Newsroom, Microsites, Shop; aber auch alles offline inkl. Events, Print, Telefon
Für wen: Alle Zielgruppen und Stakeholder
Womit: Jede Form von Texten und Medien
Eigene Rolle: »Gastgeber«, Publisher, Experte

VOLLE KONTROLLE ÜBER INHALTE

GERINGERE REICHWEITE

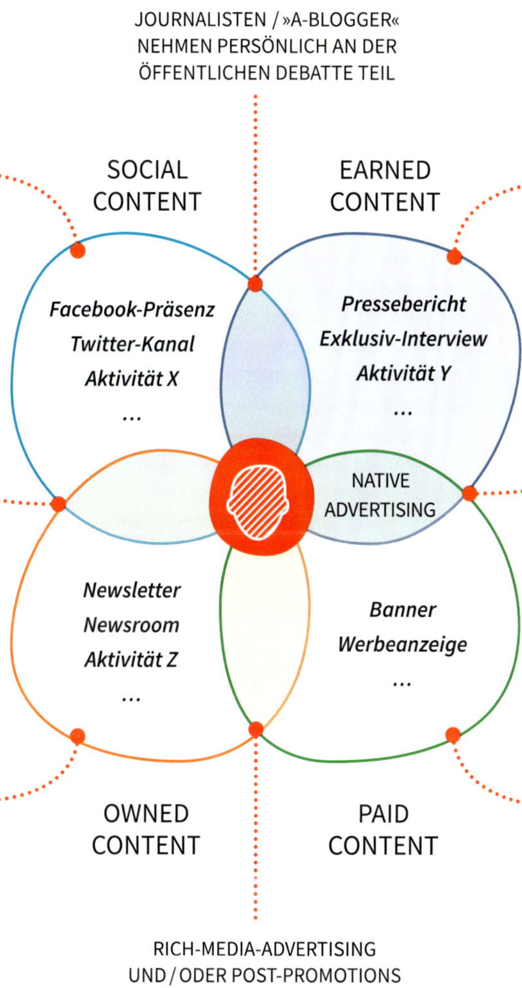

HÖHERE AKZEPTANZ

»MUSS MAN SICH VERDIENEN«
REDAKTIONELLE PR

Wo: Klassische und Online-Medien, Blogs
Mit wem: Journalisten, Top-Blogger
Womit: Seeding, Themenmanagement, Text-platzierungen, Interviews, ...
Eigene Rolle: Experten/Kompetenzträger

»WIRD VON ANDEREN VERTEILT«
MEDIEN-KOOPERATIONEN

Wo: Klassische und Online-Medien, Blogs
Für wen: Special Interest
Womit: Redaktionelle Beiträge, Gewinnspiele
Eigene Rolle: Sponsor

»BEZAHLT MAN FÜR«
WERBUNG

Wo: Klassische und Online-Medien, Blogs
Für wen: »Zielgruppen«
Womit: Banner, Display, bezahlte Unterstützung, ...
Eigene Rolle: Auftraggeber

GERINGERE AKZEPTANZ

HÖHERE REICHWEITE

(nach Lange 2014)

TOOL 61 IMPLEMENTIERUNGSSTUFEN

Leitfrage

Welche Medien werden mit Priorität realisiert?

Zielsetzungen

- Die begrenzten Ressourcen effizient einsetzen
- Bei der Implementierung der Maßnahmen Prioritäten setzen
- Die crossmediale Vernetzung der Kanäle in der Stakeholder Journey von Anfang an sicherstellen

Umsetzung

Die Ressourcen sind stets begrenzt. Es kann nicht alles auf einmal/von Anfang an realisiert werden. Daher werden auf Basis des Medienportfolios drei aufeinander aufbauende mediale Systeme entwickelt, die schrittweise immer ambitioniertere Ziele erfüllen:

- **Must have.** Mit diesem Szenario werden die minimalen Voraussetzungen für eine funktionierende vernetzte Kommunikation geschaffen. Grundlegende Kommunikationsziele wie *Information* und *Bekanntheit* werden adressiert.
- **Nice to have.** Aufbauend auf dem Must-have-Szenario werden weitere Kanäle und Maßnahmen implementiert. Damit können anspruchsvollere Zielsetzungen, wie z. B. die *Veränderung des Meinungsbildes* in der öffentlichen Arena, erreicht werden.
- **One step ahead.** Hier geht es darum, verstärkt sehr anspruchsvolle Ziele, wie z. B. das aktive *Engagement der Stakeholder*, über Kommunikation zu organisieren. Dazu ist es notwendig, die von Vergleichsunternehmen gesetzte Benchmark auch mit innovativen Maßnahmen zu überbieten (vgl. Tool 11).

So arbeitet man mit den Implementierungsstufen:

1. Die Maßnahmen des Medienportfolios werden auf Karten/Stattys geschrieben.
2. Es wird ein Minimalportfolio konfiguriert, das die wesentlichen Touchpoints der Stakeholder Journey bedient.
3. Darauf aufbauend werden schrittweise das Nice-to-have- und das One-step-ahead-Portfolio aufgebaut.
4. Es wird überprüft, ob alle Medienportfolios eine bruchlose Stakeholder Journey ermöglichen.

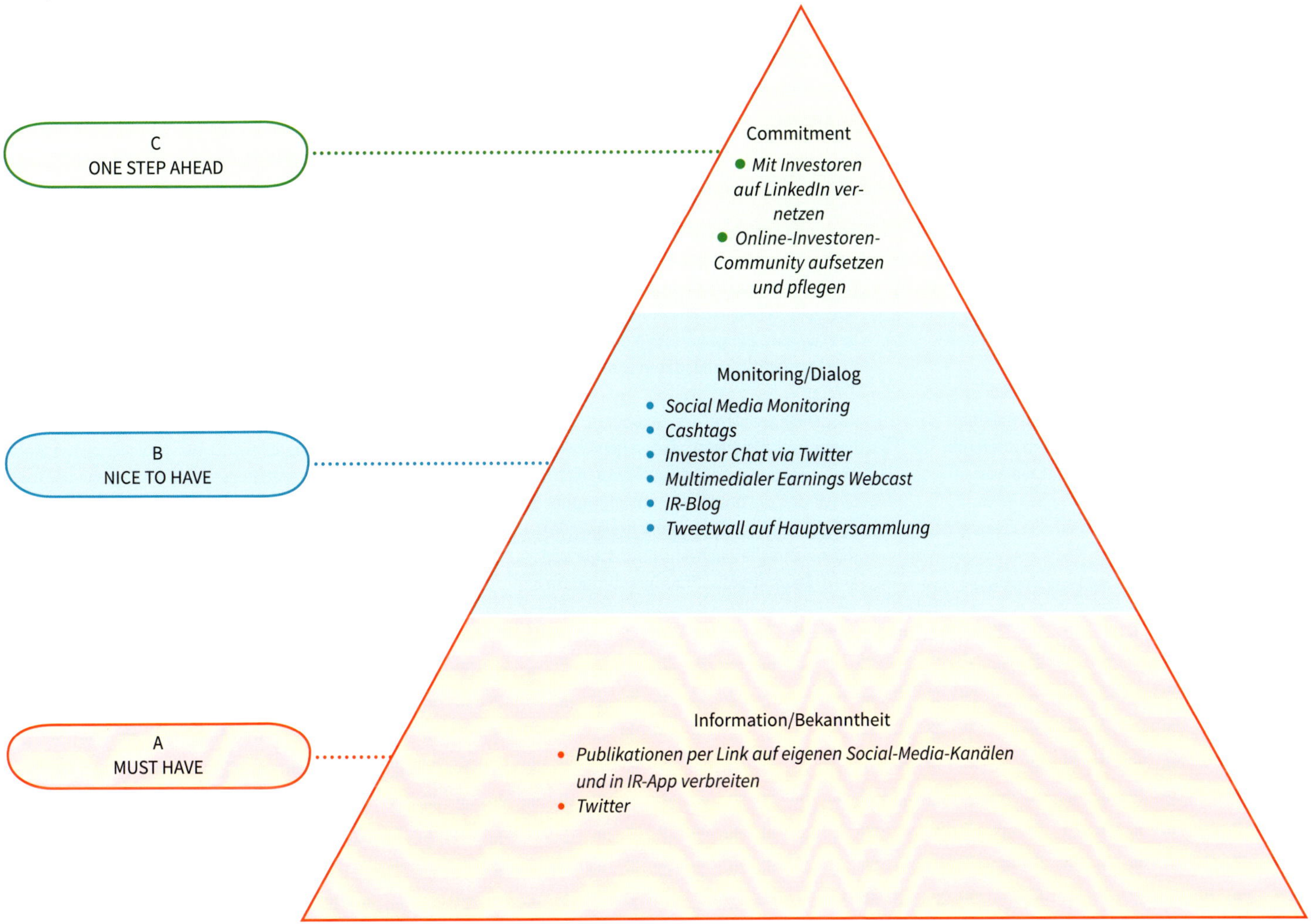
C
ONE STEP AHEAD
Commitment
Mit Investoren auf LinkedIn vernetzen
Online-Investoren-Community aufsetzen und pflegen
B
NICE TO HAVE
Monitoring/Dialog
Social Media Monitoring
Cashtags
Investor Chat via Twitter
Multimedialer Earnings Webcast
IR-Blog
Tweetwall auf Hauptversammlung
A
MUST HAVE
Information/Bekanntheit
Publikationen per Link auf eigenen Social-Media-Kanälen und in IR-App verbreiten
Twitter

TOOL 62 AUSWERTUNG REDAKTIONSPLÄNE

Leitfrage

Wann und wo kann das Unternehmen seine Inhalte in der Presse platzieren?

Zielsetzungen

- Effektives Issue Surfing, d. h., die Themen in den Medien aufgreifen
- Eigene Botschaften passend zur öffentlichen Agenda zuschneiden und in den Medien platzieren
- Skaleneffekte durch »serielle« Pressearbeit mit Mehrfachverwendung von Content realisieren

Umsetzung

Die Tabelle systematisiert das Matching von geplanten Themen und Formaten in den Medien mit eigenen Themen und Storyideen. Dies geschieht in folgenden Schritten:

1. Die Redaktionspläne von Wirtschafts-, Finanz-, Special-Interest- und Fachmedien (Print und Online) werden ausgewertet. Redaktionsschlüsse und Veröffentlichungsdaten werden tabellarisch erfasst.
2. Zusätzlich werden Themen über Blogs, Foren, RSS-Feeds usw. gescreent; diese Themen können in die meinungsbildende Presse »herüberschwappen«.
3. Es werden die unternehmensrelevanten Stichtage ausgewertet, zu denen Berichterstattung zum Thema X wahrscheinlich ist, wie z. B. der Welt-AIDS-Tag am 1. Dezember für Pharmaunternehmen.
4. Die eigenen Themen und Story-Ideen für die recherchierten Messaging Slots werden notiert.
5. Sich wiederholende Formate, wie z. B. Namensbeiträge und Gastkommentare in Tageszeitungen, werden markiert. Hier gibt es die Möglichkeit von Effizienzgewinnen durch gebündeltes Vorgehen.

Für das Matching von eigenen Themen und Themen auf der öffentlichen Agenda wird parallel in ähnlicher Form aufbereitet, wann welcher Content aus dem eigenen Unternehmen verfügbar sein wird, z. B. wann ein Produkt eingeführt werden soll. So kann das Matching von Unternehmensthemen und Messaging Slots (vgl. das JP|KOM Modell des Issue Managements, Tool 33) im zeitlichen Ablauf geplant werden.

MEDIUM	REDAKTIONS-SCHLUSS	ANZEIGENSCHLUSS	ERSCHEINUNGSTAG	SLOT	STORY/BOTSCHAFT	STATUS
Handelsblatt	*1.7.*	*15.7.*	*1.8.*	*Thema »Golden Agers«*	***Story*** *»Endlich wieder frei bewegen« (Gertrud und Claudius Silber)* ***Botschaft:*** *»Jetzt für barrierefreies Wohnen vorsorgen«*	*10.6. Namensartikel vereinbart*
Süddeutsche Zeitung	*3.7.*	…	…	…	…	…

2.1 Debriefing
2.2 Analyse
2.3 Strat. Planung
2.4 Maßnahmen
2.5 Controlling

TOOL 63 SITEMAP UND NOMENKLATUR DER RUBRIKEN

Leitfrage

Wie soll die Webseite strukturiert sein?

Zielsetzungen

- Die Struktur der Webseite entwerfen
- Eine transparente Nomenklatur der Rubriken entwickeln, die den Kategorien in den Köpfen der User entspricht
- Eine gute Usability der Webseite für die User sicherstellen

Umsetzung

Mit Mindmapping werden die Ebenen der Sitemap und die Nomenklatur der Rubriken Schritt für Schritt entwickelt:

1. Die Inhalte des Unternehmens sowie die geplanten Services werden auf Karten/Stattys gesammelt.
2. Die Inhalte und Services werden geclustert und hierarchisch (in Baumstruktur top-down) angeordnet.
3. Für die Inhalte und die Nomenklatur der ersten Navigationsebene (Top-Rubriken) geben die Synopse der Sitemaps von Wettbewerbern (Tool 13), die Informationsbedarfe der Stakeholder (Tool 2) sowie die Themen in der öffentlichen Arena (Tool 3) Orientierung.
4. Die Inhalte des Unternehmens gemäß Storyline und die Services werden den Top-Rubriken zugeordnet.

Bei der Clusterung der Inhalte und Benennung der Rubriken (Nomenklatur) geht es weniger um Originalität und Kreativität, sondern vor allem um gute Verständlichkeit für die Stakeholder. Deshalb sind möglichst konventionelle Rubrikentitel bzw. Navigationspunkte gemäß den Branchenstandards oder den Best-Practice-Webseiten zu bevorzugen (siehe Tool 64: Struktur der Webseite).

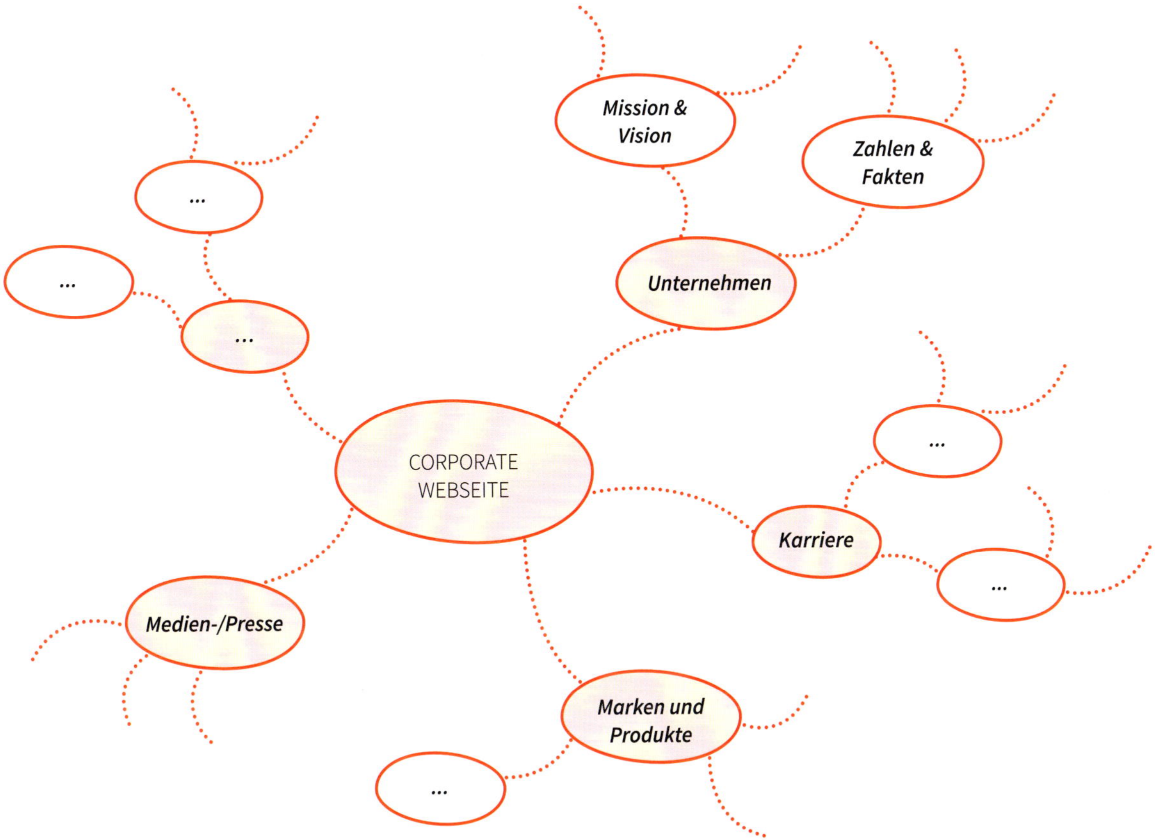
Mission & Vision
Zahlen & Fakten
Unternehmen
...
...
...
CORPORATE WEBSEITE
...
Karriere
...
Medien-/Presse
Marken und Produkte
...

TOOL 64 STRUKTUR DER WEBSEITE INKL. MESHING

Leitfrage

Wie kann der User möglichst lange auf der Webseite gehalten werden?

Zielsetzungen

- Die Struktur der Webseite entwerfen
- Querverlinkungen auf der Webseite setzen
- Die Auffindbarkeit in Suchmaschinen optimieren (SEO)
- Überflüssige Redundanzen vermeiden

Umsetzung

Die SOLL-Rubriken und die Seiteninhalte (vgl. Tool 63) sind der Ausgangspunkt für die Verlinkungen:

- Über das Issue Mapping (Tool 3) und die Netzwerk-Analyse (Tool 4) wird herausgearbeitet, welche Themen in der Wahrnehmung der Stakeholder/User zusammenhängen.
- Es wird festgelegt, welche Themen – ggf. in unterschiedlicher Tiefe – an mehreren Stellen der Webseite gespielt werden sollen.
- Die Verlinkungen zwischen den Rubriken und Unterrubriken der Webseite werden eingetragen.
- Auf dieser Grundlage wird festgelegt, welche Rubriken/Unterrubriken auf die relevanten Keywords optimiert werden sollen, damit sie bei Anfragen über Suchmaschinen zuerst gefunden werden (und Inhalte nicht unnötig doppelt aufbereitet werden).

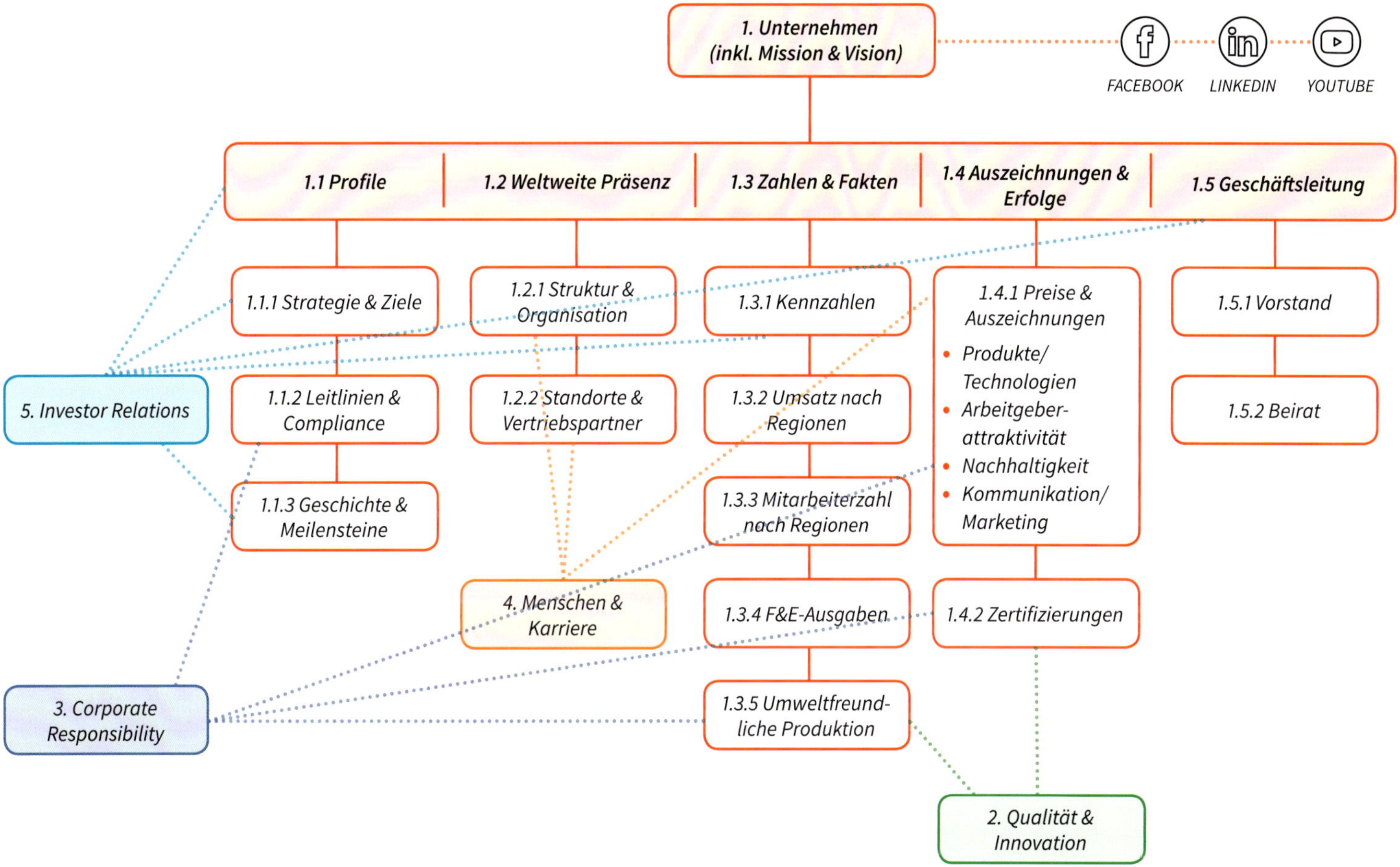

(Chaudhuri 2015)

TOOL 65 INHALTE VON REGIONALEN WEBSEITEN

Leitfrage

Wie werden die Inhalte der Storyline regional variiert?

Zielsetzungen

- Unternehmensübergreifende Kernbotschaften (One Voice Policy) weltweit kraftvoll ausspielen
- Gleichzeitig die Inhalte der Länder-Webseiten auf die Themen der Regionen fokussieren
- Kulturelle und geschäftsspezifische Besonderheiten beachten

Umsetzung

Das Tool definiert, welche Inhalte und Themen international, regional und in einzelnen Ländern übernommen werden und welche optional sind. Dies geschieht in folgenden Schritten:

1. Die SOLL-Inhaltskategorien werden entsprechend der Storyline/der Corporate Story in die Tabelle eingetragen.
2. Entsprechend der Storyline (vgl. Tool 32) werden die SOLL-Inhalte für die internationale/globale Webseite festgehalten.
3. Dann werden die SOLL-Inhalte (*Must* und *Optional*) für Webseiten mit regionalem (z. B. Asien) oder länderspezifischem (z. B. Türkei) Fokus und/oder für Geschäftsbereiche abgeleitet.
4. Die Inhalte der internationalen Webseite werden in Teilen übernommen, regional/lokal adaptiert oder um neue, nur regional/lokal relevante Themen ergänzt.

SECTION	INTERNATIONAL	REGIONAL		DIVISIONAL	
		Must	Optional	Must	Optional
Company	• *Profil & Strategie* • *Unternehmen weltweit* • *Facts & Figures* • *Awards & Achievements*	• *Kurzprofil Landesgesellschaft inkl. Facts & Figures* • *Lokale Standortübersicht*	*Lokale Awards*	• *Kurzprofil Geschäftsbereich inkl. Facts & Figures* • *Statement/ Begrüßung GF*	*Awards*
Brands/Products	*Übersicht/Backlinks Brands/Produkte*	*Übersicht/Backlinks Brands/Produkte*		*Übersicht/Backlinks Brands/Produkte*	
People & Careers	• *Informationen zum Arbeitgeber* • *Karriereschritte* • *Einstiegsmöglichkeiten* • *Bewerbungsplattform*	*Lokale Stellenanzeigen*	*Lokale Recruiting- und HR-Informationen*	*Stellenanzeigen des Geschäftsbereichs*	*Recruiting- und HR-Informationen*
Newsroom	• *News & Insights* • *Pressemitteilungen* • *Events*	*Übersicht/ Backlinks News*	*Übersicht/Backlinks Brands/Produkte*	*Übersicht/ Backlinks News*	*PMs/Events/ Medienecho*

TOOL 66 MASTER SITEMAP (TABELLARISCH)

Leitfrage

Welche Inhalte und Services bietet die Webseite?

Zielsetzungen

- Die Vermittlung der Botschaften gemäß der Storyline sicherstellen
- Die Servicequalität und Usability der Webseite optimieren
- Die Auffindbarkeit in Suchmaschinen planen
- Die Umsetzung der festgelegten Inhalte und Services briefen und überwachen (Projektmanagement)

Umsetzung

Grundlage für die Nutzung dieser Tabelle ist die Sitemap der Webseite (vgl. Tool 63). Davon ausgehend, erfolgen die Spezifikation der Inhalte/Services und der Aufbau von Projektstrukturen.

Die Befüllung findet in den folgenden drei Schritten statt:

1. Die Sitemap der Webseite wird mit allen Unterseiten in einer Tabelle festgehalten.
2. Für jede Unterseite werden die Kernbotschaften und Keywords, der Content in Stichworten, die eingebunden Applications und Features (z. B. Video, News-Feeder etc.), die Verlinkungen innerhalb der Seite und mit externen Präsenzen eingetragen.
3. Als erster Schritt für den Aufbau des Projektmanagements werden die Verantwortlichkeiten und die wesentlichen Arbeitsschritte vermerkt.

Das Tool kann als Briefing- und Abstimmungsunterlage wie auch als Reporting-Tool dienen – in diesem Fall wird es wöchentlich aktualisiert.

NAVIGATION	KERNBOTSCHAFT	INHALT	FEATURE/TOOL	SUCHBEGRIFFE	LINKS	QUELLE
1. Careers	• *Mehrfach ausgezeichneter Arbeitgeber* • …	• *Übersicht Employer Awards* • *Einstiegsmöglichkeiten (für Ausbildung/direkt nach Studium/mit Berufserfahrung)* • *News aus den Bereichen* Karriere *und* Diversity • …	• *Aktuelle Stellenanzeigen im Überblick* • …	• *Karriere bei ABC*	• *Link zu 1. Company* • …	• *Text von B. Beispiel (freigegeben, 27. August)*
1.1 Students	…	…	…	…	…	…
1.1.1 Internship	…	…	…	…	…	…
…	…	…	…	…	…	…

TOOL 67 ERLÄUTERUNGEN IN TEXT UND GESTALTUNG

Leitfrage

Wie wird die Strategie in Text und Gestaltung der Maßnahme umgesetzt?

Zielsetzungen

- Die kohärente Umsetzung der (Medien-)Strategie und des Kreativkonzepts in den Maßnahmen sicherstellen
- Die Gründe für die Vertextung und/oder Ausgestaltung der Maßnahme transparent machen
- Die Verbesserungen in Maßnahmen anschaulich machen und nachvollziehbar begründen
- Die Weiterentwicklung erleichtern

Umsetzung

Die Erläuterung von Content- und Gestaltungsdetails durch »Igel« im Text bzw. im Konzeptlayout stellt auf die Begründung von Veränderungen bzw. von spezifischen Lösungen ab. Dabei ist auf Folgendes zu achten:

1. Die Entwicklung der Maßnahme erfolgt im Abgleich mit den Ergebnissen des Benchmarkings (vgl. Tool 12) und der (Kreativ-)Strategie (vgl. Tools 39 und 48).
2. Die Erläuterungen nehmen die Inhalte und das Wording der (Kreativ-)Strategie auf. Dabei wird die Stakeholder-/User-Perspektive eingenommen.
3. Die Erläuterungen der Maßnahme in Prototypen können in interaktiven agilen Prozessen zum Ausgangspunkt der nächsten Implementierungsstufe werden (vgl. Tool 61).

Häuser sind in den Nationalfarben des Landes gestaltet, das sie repräsentieren

Call-to-Action: Direkte Ansprache des Lesers animiert diesen zur aktiven Teilnahme an der »Story«

Eine 180°-Ansicht ermöglicht dem Leser, sich nach links und rechts über den Marktplatz zu bewegen und einen Blick hinter die Fassaden zu werfen

Ein einleitender Text führt den Leser in die Thematik ein und räumt mit Klischees auf

TOOL 68 DREHBUCH UND STORYBOARD

Leitfrage

Wie kann Bewegtbild die Botschaft anschaulich und emotional transportieren?

Zielsetzungen

- Die Botschaften szenisch auflösen
- Inhaltliche und gestalterische Passgenauigkeit der Reportage/der Spielszenen zu den Markenbotschaften/zur Storyline gewährleisten
- Sicherstellen, dass alle notwendigen Einstellungen realisiert werden, sodass ein zweiter Dreh nicht notwendig wird
- Schnelle Orientierung für das Kamerateam beim Dreh bieten (Effizienz)
- Verbindliche Abstimmung leisten

Umsetzung

Bewegtbild wird immer wichtiger: Die Stakeholder vor allem in den Social Media erwarten, dass ihnen Videos und Vodcasts angeboten werden. Über Bewegtbild sind sie bereit, sich länger mit den Botschaften der Marke/des Unternehmens zu beschäftigen. Allerdings erwarten sie einen hohen handwerklichen Standard mindestens auf Regionalfernsehniveau, Kreativität und Unterhaltung, gleichzeitig aber auch Authentizität. Bevorzugt werden sujethaltige (vgl. Tool 53) Videos: Filme, die die Botschaft über eine – möglicherweise humorvolle, berührende, zum Nachdenken anregende – Geschichte erzählen.

Bei einem Vodcast mit einem Statement reicht es, eine gute Frage zu stellen und mit zwei Kameras für verschiedene Einstellungen und Ton die technische und gestalterische Qualität zu sichern. Für die Entwicklung von Stories in Bewegtbild und die Vorbereitung des Drehs braucht es jedoch ein Drehbuch und ggf. zusätzlich ein Storyboard: Hier wird die Abfolge der Szenen festgelegt, die wesentlichen Einstellungen mit Schwenks und Schnitten jeder Szene mit ungefährer Dauer (Timecode), Text aus dem Off und durch die Figuren, Geräusche, Musik und ggf. Schrifteinblendungen.

So werden Drehbuch und Storyboard entwickelt:

1. Die Botschaften der Storyline (vgl. Tool 32) und ggf. das Sujet der Story (vgl. Tool 53) werden in einzelne Szenen zerlegt – dies ist das Gerüst des Drehbuchs.
2. Die Szenen werden – zuerst im Drehbuch – ausgestaltet mit den wesentlichen Einstellungen inkl. Zooms, Schnittfolgen, Bewegung der Figuren und ihrem Text, Geräuschen und Musik.
3. Bei aufwendigeren Produktionen entsteht zusätzlich ein Storyboard: Die gesamte Strecke wird Szene für Szene in Einzelbildern dargestellt.
4. Beim Shooting notiert der Regisseur zusätzlich gedrehte Einstellungen und auch Auslassungen – ggf. mit kurzer Begründung.

Drehbuch »Spaziergang durchs Leben«

SZENE	ZEIT	BILD	SCHRIFT/GRAFIK/ANIMATION	SPRACHE	TON/DIVERSE
1	*00:00 – 00:15*	*Hauptperson (Patient) bewegt sich ins Bild Bild friert in der Bewegung ein → Standbild des Patienten.*	*Schrift fliegt rechts ein: Name Alter Wohnort [Icon Colostoma] Erkrankung*	*[Aus dem Off] Ich bin Konstantin, 45 Jahre alt und wohne in einem Vorort von Köln. Seit drei Jahren trage ich ein Colostoma infolge einer chronischen Darmerkrankung.*	*Musik, gefühlvoll, setzt ein. Musik wird leiser Musik blendet aus*
2	*00:16 – 00:25*	*[Totale] Bäume/Allee, sonniger Herbsttag [Schnitt, Zoom auf die Hauptperson] Hauptperson geht mit einem Hund spazieren. Bewegung auf die Kamera zu. Person geht rechts aus dem Bild [evtl. auch mit gegenläufigem Schwenk]*	*Person zieht das Motto (»Spaziergang durchs Leben«) als Schriftzug mit sich, während sie aus dem Bild geht.*	*[Aus dem Off] Begleiten Sie mich bei meinem Spaziergang durchs Leben.*	*Naturgeräusche, wie z. B. Vögel oder Blätterrauschen Naturgeräusche Ende*

Storyboard »Spaziergang durchs Leben«

TOOL 69 FOTO-/VIDEOBRIEFING

Leitfrage

Wie stellen wir sicher, dass die Bildwelt die (Marken-) Botschaften bzw. die Botschaften der Storyline transportiert?

Zielsetzungen

Sicherung der Qualität

- Sicherstellen, dass alle notwendigen Motive/Einstellungen mit den notwendigen Perspektiven und Ausschnitten in dem Shooting realisiert werden, sodass ein zweites Shooting nicht notwendig wird
- Inhaltliche und gestalterische Passgenauigkeit von Bildmotiven zu den Markenbotschaften/zur Storyline optimieren
- Schnelle Orientierung für Fotograf und Models beim Shooting (Effizienz) bieten

Umsetzung

Die Tabelle listet alle Locations und Motive/Einstellungen für das Shooting von Foto- oder Bewegtbildmaterial. Die wesentlichen Sujetmerkmale inkl. der Handlungen der Personen im Bild sind konkret beschrieben, teilweise auch in alternativen Einstellungen.

So erfolgt die Aufplanung des Shootings:

1. Die Botschaften der Storyline werden in mögliche Sujets/Bildfolgen übersetzt.
2. Die Sujets/Bildfolgen werden selektiert und in eine Reihenfolge gebracht, die sich an den Rahmenbedingungen bzw. der Logistik des Shootings orientiert. Dabei sollten möglichst Bündelungseffekte erzielt werden.
3. Die einzelnen Motive/Einstellungen werden detailliert beschrieben.
4. Beim Shooting notiert der Regisseur bzw. der Fotograf/Reporter zusätzlich fotografierte/gedrehte Motive/Einstellungen und auch Auslassungen – ggf. mit kurzer Begründung.

FOTOMOTIV	AKTEUR	KÖRPERHALTUNG/ AUSDRUCK	OUTFIT	SETTING
Beispielbetrieb	*Geschäftsführer A. Heinrich und Mitarbeiter*	*souverän, kooperativ*	*Hemd ohne Jacke*	*Im Steuerungsstand; laufende Produktion im Hintergrund*
Konstruktion	*Kunde*	*begeistert, interessiert, anerkennend*	*Anzug*	*Modell im Vordergrund, auf Augenhöhe* *Bildschirm mit 3D-Modell im Hintergrund*
…	…	…	…	…

TOOL 70 MEDIENFAMILIE: NAMING UND DESIGN

Leitfrage

Wie soll das Medium/die Medienfamilie gebrandet sein?

Zielsetzungen

- Eine Medienfamilie mit Wiedererkennungswert aufbauen
- Namen finden, die den Benefit für den Mediennutzer und die Funktionalität auf den ersten Blick erkennen lassen
- Die Funktionszuweisungen der Channels in einer Medienfamilie klar ausdifferenzieren
- Durch den Titel Lust zum Lesen/zur Nutzung machen

Umsetzung

Medienfamilien folgen dem Prinzip der Markendehnung (vgl. Theorie). Dabei wird eine vorhandene, bei den Stakeholdern gut etablierte Medienmarke ausgedehnt in eine oder mehrere der folgenden Dimensionen: regional, in andere Channels, in andere Themenfelder. Mögliche grafische Umsetzungen der Markendehnung sind die Variation von Farben und Formen des Ursprungslogos sowie Namenszusätze, die die Region, den Kanal und/oder das Themenfeld anzeigen.

Das Tool stellt die Titel der Medienfamilie systematisch, mit den Markendehnungen zentriert um die Haupt-/Ursprungsmarke, dar. Neben den Titeln (Variationen der Markennamen) stehen üblicherweise kurze Funktions- und Channel-Beschreibungen der einzelnen Medien in ihrem Verhältnis zur Medienfamilie.

So wird die Medienfamilie aufgebaut:

1. Bestehende Medienmarken werden auf ihre Verwendbarkeit für die Ausdehnung in eine Medienfamilie geprüft. Kriterien können dabei z. B. sein: Bekanntheit der Medienmarke, ihr Image, Markeninhalte und funktionale/emotionale Benefits der Marke (vgl. Tool 37: Balanced Brandcard) sowie die Syntax der Marke (Lässt sie eine Dehnung überhaupt zu?).
2. Der Markenname wird entsprechend in der geplanten Dimension der Markendehnung, z. B. regional, variiert.
3. Die Gestaltung wird entsprechend der Semantik und Syntax der Markendehnung variiert.
4. Die Struktur der Medienfamilie wird in einer Übersichtsgrafik mit Funktionszuweisungen dargestellt.

Theorie: Markendehnung

Die Markendehnung (Brand Extension) ist im Marketing eine Basisstrategie zur Markteinführung. Konsumenten organisieren markenbezogenes Wissen in Markenschemata, die typische Eigenschaften und feste Vorstellungen mit der Marke verbinden. Diese Denkschablonen macht sich die Markendehnung zunutze: Stimmen bei dem neu eingeführten Produkt die Reize mit dem Konzept des gelernten und präferierten Schemas überein, wird das neue Produkt »schemenadäquat« bearbeitet, das heißt, es werden Einstellungen und Images der Ursprungsmarke auf das neue Produkt übertragen (vgl. Esch/Wicke 2000, S. 47 f.; Caspar 2002, S. 246 f.):

- Die **Markenerweiterung** spart durch die Nutzung der Markenbekanntheit des ursprünglichen Produkts Kosten und Zeit. Dabei gilt: Je besser der »Fit« zwischen Erweiterungsprodukt und Mutterprodukt ist, desto höher ist die Akzeptanz (vgl. Kilian o. J. a).
- Bei der **Produktlinienerweiterung** (Line Extension) wird die bestehende Marke innerhalb der gleichen Produktkategorie auf ein neues Produkt transferiert (vgl. Kilian o. J. b).
- Die **Erweiterung auf neue geografische Märkte** kann nur gelingen, wenn die Zielgruppen Kenntnisse über die Marke bzw. das mit ihr verbundene Angebot besitzen.

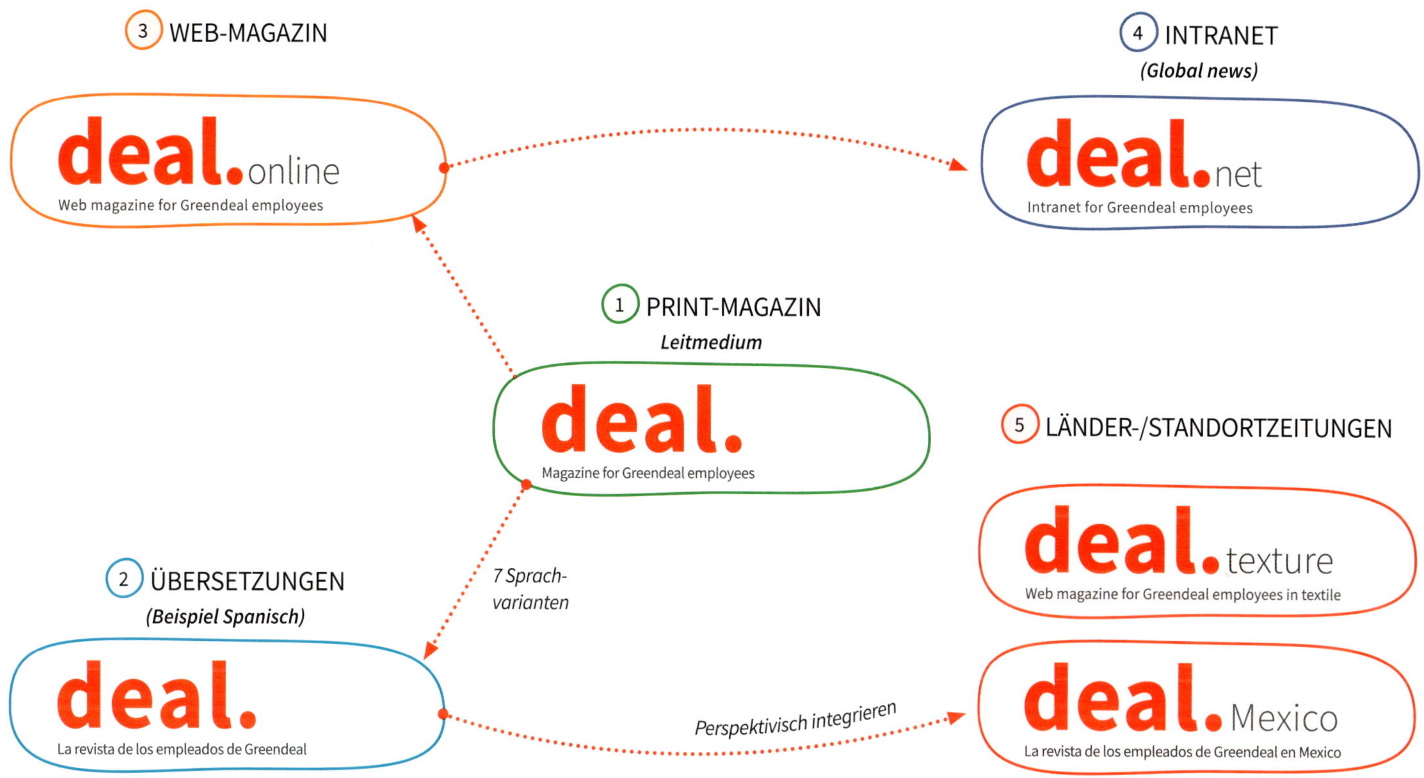
3 WEB-MAGAZIN
deal.online
Web magazine for Greendeal employees
4 INTRANET
(Global news)
deal.net
Intranet for Greendeal employees
1 PRINT-MAGAZIN
Leitmedium
deal.
Magazine for Greendeal employees
5 LÄNDER-/STANDORTZEITUNGEN
deal.texture
Web magazine for Greendeal employees in textile
2 ÜBERSETZUNGEN
(Beispiel Spanisch)
7 Sprach-
varianten
deal.
La revista de los empleados de Greendeal
Perspektivisch integrieren
deal.Mexico
La revista de los empleados de Greendeal en Mexico

TOOL 71 MASSNAHMENBESCHREIBUNG

Leitfrage

Was sind die wesentlichen Merkmale der Maßnahme und ihr Distributionsmechanismus?

Zielsetzungen

- Die Maßnahme klar und anschaulich beschreiben
- Die Zielorientierung der Maßnahme in Bezug auf die kommunikativen Zielsetzungen sicherstellen
- Eine belastbare Grundlage für die weitere Betextung und Gestaltung sowie die Implementierung der Maßnahme schaffen
- Die Maßnahmenplanung vorbereiten

Umsetzung

Die Maßnahmenbeschreibungen in einer Konzeption folgen einem einheitlichen Schema:

1. In der Headline steht der Name/Kurztitel der Maßnahme, ggf. zeigt eine Vignette die Zugehörigkeit zu einer Maßnahmengruppe (z. B. Social Media) oder kategorial die Zielsetzung (z. B. Aufmerksamkeit) an.
2. Vor der Maßnahmenbeschreibung ist notiert, auf welches Ziel die Maßnahme einzahlt. Dabei werden die Formulierungen der Zielbeschreibung (vgl. Tool 26) verwendet.
3. Die eigentliche Maßnahmenbeschreibung benennt die Art des Channels und/oder der Application (z. B. Poster) und enthält in Stichworten die wesentlichen Text- und Gestaltungselemente.
4. Zielgruppe und Frequenz sowie Distributionsmechanismus (z. B. Push Mail) halten fest, welche Stakeholder das Medium wie häufig auf welchem Wege erhalten.
5. Ein Bild/Scribble des Layouts oder auch, z. B. bei Veranstaltungen, ein Symbolbild veranschaulichen die Maßnahme.

ZIEL

Aufmerksamkeit für Benefits

BESCHREIBUNG

- *Poster und Sets auf Tabletts wecken Aufmerksamkeit, in den 4 Unternehmenssprachen*
- *3 Motive mit Logo der Kampagne und Claims, wie z. B.*
  – »Richtig verbunden?«
  – »Kommunikation war noch nie einfacher.«
  – »Immer auf der sicheren Seite«

ZIELGRUPPE

Alle Mitarbeiter

FREQUENZ

Vier Wochen mit Start jeder Rollout-Phase

TOOL 72 WIREFRAME UND MOCKUP

Leitfrage

Wie wird die geplante Internetpräsenz aussehen?

Zielsetzungen

- Die künftige Internetpräsenz visualisieren
- Wesentliche Funktionalitäten der Internetpräsenz planen und validieren
- Eine aussagekräftige Entscheidungsgrundlage für die Ausgestaltung der künftigen Internetpräsenz bereitstellen
- Den Webdesigner bei der Umsetzung der Webseite – Gestaltung und Nutzerführung – unterstützen

Umsetzung

Wireframe (Seitenschema) und Mockup (Vorführmodell) sind grafische Entwürfe einer geplanten Webseite. Die Planung der Webseite erfolgt in folgenden Schritten:

1. Es wird ein **Scribble** (Sketch), eine einfache Handskizze, erstellt.
2. Mit dem **Wireframe** erfolgt eine erste, sehr einfache statische Visualisierung des Webseiten-Designs. Schematisch, aber bereits pixelgenau, werden Größe und Positionierung der Elemente dargestellt: die wesentlichen Inhalte, die Struktur und die Benutzerschnittstelle. Das Wireframe wird meist schriftlich erläutert.
3. Auf der Grundlage des Wireframes werden **Mockups** erstellt. Sie weisen bereits einen hohen Detaillierungsgrad auf: Das spätere Erscheinungsbild – wie z. B. Typografie und Farben – wie auch die Funktionalitäten der Webseite ähneln bereits dem Screenshot der künftigen Seite. Ein Mockup wird meist mit einem Grafikprogramm wie InDesign oder Adobe Photoshop erstellt, es können auch Mockup-Tools wie Moqups, Balsamiq oder Mockingbird benutzt werden (vgl. Graubner o. J.).
4. Das Mockup wird in einen Prototyp überführt, z. B. mit einem **Prototyping**-Tool wie InVision. Der Prototyp der Webseite wird oftmals bereits in HTML erstellt. Damit bietet er die Möglichkeit, die Navigation und andere Qualitäten der Usability zu testen.

Planungsschritte für die Erstellung einer Webseite

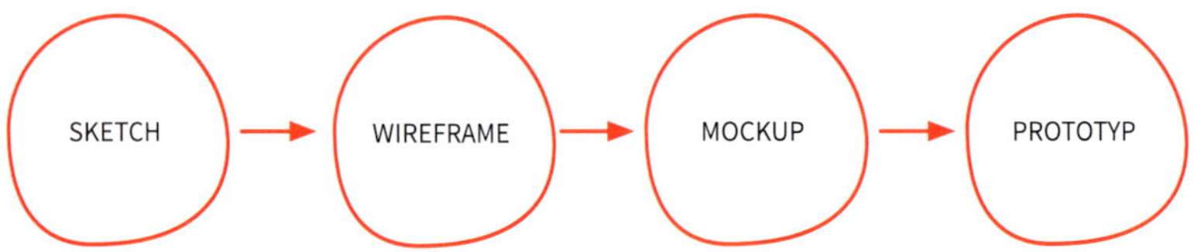

Beispiel Wireframe

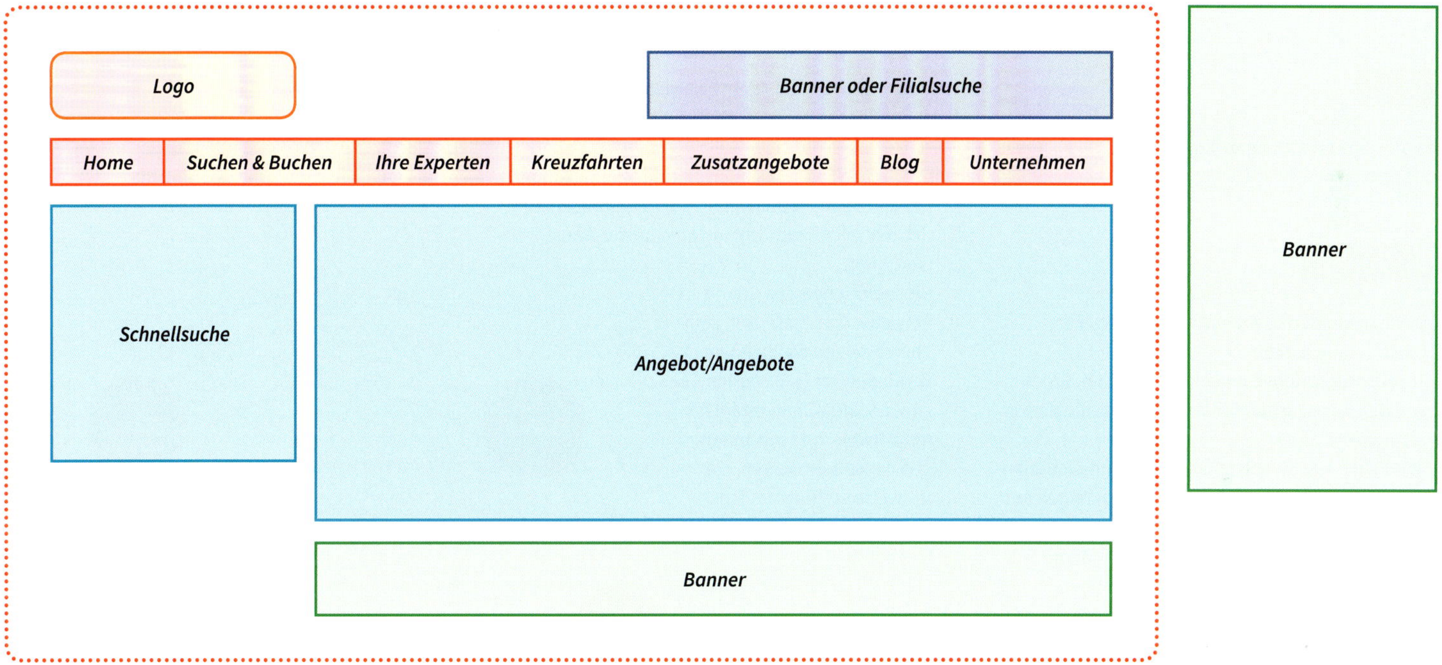

TOOL 73 MESHING-LANDKARTE

Leitfrage

Wie kann eine crossmediale konsistente Stakeholder-/User-Erfahrung geschaffen werden?

Zielsetzungen

- Die Stakeholder/User Journey mit medialem Cross-Selling planen
- Ein konsistentes Nutzererlebnis schaffen: Brüche und den Ausstieg aus der User Journey möglichst vermeiden
- Bewirken, dass sich die Stakeholder möglichst lange und intensiv mit den Inhalten beschäftigen und die Botschaften aufnehmen
- Mehr Reichweite und Aufmerksamkeit für die Themen des Unternehmens generieren

Umsetzung

Meshing – die crossmediale Vernetzung – orchestriert die Themen der Kommunikation über die Kanäle hinweg. Im Mittelpunkt der Kommunikation steht in jedem Kommunikationsfeld eine zentrale Plattform: in der internen Kommunikation z. B. das Social Intranet oder der Digital Workspace, in der externen Kommunikation üblicherweise die Webseite des Unternehmens.

Die Meshing-Landkarte wird in folgenden Schritten aufgebaut:

1. Unternehmen und Thema werden eingetragen.
2. Jeder Channel/jede Application im Kommunikationsfeld wird auf eine Karte/ein Statty geschrieben.
3. Die Karten/Stattys mit den Channels/Applications werden heuristisch in eine Struktur gebracht, mit der zentralen Plattform in der Mitte der Medienlandschaft.
4. Pfeile zwischen den Channels bzw. den Präsenzen zum Thema zeigen die digitalen Verbindungen, z. B. Verlinkungen und Kommentare mit Verweis, und die analogen Verweisstrukturen, z. B. Hinweise in Print-Medien und auf Veranstaltungen/Meetings.

Theorie: Meshing

Das Meshing von Channels erfolgt stets themenzentriert. Denn es geht darum, die User in der Stakeholder Journey über mehrere Medien immer tiefer in die Inhalte hineinzuführen und schließlich – in der Logik des Markentrichters (vgl. Tool 74) – eine Handlung, z. B. eine Kaufentscheidung, herbeizuführen.

Das themenzentrierte Channel-übergreifende Meshing erfolgt über digitale und analoge Verbindungen, wie z. B. über RSS-Feeds, Links und Likes/Kommentare.

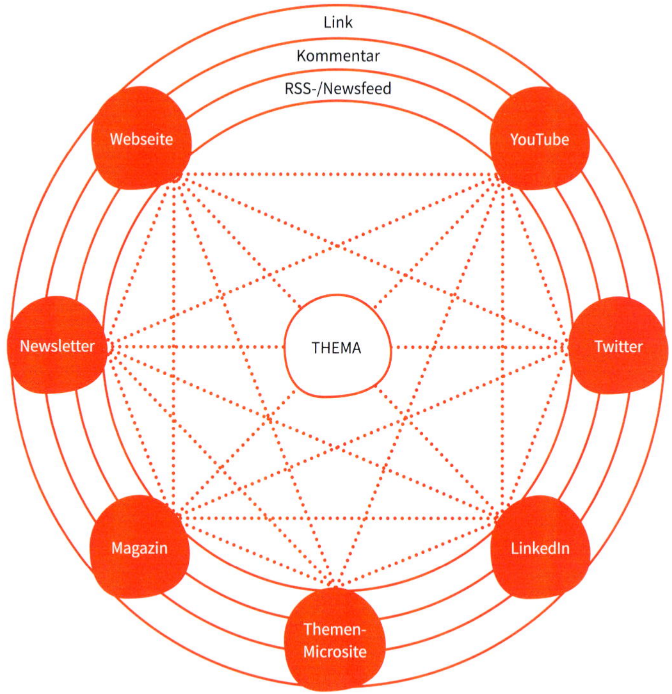

(nach Schmidt/Lyczek 2006)

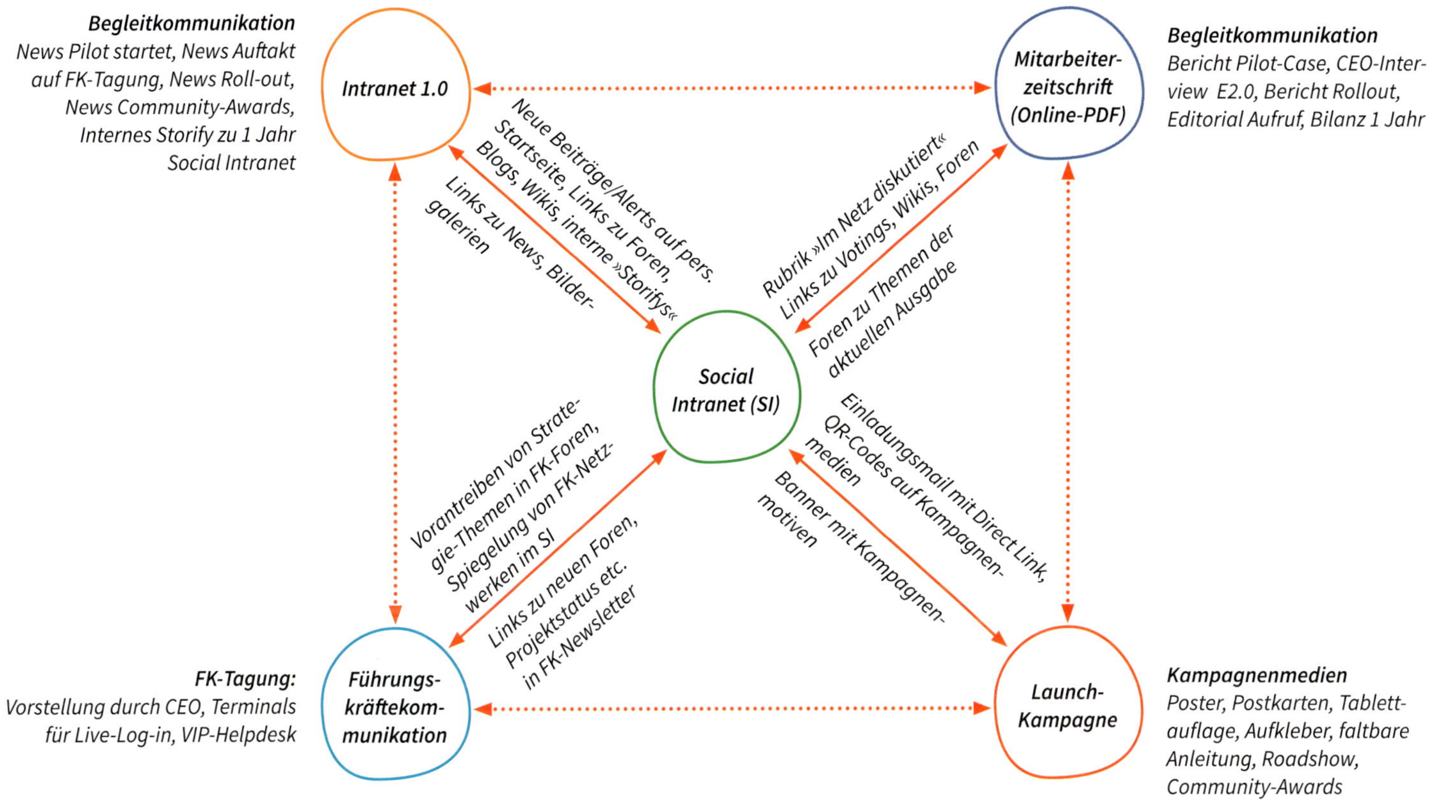
Begleitkommunikation
News Pilot startet, News Auftakt auf FK-Tagung, News Roll-out, News Community-Awards, Internes Storify zu 1 Jahr Social Intranet
Intranet 1.0
Mitarbeiter-zeitschrift (Online-PDF)
Begleitkommunikation
Bericht Pilot-Case, CEO-Interview E2.0, Bericht Rollout, Editorial Aufruf, Bilanz 1 Jahr
Neue Beiträge/Alerts auf pers. Startseite, Links zu Foren, Blogs, Wikis, interne »Storifys«
Links zu News, Bilder-galerien
Rubrik »Im Netz diskutiert« Links zu Votings, Wikis, Foren
Foren zu Themen der aktuellen Ausgabe
Social Intranet (SI)
Vorantreiben von Strategie-Themen in FK-Foren, Spiegelung von FK-Netzwerken im SI
Links zu neuen Foren, Projektstatus etc. in FK-Newsletter
Einladungsmail mit Direct Link, QR-Codes auf Kampagnen-medien
Banner mit Kampagnen-motiven
FK-Tagung:
Vorstellung durch CEO, Terminals für Live-Log-in, VIP-Helpdesk
Führungs-kräftekom-munikation
Launch-Kampagne
Kampagnenmedien
Poster, Postkarten, Tablett-auflage, Aufkleber, faltbare Anleitung, Roadshow, Community-Awards

TOOL 74 CUSTOMER JOURNEY IM BRAND FUNNEL

Leitfrage

Welche Kommunikationsmaßnahmen/Medien werden in welcher Phase der Customer Journey eingesetzt?

Zielsetzungen

- Den Medieneinsatz in den Phasen der Kampagne an der Mediennutzung des Kunden orientieren
- Die relevanten medialen Touchpoints in den Phasen des Entscheidungsprozesses identifizieren
- Die Media Landscape und die Issue Landscape im Zeitverlauf der Kommunikationskampagne verbinden
- Die Kommunikation an den Touchpoints der Customer Journey zielgenau ausrichten

Umsetzung

In einem Koordinatensystem werden auf der Y-Achse sortiert nach Medienarten (z. B. Print, Online, eigene Webseite, Persönlich/POS) die Medien eingetragen, die die Stakeholder im Kaufentscheidungsprozess nutzen. Auf der X-Achse sind die Phasen des Entscheidungsprozesses gemäß dem Markenkauftrichter (vgl. Tool 45) aufgetragen: 1. Kontaktphase, 2. Evaluationsphase, 3. Kaufphase, 4. Nutzungsphase. Den vier Phasen des Kaufentscheidungsprozesses (vgl. Tool 24) kann eine Anbahnungsphase vorgeschaltet werden, in der die Aufmerksamkeit der potenziellen Kunden geweckt wird.

Im Verlauf des Prozesses muss die Zielgenauigkeit der Kommunikationsmaßnahmen zunehmen.

So arbeitet man mit dem Tool:

1. In jeder Phase werden die Issues, die den Kunden bewegen, als Schlüsselfragen notiert.
2. Auf der Diagrammfläche wird abgetragen, wie wichtig die Medientypen im Zeitverlauf sind, d. h. in welcher Intensität sie vom (potenziellen) Kunden genutzt werden (anteilig von 100 Prozent).
3. Dann wird geschichtet abgebildet, welche Medien(-angebote) der Kunde in welcher Phase nutzt. Dies sind die wichtigsten Touchpoints für die B2B-Marketingkommunikation aus Sicht des Kunden in der jeweiligen Phase des Entscheidungsprozesses.

Theorie: Brand Funnel

Der Brand Funnel (Markenkauftrichter) bildet den Marketingprozess idealtypisch aus Kundensicht ab. Es gibt Modelle des Brand Funnels mit vier oder fünf Stufen (vgl. Riesenbeck/Perrey 2005, S. 116ff., vgl. Tool 45: Inbound Marketing Funnel):

- **Bekanntheit (Kontaktphase).** Kennen die potenziellen Kunden die Marke/das Produkt? Wie hoch ist die gestützte/ungestützte Bekanntheit? Bekanntheit und Wahrnehmung (Awareness) sind Voraussetzungen für den Aufbau des Images der Marke/des Produkts.
- **Engere Auswahl (Evaluationsphase).** Zieht der Kunde die Marke/das Produkt in die engere Wahl? Nur Marken/Produkte, die ihm positiv vertraut sind, kommen in die engere Wahl, die anderen Wettbewerber sind bereits gedanklich aussortiert.
- **Kauf (Kaufphase).** Der Kunde entscheidet sich für eine Marke/ein Produkt.
- **Loyalität (Nutzungsphase).** Wird der Kunde die Marke/das Produkt erneut wählen (kaufen) und ggf. weiterempfehlen? Beides senkt die Akquisitionskosten.

Mediennutzung der Kunden im Investitionsgütermarketing

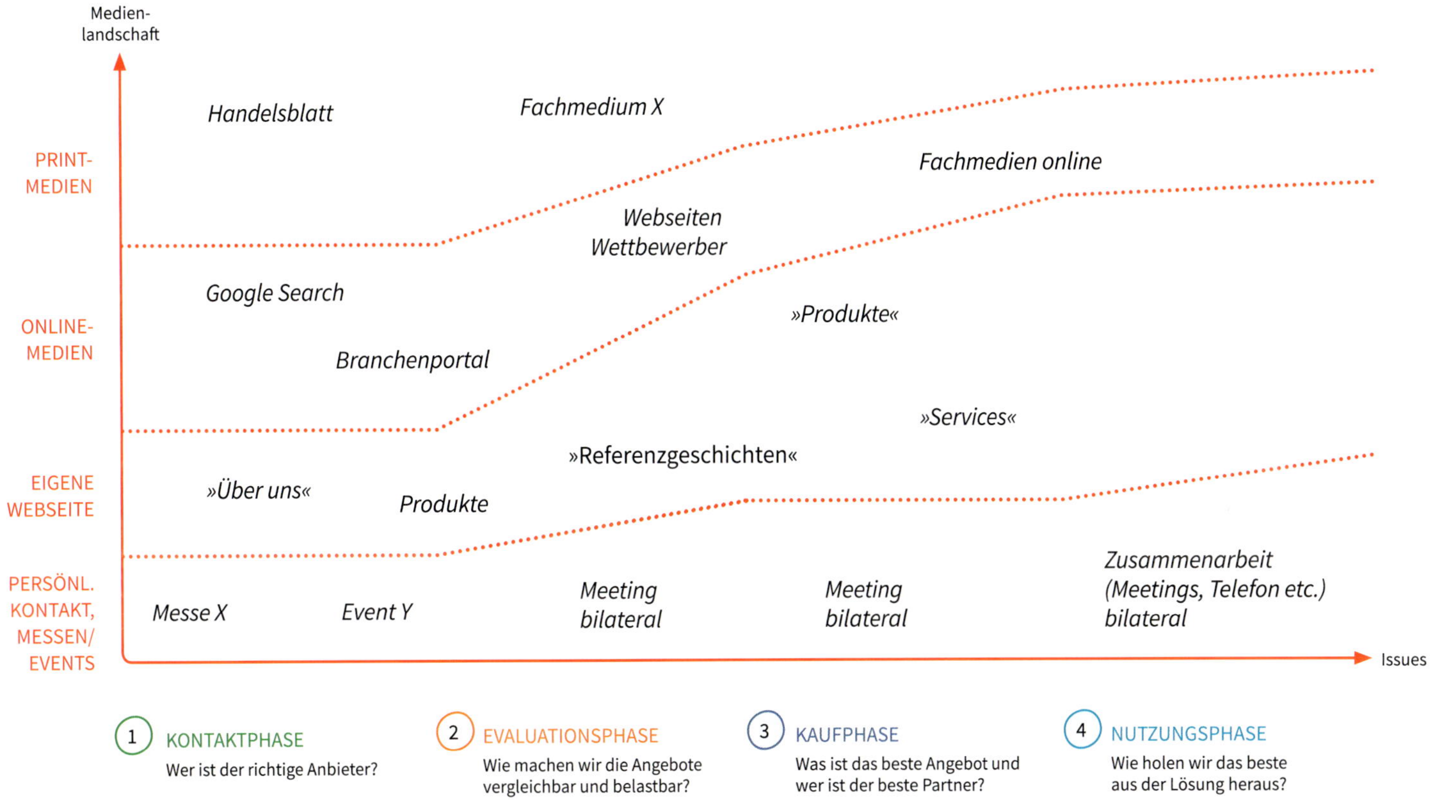

TOOL 75 STAKEHOLDER JOURNEY IM LOYALTY LOOP

Leitfrage

Wie kann Social Content in der Post-Purchase-Erfahrung stimuliert werden, sodass die Kaufentscheidung anderer Konsumenten positiv beeinflusst wird?

Zielsetzungen

- Die relevanten medialen Touchpoints in den Phasen des Entscheidungsprozesses identifizieren und nutzen
- Spezifischen Content für jede Phase des Entscheidungsprozesses im Loyalty Loop generieren
- Positiven Social Content in der Post-Purchase-Erfahrung stimulieren
- Den Social Content der Post-Purchase-Erfahrung von Käufern für die Kommunikation in der Evaluationsphase aktivieren

Umsetzung

Im Loyalty Loop sind wie beim Markenkauftrichter vier Phasen vorgegeben: 1. Erste Evaluation, 2. aktive Recherche, 3. Kaufentscheidung, 4. Post-Purchase-Erfahrung (= Nutzungsphase).

Jedoch ist das Modell als Loop konfiguriert: Die Empfehlungen (Advocacy) von Kunden in der Post-Purchase-Phase (Nachkaufphase) triggern die erste Auswahl von Produkten/Services/Marken anderer Konsumenten in Phase 1, vor allem jedoch beeinflusst dies die Evaluationsphase – sowohl des Kunden selbst in Hinblick auf den Wiederkauf wie auch die von potenziellen Neukunden in deren Evaluationsphase.

So arbeitet man mit dem Loyalty Loop:

- Die möglichen Maßnahmen der Kommunikationskampagne werden auf Karten/Stattys geschrieben.
- Die Maßnahmen werden den Phasen des Loyalty Loops zugeordnet, inkl. den Ereignissen *Trigger* und *Advocacy*.
- Die Maßnahmen werden bewertet und selektiert.
- Wo noch Lücken im Loop sichtbar sind, werden weitere Maßnahmen entwickelt, die den Loop antreiben können.

Theorie: Loyalty Loop

Jahrzehntelang galt der Brand Funnel als das Modell, wie sich Kunden/Konsumenten über Produkte/ Services/Marken informieren, die Kaufentscheidung fällen und dann möglichst loyale Kunden werden. Inzwischen gilt der Brand Funnel jedoch als überholt: Selten verläuft die Customer Journey so linear wie im Markenkauftrichter modelliert, die Touchpoints sind vielfältig und es kommt immer wieder zu neuen Bewertungen und damit Wiederholungen (vgl. Jenkins 2015).

Der von McKinsey und anderen Beratungsunternehmen entwickelte Loyalty Loop trägt insbesondere der Tatsache Rechnung, dass die Interaktion des Kunden mit der Marke/dem Unternehmen auch nach dem Kauf weitergeht: Die Bewertungen und Berichte von Kunden in der Post-Purchase-Phase werden zum Trigger für die erste Bewertungsphase von anderen potenziellen Kunden und beeinflussen dann als Loop maßgeblich auch die aktive Recherchephase anderer Konsumenten vor der Kaufentscheidung wie auch die Überlegungen zum Wiederkauf (vgl. Pope 2014).

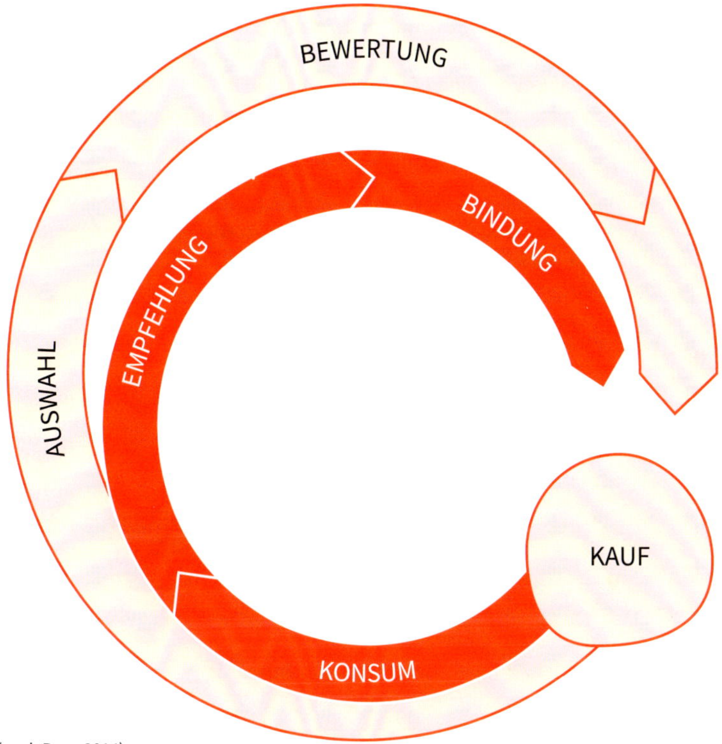

(nach Pope 2014)

Wie der Markenkauftrichter (vgl. Tool 45), ist der Loyalty Loop in vier Phasen modelliert:

1. **Erste Evaluation: erste Auswahl.** Sie resultiert aus bisherigen Erfahrungen mit den Produkten/Services der Marken und aus dem Kontakt mit der Kommunikation dieser Marken.
2. **Aktive Recherche: Informationsbeschaffung.** Durch aktive Recherche – online und auch am Point of Sale – fügt der Kunde seiner ersten Auswahl weitere Angebote hinzu und sortiert andere Angebote aus. In diesem Prozess klärt sich, was er genau will/erwartet.
3. **Kaufentscheidung.** Schließlich fällt der Kunde eine Entscheidung für ein bestimmtes Angebot/eine Marke.
4. **Post-Purchase-Erfahrung (= Nutzungsphase).** Der Kunde macht Erfahrungen mit dem Produkt/Service bzw. der Marke. Je nachdem, wie diese Erfahrung ausfällt, steigt die Markenbindung und es kann zum Wiederkauf kommen (Bond).

Der Loyalty Loop wird angetrieben (»geschlossen«) durch zwei Ereignisse:

- **Advocacy.** Mit seinen Berichten und Reviews in sozialen Medien beeinflusst der Kunde in der Post-Purchase-Phase die Erwartungen und Bewertungen von Käufern, die sich gerade in der Recherchephase befinden (Loyalty Loop im engeren Sinne).
- **Trigger.** Teilweise kann der so entstandene Social Content auch das Interesse an einem Produkt/einer Marke wecken und so bereits die erste Bewertung beeinflussen.

Loyalty Loop im Employer Branding für Pflegeberufe

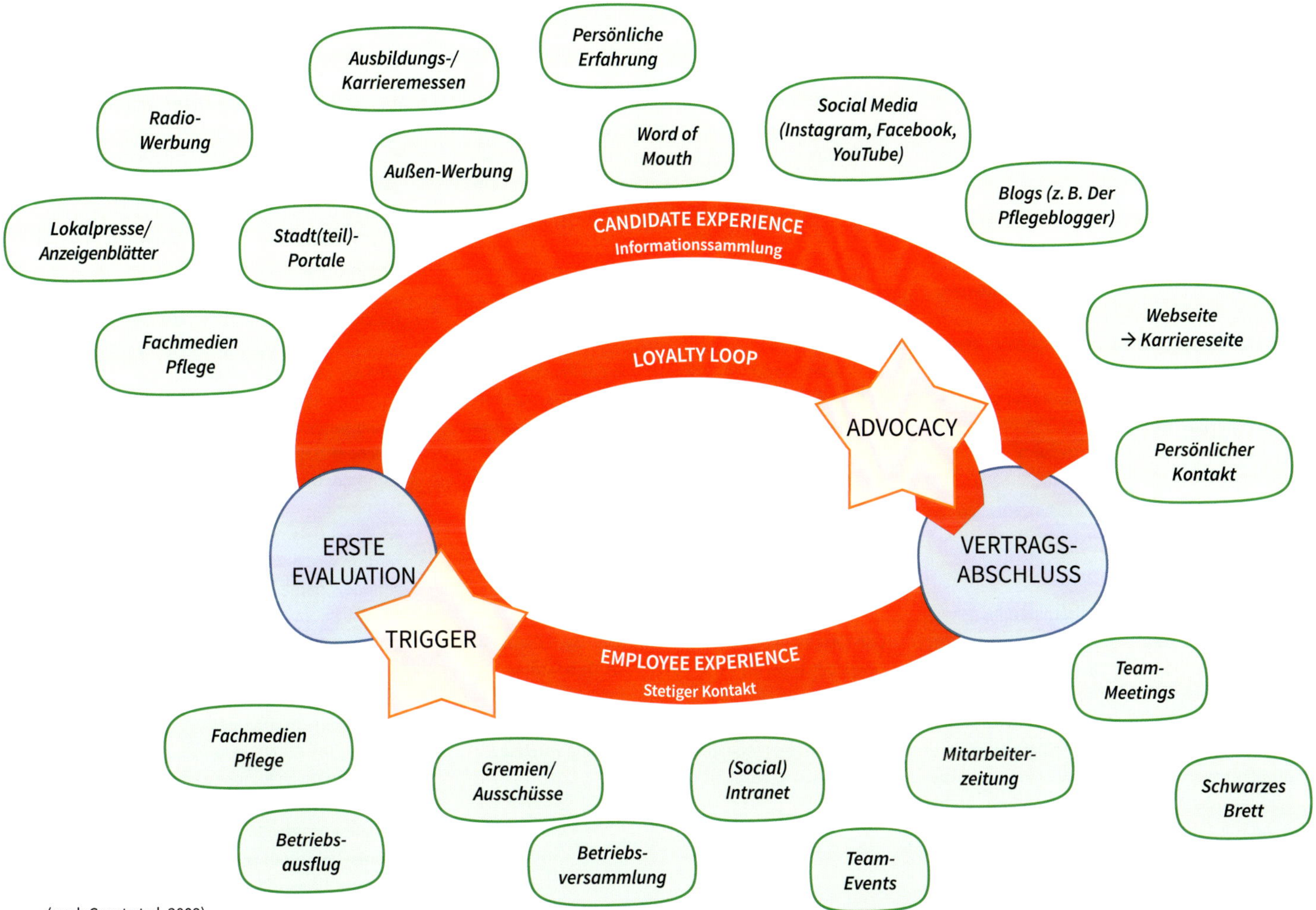

(nach Court et al. 2009)

TOOL 76 USE CASE

Leitfrage

Was soll das geplante System/die Maßnahme leisten?

Zielsetzungen

- Das Nutzererlebnis – die Interaktion des Nutzers mit dem System – planen
- Schnell Überblick über die Leistungen des geplanten Systems gewinnen
- Die Anforderungen für die Implementierung des Systems spezifizieren
- Die Usability des Mediums verbessern

Umsetzung

Im Use Case sind zwei Schritte hintereinander gekoppelt (vgl. Microtool 2018):

1. **Use-Case-Spezifikationen.** In einem Template werden die wesentlichen Informationen zu den Interaktionen mit Akteuren dokumentiert: Name des Use Case, Beschreibung, beteiligte Akteure, Priorität, Kritikalität, Verantwortlichkeiten, Vorbedingungen oder Nachbedingungen, Status, andere Anwendungsfälle, Standardablauf und alternative Abläufe.
2. **Use-Case-Diagramme.** Verhaltensdiagramme in Baumstruktur visualisieren die Funktionalitäten des Systems, die Beziehungen der Funktionalitäten zueinander (Extend, Include, Communicate) sowie die Beziehung des Systems zu seiner Umwelt. Sie bilden die Abhängigkeiten und Beziehungen zwischen Anforderungen, Testfällen und Systemkomponenten ab und geben so einen guten Eindruck des Systemverhaltens.

Theorie: Use Case

Use Cases werden üblicherweise in der Produkt- und Softwareentwicklung genutzt. Der Use Case (Anwendungsfall) beschreibt die Funktionalität des geplanten Systems aus Sicht des Nutzers – einer Person, einer Rolle (Persona) oder auch eines anderen Systems, die/das mit dem System in Interaktion tritt. Er zeigt auf einen Blick die Szenarien der Interaktion zwischen User und System. Das Ergebnis des Use Cases kann ein Erfolg oder auch ein Abbruch sein.

Use Cases werden üblicherweise nach dem Ziel des Users benannt, also z. B. »User nutzt Onboarding App«.

Diese Leitfragen helfen bei der Erstellung von Use Cases (Microtool 2018):

- **Akteur.** Wer nutzt das System? Welche anderen Systeme interagieren mit dem System? Wer oder was liefert dem System Informationen? Wer oder was erhält von dem System Informationen? Was ist das Ziel des Akteurs? Welche »High Level«-Aktionen muss der Akteur durchführen, um sein Ziel zu erreichen?
- **Auslöser.** Welches Event löst den Use Case aus? Welcher Akteur initiiert den Use Case?
- **Frequenz.** Wie häufig (pro Minute/Stunde/Tag) wird der Use Case ausgeführt?
- **Vorbedingungen.** Welche Bedingungen müssen erfüllt sein, damit der Anwendungsfall eintritt? In welchem Zustand muss sich das System befinden, damit der Use Case eintritt?
- **Nachbedingungen.** Welche Bedingungen müssen erfüllt sein, damit der Use Case abgeschlossen wird? In welchem Zustand muss sich das System befinden, damit der Use Case abgeschlossen wird?
- **Standardablauf.** Wie interagiert der Akteur mit dem System? Wie reagiert das System darauf (bietet Optionen an, zeigt Information an, führt einen Prozess aus etc.)? Was tut der Akteur als Nächstes und was im Anschluss das System?
- **Alternativer Ablauf.** Was passiert, wenn … ? Welche alternativen Aktionen kann der Akteur bei jedem Schritt durchführen?
- **Ausnahmen.** Welche Fehler oder Unterbrechungen können bei jedem Schritt des Anwendungsfalls auftreten? Was soll passieren, wenn der Akteur den Vorgang abbricht?

Use Case »Produktkauf«

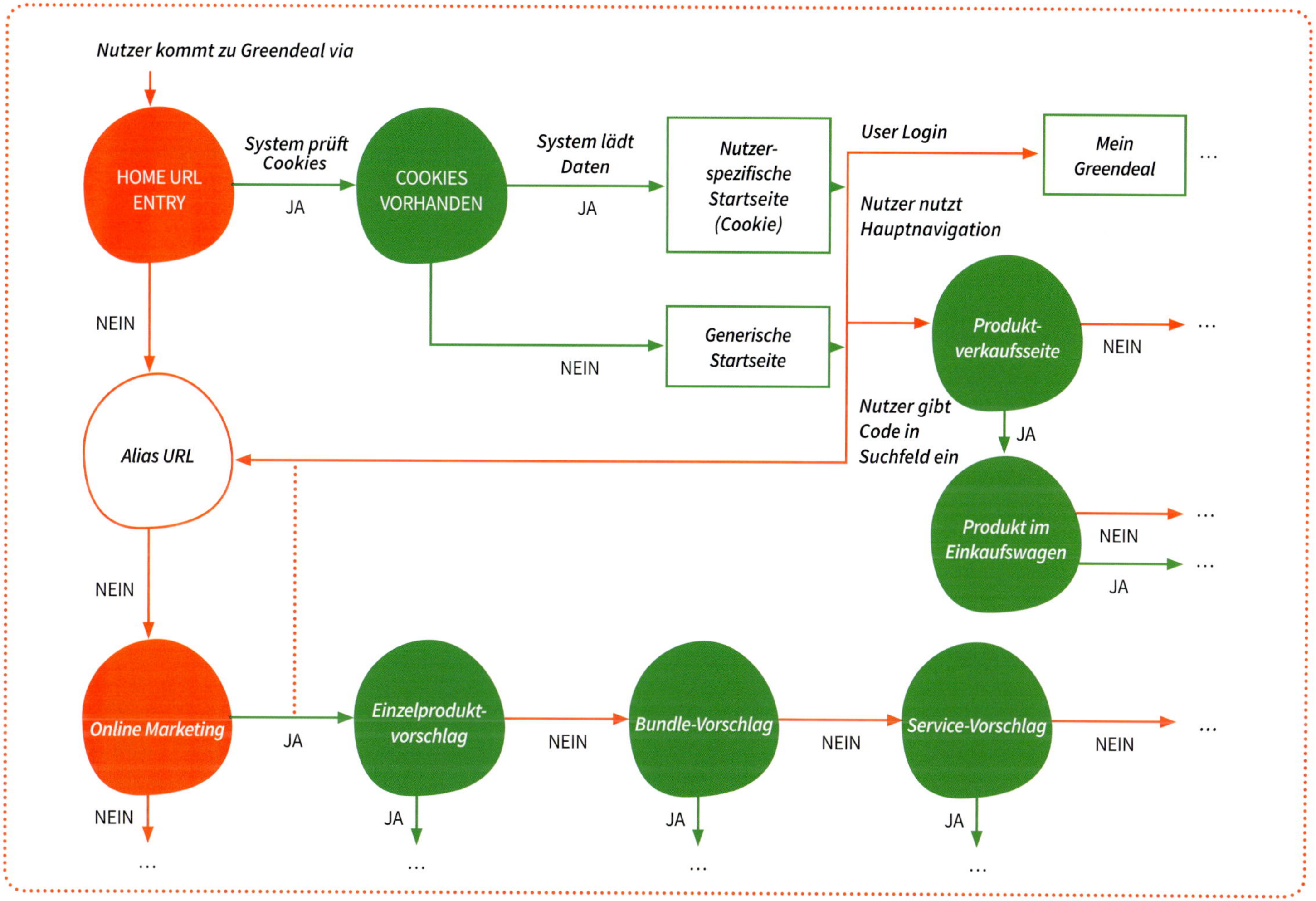

(nach Spies 2014)

TOOL 77 NETWORK-DIAGRAMM

Leitfrage

Wie muss die technische/digitale Infrastruktur für die Kampagne/die Kommunikation konfiguriert sein?

Zielsetzungen

- Die notwendigen Hardware-Komponenten, Datenspeicher und Netzwerke für die Kommunikation bereitstellen
- Den Fluss der Daten entsprechend den Zielsetzungen der Kommunikation entlang der Stakeholder Journey ermöglichen
- Kritische Pfade in der digitalen Infrastruktur erkennen und Engpässe beheben
- Die SOLL-Funktionalitäten der Komponenten festlegen

Umsetzung

Das Network-Diagramm zeigt die wesentlichen Komponenten der digitalen Infrastruktur – sowohl das Back End als auch das Front End/Device – in Kästen mit einfachen Vignetten/Icons und Kurzbeschreibungen (technische Spezifikationen und Funktionsweise).

Die Striche zwischen den Komponenten stellen den Datenfluss dar. Die Erläuterungen neben den Strichen machen Angaben zu Details im Datenfluss des Systems, wie z. B. Einschränkungen und technische Daten.

Das digitale Netzwerk wird in folgenden Schritten modelliert:

1. Die wesentlichen Komponenten werden auf Karten/Stattys geschrieben.
2. Die Komponenten werden entsprechend dem Datenfluss angeordnet.
3. Striche zwischen den Komponenten zeigen den Datenfluss.
4. Erläuterungen zu den Komponenten wie auch zu den Datenfluss-Strichen informieren über technische Spezifikationen und Funktionalitäten.

Technische Infrastruktur/Netzwerk für eine Messenger App

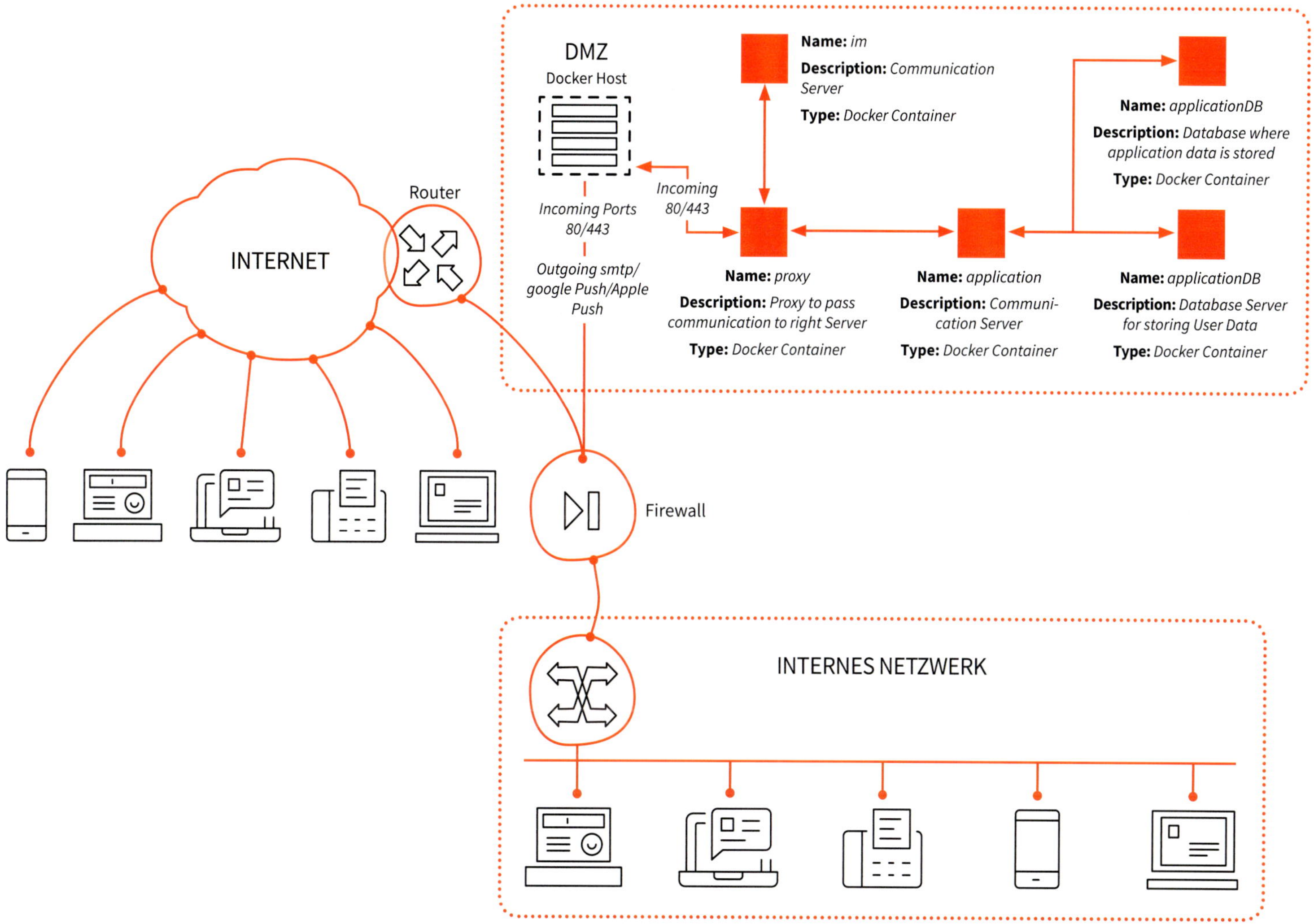

2.1 Debriefing
2.2 Analyse
2.3 Strat. Planung
2.4 Maßnahmen
2.5 Controlling

TOOL 78 BUDGET

Leitfrage

Was kosten die Entwicklung und Implementierung der geplanten Kommunikationsmaßnahmen?

Zielsetzungen

- Kostentransparenz herstellen
- Die Allokation der Ressourcen optimieren
- Make-or-Buy-Entscheidungen vorbereiten

Umsetzung

Das Budget von Kommunikationsabteilungen in Unternehmen/Organisationen basiert in der Regel auf Angeboten von Dienstleistern, wie Textern, Agenturen, Programmierern, Grafikern, Satz- und Druckbetrieben etc. – es ist ein Budget der Fremdkosten. Die Selbstkosten von Kommunikationsabteilungen in Unternehmen und Organisationen können in der Regel bisher nicht kalkuliert werden, da insbesondere die Vollkosten der Mitarbeiter nicht bekannt sind.

Die Angebote von Agenturen und anderen Dienstleistern basieren meist noch auf dem kostenbasierten Pricing. Agenturen begeben die Angebote prinzipiell in drei Angebotsformen: Pauschalangebot, Angebotspreis auf Basis von Tages-/Stundensätzen, Abrechnung nach Zeitaufwand entsprechend Tages-/Stundensätzen und Mischformen davon.

Der Aufbau eines Budgets und damit des Angebots von Agenturen nach dem kostenbasierten Pricing erfolgt in folgenden Schritten:

1. Die Leistungen werden in die Tabelle eingetragen, mit Titel und Kurzbeschreibung entsprechend der Maßnahmenbeschreibung (vgl. Tool 71).
2. Der Einzelpreis wird festgelegt, ggf. auf der Basis von Stunden-/Tagessätzen für die eingesetzten Mitarbeitergruppen/Qualifikationsstufen.
3. Entsprechend der Frequenz der Maßnahme bzw. der Stückzahl wird der Einzelpreis multipliziert.
4. Die Fremdkosten (Out of Pockets/Oops) werden ermittelt und ggf. ebenfalls entsprechend der Frequenz/Stückzahl multipliziert.

Theorie: Pricing

Entsprechend der Preisermittlung/-festlegung sind drei Pricing-Strategien zu unterscheiden (vgl. Anderson/Wynstra 2010; Anonym 2012; Hinterhuber 2008):

- **Kostenbasiertes Pricing.** Der Preis wird auf Basis der Entstehungskosten für die Leistung plus angestrebter Marge festgelegt. Dieser Ansatz ignoriert die Zahlungsbereitschaft des Kunden (Roll/Krampitz 2017, S. 65).
- **Wettbewerbsorientiertes Pricing.** Der Preis orientiert sich am Marktpreis, der sich entsprechend der Wettbewerbssituation entwickelt. Hier gibt es diverse Strategien wie Hochpreis-, Mittelpreis- und Niedrigpreisstrategie, Skimming (Abschöpfen der Preiselastizität bei Markteinführung von Innovationen), Penetration (geringe Einführungspreise) bis hin zur Follow-the-Free-Pricing-Strategie mit Kostenfreiheit zur Markteinführung.
- **Wertorientiertes Pricing (Value-based Pricing).** Der Preis wird überwiegend auf Basis des wahrgenommenen oder erwarteten Wertes/des Nutzens des Produkts/Services für den Käufer bestimmt. Dies können emotionale Werte sein, wie z. B. in der Mode, aber auch strategische oder monetäre Werte (z. B. Einsparungen im Gesundheitssystem).

Budget Pressearbeit

LEISTUNG	BASISPREIS	MENGE	KOSTEN IN 2020	FREMD-KOSTEN
Redaktions-/Themenplanung • *Identifizierung von Platzierungsmöglichkeiten in den Top-20-Zielmedien zur systematischen Planung* • *Recherche der Redaktionspläne* • *Vorschläge für Themen und Sprecher* *0,5 Tage Seniorberatung à € 1.280* *1,0 Tage Juniorberatung à € 960* *Nutzungsgebühr Datenbank zur Themen- und Kontaktrecherche für ein Jahr*	*€ 1.600*	*2*	*€ 3.200*	*€ 2.400*
Pressemitteilungen • *Briefing durch Kommunikation (telefonisch/per E-Mail)* • *Texterstellung (1-2 Seiten) in Deutsch* • *(…)* • *Verteiler-Selektion und Versand* *3 h Seniorberatung à € 160* *1,0 Tage Juniorberatung à € 960*	*€ 1.440*	*6*	*€ 8.640*	
…				

2.2 Analyse
2.3 Strat. Planung
2.4 Maßnahmen
2.5 Controlling

TOOL 79 MASSNAHMENPLAN

Leitfrage

Wann starten die Maßnahmen – und in welcher Reihenfolge?

Zielsetzungen

- Transparenz über den Zeitablauf der Kommunikation herstellen
- Die Kommunikation mit den Meilensteinen des operativen/strategischen Managements, z. B. im Change oder bei Mergers & Acquisitions, synchronisieren
- Die zeitlichen Abfolgen der Customer Journey in der crossmedialen Reise des Stakeholders sicherstellen
- Die Grundlage für die Implementierungsplanung (vgl. Tool 80) legen

Umsetzung

Dieser einfache Übersichtsplan zeigt die Maßnahmen der Kampagne/im Kommunikationsfeld für die Planungsperiode – z. B. für ein Jahr, für das Change-Projekt, für den Kauf und die Integration eines Unternehmens – im Überblick. Dabei werden die Maßnahmen nach Maßnahmengruppen, wie z. B. Werbung, Print, Online, Event etc., gruppiert.

Wenn die Kommunikation ein strategisches Projekt oder ein Programm unmittelbar unterstützt, empfiehlt es sich, die Meilensteine dieses operativen Projekts/Programms – z. B. bei Mergers & Acquisitions die Bekanntgabe, das Closing, den Tag 1 mit dem Start der Integration – durch einen senkrechten Strich zu markieren und so die entsprechenden Maßnahmen auf diese Termine hin zu orientieren.

Der Maßnahmenplan wird in folgenden Schritten erstellt:

1. Der **Plan** wird über die Periode aufgebaut, typischerweise in Wochen oder Monatsschritten. Die Meilensteine des operativen Projekts/Programms werden als vertikale Linien eingefügt.
2. Alle **Maßnahmen** der Kampagne/des Kommunikationsprogramms werden auf Karten/Stattys geschrieben. Sie werden geclustert nach Maßnahmengruppen und entsprechend gruppiert in den Plan gehängt.
3. Entsprechend dem im **Maßnahmen-Steckbrief** vermerkten Startdatum der Maßnahme und ihrer Frequenz werden die Startmaßnahmen und bei Periodika die weiteren Ausgaben in den Maßnahmenplan eingetragen. Kontinuierliche Maßnahmen, wie z. B. eine Webseite oder ein Blog, erhalten ausgehend von ihrem Launch-Punkt einen durchgehenden Balken.
4. Anhand der **Meilensteine** des operativen Projekts/Programms und den terminlichen Beziehungen der Maßnahmen zueinander im Verlauf der Stakeholder Journey erfolgt die Feinjustierung der Terminierungen.

ZEITRAUM
MASSNAHMENSTRANG
2020
2021
Q1
Q2
Q3
Q4
Q1
Q2
MÄRZ
APRIL
MAI
JUNI
JULI
AUG.
SEPT.
OKT.
NOV.
DEZ.
JAN.
FEB.
MÄRZ
APRIL
VERANSTALTUNGEN/ DOWNCASCADING
Corp. Summit
Downcascading Post-CS
Townhall Meetings
Downcascading Post-Townhalls
Downcascading Post-Reorga
Corp. Summit
CHANGE-AGENTS
Briefing
Infopaket
Aufgaben + Feedback
FÜHRUNGSKRÄFTE-KOMMUNIKATION
FK-NL
Business Communities »Leadership Circle« und »Summit«
MITARBEITER-KOMMUNIKATION
Intranet Global News
MAZ 2/20
MAZ 3/20
MAZ 4/20
MAZ 5/20
Wandzeitung
Impuls-Vodcasts
Vodcasts »Strat. Felder«
Vodcasts »Values«
Vodcasts »Erste Erfolge«
Reporter
CEO-Blog
Boot-Bildschirm Mission/Vision/Values
Change-Microsite
Kampagne »Values« (div. Touchpoints)
TRANSFORMATION
1.7 Start neue Organisation

TOOL 80 GANTT-DIAGRAMM

Leitfrage

Wie können wir sicherstellen, dass die Maßnahme/der Maßnahmenplan wie geplant umgesetzt wird?

Zielsetzungen

- Das gesamte Projekt anschaulich darstellen
- Engpässe und Zeitreserven in der Implementierung aufdecken
- Die Abhängigkeiten zwischen Vorgängen/Arbeitsschritten anschaulich machen
- Auswirkungen von Störungen beurteilen können
- Den Projektfortschritt verfolgbar machen
- Die Ressourcen planen und bestmöglich auf dem Projekt allokieren

Umsetzung

Gantt-Diagramme, die mit Projektmanagement-Software wie MS Project aufgebaut werden können, zeigen auf einen Blick alle wesentlichen Arbeitsschritte in optimierter zeitlicher Abfolge und in ihren Abhängigkeiten, versehen mit Kalenderdaten sowie optimalerweise mit den wesentlichen Meilensteinen. Balkendiagramme basieren auf der Netzplantechnik. Die Daten aus der dafür verwendeten Planungs-/Projektsoftware, wie z. B. Micro Planner, werden in MS Project eingelesen.

Dies sind die Schritte für den Aufbau des Balkendiagramms:

1. Die Planung des Projekts mit allen Vorgängen erfolgt mit der Netzplantechnik, dabei wird eine Planungs-/Projektsoftware verwendet. Die kritischen Pfade (Projektfolgen mit der maximalen Zeitdauer) wie auch Zeitpuffer werden deutlich.
2. Der Netzplan wird in das Tool zur Erstellung des Balkendiagramms eingelesen.
3. Der Startpunkt des Projekts wird terminiert, so erhält das Balkendiagramm gleichzeitig eine Kalenderfunktion.
4. Wesentliche Meilensteine werden eingetragen. Die Meilensteine sind signifikante Zielerreichungspunkte und damit Checkpoints, bei deren Nichteinhaltung das Gesamtprojekt gefährdet ist.

Theorie: Netzplantechnik

»Der Netzplan ist ein Instrument zur Planung und Steuerung von Projekten. Der Netzplan zeigt auf grafische Weise die logische und zeitliche Abfolge von Teilvorgängen« – so steht es in der DIN-Norm 69 900. Der Netzplan wird in folgenden Schritten aufgebaut:

1. **Projektstrukturplan.** Alle Arbeitsschritte (»Vorgänge«) werden in chronologischer Reihenfolge gelistet.
2. **Vorgangsliste.** Für alle Vorgänge werden die Dauer und auch die Abhängigkeiten zu anderen Vorgängen aufgeführt (Welcher Vorgang findet vorher statt? Welche Vorgänge können gleichzeitig durchgeführt werden? Welcher Vorgang bedingt vorherige Arbeiten und schließt sich unmittelbar an?).
3. **Ablaufplanung.** Der Netzplan wird aufgestellt: Jeder Vorgang wird in einem Rechteck (Vorgangsknoten) mit Angaben zu Vorgangsdauer und Zeitpuffern dargestellt. Unmittelbar aufeinanderfolgende Vorgänge werden durch einen Pfeil verbunden. Können mehrere Vorgänge erst beginnen, wenn der gemeinsame Vorgänger beendet ist, werden sie durch Pfeile verbunden. Hat ein neuer Vorgang beendete Vorgänge zur Bedingung, enden alle Pfeile der einzelnen Vorgänger beim Nachfolger.
4. **Zeitplanung.** Für jeden Vorgang wird die Dauer eingetragen, dann werden eine Vorwärtsrechnung und eine Rückwärtsrechnung durchgeführt: Die Vorwärtsrechnung gibt Auskunft über den frühesten Endtermin. Die Rückwärtsrechnung ermittelt den spätesten Anfangstermin und den kritischen Pfad – also den Pfad durch den Netzplan, der am meisten Zeit beansprucht und der daher für den Endtermin kritisch ist. Darüber hinaus liefert der Netzplan Informationen über die Zeitpuffer auf einzelnen Projektpfaden. Auf dieser Basis erfolgt die Optimierung der Planung, z. B. durch die Parallelisierung von Vorgängen sowie die optimale Allokation von Ressourcen.

Netzplan

FAZ = frühester Anfangstermin
FEZ = frühester Endtermin
SAZ = spätester Anfangstermin
SEZ = spätester Endtermin inkl. Freigaben!

FAZ	FEZ
SAZ	SEZ

Nr. Name (Dauer in Arbeitstagen inkl. Freigaben)

→ Kritischer Pfad

☐ Deadline für zeitkritische Freigaben/ Entscheidungen

☐ Projektabschluss

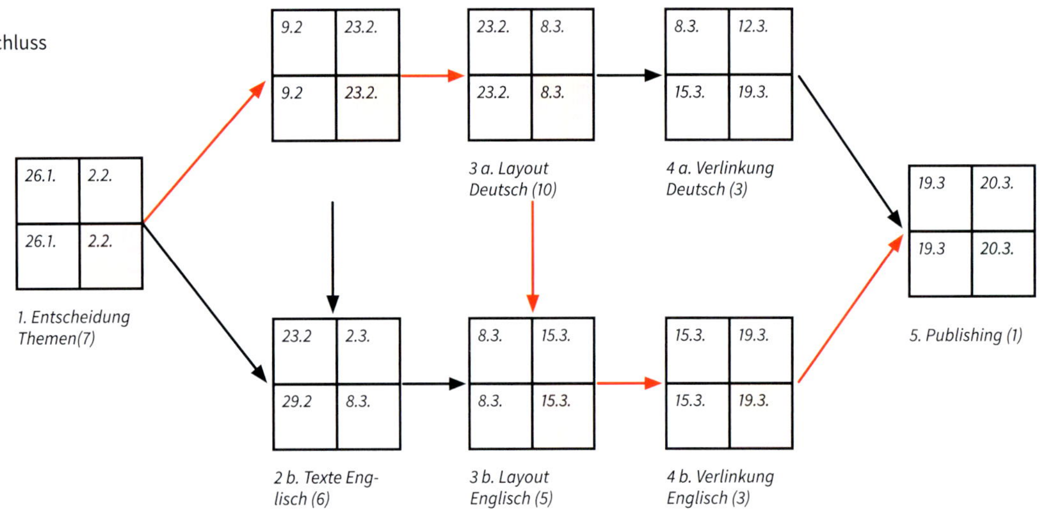

Balkenplan mit Meilensteinen

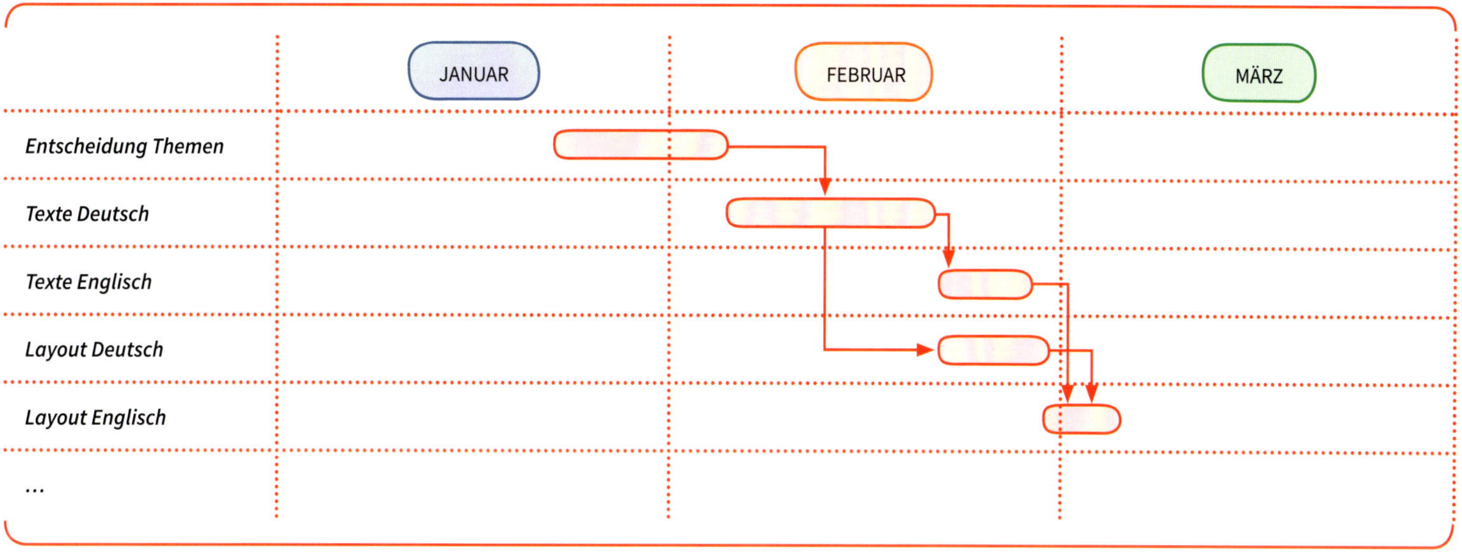

2.5 Controlling

Das Kommunikations-Controlling erfasst die Wirkungen und macht so die Steuerung von Kommunikation möglich. Das strategische Controlling verzahnt die Unternehmens- mit der Kommunikationsstrategie, Maßstab ist die Effektivität der Kommunikation und ihrer Infrastruktur (»Machen wir die richtigen Dinge?«).

Zentrales Tool ist hier die Scorecard, die auf der Strategy Map (vgl. Tool 26) aufsetzt. Im operativen Kommunikations-Controlling geht es dagegen um die Performance der einzelnen Kommunikationsprogramme und -prozesse (»Machen wir die Dinge richtig?«). (Vgl. Rolke/Zerfaß 2010)

Die Methoden des Kommunikations-Controllings haben sich in den letzten zehn Jahren stark weiterentwickelt, vor allem durch die Digitalisierung. Digitale Tools haben sowohl das Tracking als auch das Reporting schneller, exakter und einfacher zugänglich gemacht.

Controlling-Tools nach Methodik und Messgegenstand

METHODIK / EBENE		CONTROLLING UND REPORTING		INHALTSANALYSEN	BEFRAGUNGEN			TESTINGS UND VERGLEICHE			MONITORING					
	Messgegenstand	Scorecard (Tool 81)	Dashboard (Tool 82)	Medienresonanzanalyse (Tool 83)	Recall/Recognition-Test (Tool 84)	Perception Profiles (Tool 85)	Net Promoter Score (Tool 86)	Mystery Testing (Tool 87)	A/B-Testing (Tool 88)	Kosten-Nutzen-Ratio (Tool 89)	Social Media Monitoring (Tool 90)	Ranking-Monitoring (Tool 91)	Webanalytics (Tool 92)	Usability Test (Tool 93)	Conversion Rate (Tool 94)	Maturity Path (Tool 95)
OUTFLOW	Unternehmensziele	×	×													
OUTCOME	Verhalten	×	×						×		×	×	×	×	×	
	Einstellungen	×	×				×				×					
	Wissen	×	×		×											×
OUTPUT 2	Inhalte	×	×	×					×			×	×	×		
	Reichweite	×	×	×							×	×	×		×	×
OUTPUT 1	Qualität	×	×					×								
	Prozesse	×	×					×		×						×

TOOL 81 SCORECARD

Leitfrage

Wie sind die Zielsetzungen quantifiziert und wie messen wir sie?

Zielsetzungen

- KPIs für die Zielsetzungen definieren
- Komplexe Kommunikationswirkungen messbar machen

Umsetzung

Wie die Strategy Map der Kommunikation (Tool 26) zeigt die Scorecard die definierten Zielsetzungen (Werttreiber) in den drei Wirkebenen:

- **Outflow.** Unterstützte strategische und finanzielle Unternehmensziele
- **Outcome.** Aufmerksamkeit, Mediennutzung, Wissen, Meinungen, Einstellungen, Emotionen und Verhaltensdispositionen der Stakeholder
- **Output.** Qualität und Frequenz der Kommunikationsmittel, Wiedergabe von Botschaften in Earned und Social Media

So wird die Balanced Scorecard der Kommunikation befüllt:

1. Die Zielsetzungen werden aus der Strategy Map übertragen.
2. Für ausgewählte Zielsetzungen werden Key Performance Indicators (KPIs) benannt.
3. Die Zielwerte für die KPIs für die nächste Periode (z. B. das Geschäftsjahr) und mittelfristig (drei bis fünf Jahre) sowie die Messmethoden werden festgelegt. Sofern verfügbar, werden als Vergleichswert die Werte der letzten Periode eingetragen.
4. Ggf. werden zusätzlich die wesentlichen strategischen Hebel oder Maßnahmenpakete zur Zielerreichung festgehalten.

Theorie: Balanced Scorecard

Strategy Map und Balanced Scorecard sind Standardwerkzeuge im Management, die für die Gesamtorganisation sowie auch zur Steuerung einzelner Unternehmensbereiche eingesetzt werden. Damit bieten sie Kommunikations- und Marketingabteilungen die Möglichkeit, sich der Sprache des Managements zu bedienen und an die Diskurse der Unternehmensführung anzuschließen.

Die Scorecard der Kommunikation ist eine Adaption der Balanced Scorecard des Unternehmens. Diese übersetzt als Steuerungs- und Controlling-Instrument die Zielvorstellungen aus der Strategy Map des Unternehmens in den praktischen Alltag (vgl. Kaplan/Norton 1997). Das geschieht mittels Tracking der Zielsetzungen über einfache Kennzahlen (Key Performance Indicators, KPIs), mit denen die Handlungsziele messbar gemacht werden.

Für jede Perspektive der Strategy Map existiert eine Scorecard: Finanzen, Kunden, Prozesse und Mitarbeiter. Diese Ebenen müssen parallel – in einer guten Balance – gemanagt werden, um den Unternehmenserfolg nachhaltig zu steigern: Mittel- und langfristig wirkende Erfolgstreiber (»Lagging Factors«), wie z. B. die Unternehmenskultur und die Personalentwicklung oder auch die Entwicklung der Marke, und eher kurzfristig wirkende Faktoren, wie z. B. Änderungen in der Preispolitik und Absatzmaßnahmen, müssen in ausgewogener Nutzung der vorhandenen Ressourcen und vernetzt vorangetrieben werden. Deshalb trägt die Scorecard das Attribut »Balanced«. (Vgl. Kaplan/Norton 1997)

Balanced Scorecard

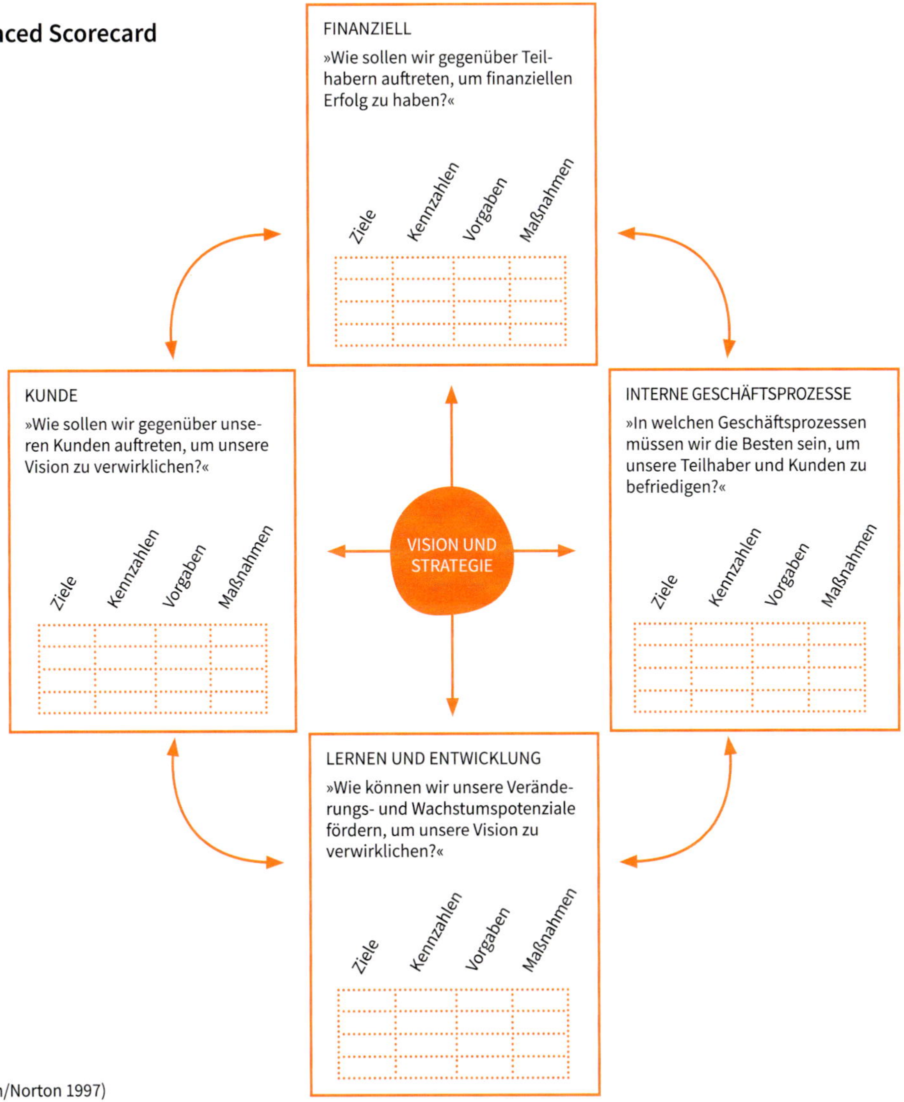

(Kaplan/Norton 1997)

Scorecard Interne Kommunikation »Change/Enterprise 4.0«

EBENE	ZIEL	KPI	EINHEIT	MESSTOOL	IST 2018	SOLL 2019	SOLL 2021
OUTFLOW	*Operative Exzellenz*	*Deckungsbeitrag gesamt*	*€*	*Unternehmens-controlling*			
	Innovativität	*Innovationsrate*	*# Innovationen/Jahr*	*Unternehmens-controlling*			
	Retention	*Retention Rate*	*Anteil Mitarbeiter in %*	*Unternehmens-controlling*			
OUTCOME	*Readiness for Change (E4.0)*	*Qualität der Beiträge Innovation Jam 4.0*	*Anteil Beiträge mit Rating ≥ 3,5*	*Rating der Innovation 4.0 Jury*			
		Quantität der Beiträge Innovation Jam 4.0	*# Beiträge*	*Webanalytics (SharePoint)*			
	Commitment für das Unternehmen	*TRI*M Commitment Index*	*% Erfolgsgaranten und distanzierte Leistungsträger*	*Mitarbeiterbefragung (TRI*M-Typologie)*			
OUTPUT 2	*Breite Social Intranet-Nutzung*	*Active Users*	*# Mitarbeiter, die mind. wöchentlich aktiv sind*	*Webanalytics (SharePoint)*			
	Durchführung Change-Workshop E4.0	*Umsetzungsgrad*	*% Umsetzung*	*Maturity Path*			
	Aufmerksamkeit für Change E4.0	*Aufrufe Change-News im Intranet*	*# Clicks*	*Webanalytics (SharePoint)*			
OUTPUT 1	*Einhaltung Milestones Führungskräftekommunikation*	*Zeitgerechte Umsetzung*	*% Maßnahmen im Plan*	*Interner Projektbericht*			
	Bereitstellung von Information zum Change	*Frequenz Change-News*	*# News/Quartal*	*Interner Projektbericht*			

Scorecard Marketingkommunikation »Onlinemarketing Neues Produkt«

EBENE	ZIEL	KPI	EINHEIT	MESSTOOL	IST 2018	SOLL 2019	SOLL 2021
OUTFLOW	*Umsatzwachstum*	*Umsatz*	*€*	*Unternehmens-controlling*			
	Marktführerschaft im Segment des Neuprodukts	*Marktanteil*	*%*	*Marktforschung*			
OUTCOME	*Kauf*	*Conversion Rate (Bestellung Testpaket)*	*% Bestellungen/Visit*	*Webanalytics*			
	Präferenz für das neue Produkt	*Bereitschaft, das neue Produkt weiterzuempfehlen*	*NPS (-100 bis 100)*	*Kundenbefragung (Net Promoter Score)*			
	Begeisterung für das neue Produkt	*User Engagement*	*# Likes/Shares/Comments*	*Social Media Monitoring*			
OUTPUT 2	*Attraktivität der Produktseiten*	*Verweildauer auf den Produktseiten*	*Minuten*	*Webanalytics*			
		Öffnungsrate Produktvideo	*% Öffnungen/Visit*	*Webanalytics*			
	Reichweite	*Earned Visits*	*# Visits*	*Webanalytics*			
		Click-Through-Rate	*% Clicks/AdImpression*	*Webanalytics*			
OUTPUT 1	*Traffic Sourcing*	*SEO-Ranking für Top-10-Keywords zum Neuprodukt (Ø)*	*Rank*	*SEO-Monitoring*			
		SoMe-Posts mit Verlinkung zu Produktseiten	*# Posts/Monat*	*SoMe-Redaktionsplan*			

TOOL 82 DASHBOARD

Leitfrage

Wo steht die Kommunikation bei der Erreichung ihrer strategischen und finanziellen Zielsetzungen?

Zielsetzungen

- Die wesentlichen Zielsetzungen der Abteilung für das Management einfach tracken
- Einen schnellen Überblick über den aktuellen Status der Zielerreichung geben
- Bedarf für Nachsteuerung früh erkennen und Maßnahmen optimieren

Umsetzung

Das Dashboard (engl. Armaturenbrett) verdichtet den Status der Zielerreichung visuell. Dazu werden die wesentlichen Kennzahlen der Kommunikation, z. B. für jedes Kommunikationsfeld ein Spitzenwert, zu Indexwerten zusammengezogen. Diese bilden wiederum den Gesamterfolgsindex für die Kommunikation des Unternehmens.

Um zu einer einheitlichen Skalierung für alle Indizes zu kommen, werden die KPIs der Scorecard in Zielerreichungsgrade in Prozent umdefiniert. So entsteht für alle KPIs eine Skala von 1 bis 100. Die Zielerreichungsgrade für die Indizes werden in Form von Tachos dargestellt. Wie in einem Cockpit können farbige Markierungen kritische (rot) oder besonders gute Ergebnisse (grün) anzeigen.

So arbeitet man mit dem Tool:

1. Die zentralen KPIs, die in die Indizes eingehen sollen, werden ausgewählt.
2. Aus den gewählten KPIs werden Indizes, z. B. für Maßnahmengruppen oder Kommunikationsfelder, gebildet. Die Verhältnisse, in denen die KPIs in die Indizes eingehen, entsprechen im ersten Schritt ihrem geschätzten Anteil als Treiber der ihnen übergeordneten Zielerreichung in der Strategy Map. In nachfolgenden Perioden können die angenommenen qualitativen Wertbeziehungen durch Korrelationsanalysen überprüft und entsprechend die Wertanteile im Index angepasst werden.
3. Die Indizes werden als prozentuale Erfüllungsgrade in Bezug auf die KPIs, Wert 1 bis 100, skaliert.
4. Der Gesamtindex wird gebildet als gewichtetes Verhältnis aus den Einzelindizes.
5. Das Dashboard wird aufgebaut bzw. aktualisiert.

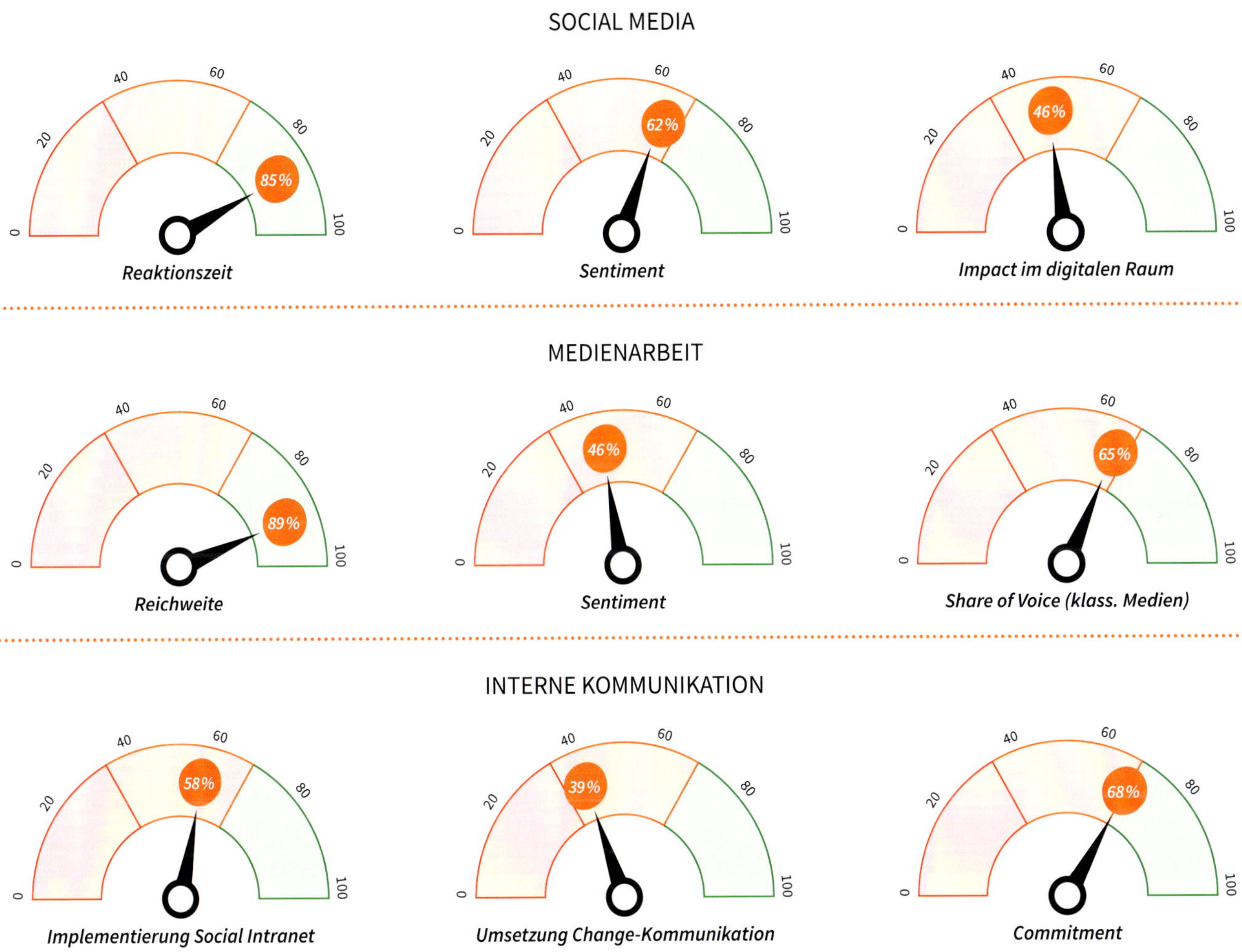

Zielerreichungsgrade in Prozent

TOOL 83 MEDIENRESONANZANALYSE

Leitfrage

Wie werden die Themen und Botschaften des Unternehmens von den Medien aufgegriffen?

Zielsetzungen

- Den Erfolg von Public Relations (z. B. Pressemitteilungen, Journalistengesprächen) messen
- Die eigene Medienresonanz mit dem Wettbewerb vergleichen
- Trends, Chancen und Risiken im Unternehmensumfeld frühzeitig erkennen
- Basis für Optimierung der Inhalte, Formate und Strategie der Medienarbeit bereitstellen

Umsetzung

Die Medienresonanzanalyse (MRA) verknüpft die quantitative und qualitative Evaluation von Medieninhalten (vgl. Raupp/Vogelsang 2009). Typische quantitative Variablen sind Reichweite, Platzierung, Umfang des Berichts, Anzahl der Berichte zu einem Thema, Initiativquotient (Anteil eigeninitiierter Berichte), Anzahl der Nennungen von Unternehmen/Marken/Produkten. Typische qualitative Variablen sind Bewertung des Themas, Spin, Einordnung in gesellschaftliche Oberthemen, Trendthemen der Branche, Themen des Wettbewerbs.

Neben der Berichterstattung zum eigenen Unternehmen, zu Produkten und Themen kann auch die Berichterstattung zum Markt analysiert werden. So kann das Unternehmen Markttrends früh aufgreifen und sich gezielt zu Themen positionieren.

So arbeitet man mit dem Tool:

1. **Konzeption.** Zunächst werden die Zielsetzung der MRA, ihr Umfang (räumlich, zeitlich, Mediensample) und die Themenfelder (Unternehmen, Produkte, Themen, Wettbewerber) der MRA definiert. Für die qualitativen Fragestellungen wird ein Kodierbuch mit dem Kategoriensystem erstellt.
2. **Sammlung.** Die definierten Medien werden über Monitoring-Dienstleister beobachtet und so Clippings/Medienausschnitte zu den definierten Themen gesammelt.
3. **Auswertung.** Die Clippings werden anhand der quantitativen und qualitativen Kriterien bewertet. Dies kann automatisiert oder manuell erfolgen.
4. **Reporting.** Die Darstellung erfolgt typischerweise in Form von Balken- und Tortendiagrammen, ergänzt durch ausgewählte Clippings, Headlines oder Zitate. Eine begleitende Management Summary ordnet die Ergebnisse ein und leitet Handlungsempfehlungen ab.

Theorie: Qualitative Inhaltsanalyse

Die qualitative Inhaltsanalyse ist eine Methode der empirischen Sozialforschung. Sie dient der Erfassung und Evaluation von manifesten und latenten Inhalten (vgl. Mayring 2010). Zentrales Element der qualitativen Inhaltsanalyse ist das Kategoriensystem mit einer exakten Definition der Kategorien und ihrer Ausprägungen, es wird im Kodierbuch festgehalten.

Die qualitative Inhaltsanalyse steht in der Tradition der Hermeneutik. Des Weiteren nutzt sie Erkenntnisse der Literaturwissenschaft, der Kommunikationswissenschaft und der Psychologie zur Textverarbeitung.

Dimensionen und KPIs der Medienresonanzanalyse

DIMENSION	KPI	FILTER/DARSTELLUNG
MEDIENPRÄSENZ	Anzahl veröffentlichter Beiträge in den Medien	• Veränderung in Prozent • Durchschnittswert des Vorjahreszeitraums • Durchdringung im Set definierter Top-Medien
INITIIERUNGSQUOTIENT	Anteil selbstinitiierter Beiträge in Prozent	Nach Medienarten
THEMEN (PRODUKTE/PERSONEN/BOTSCHAFTEN)	Anzahl/Relation der Nennungen in Beiträgen	
SENTIMENT	Anteil der positiven, neutralen und negativen Berichterstattung in Prozent	• Nach Medienart • Nach Städten/Bundesländern/Regionen/Ländern
MEDIENARTEN	Anteil der Berichterstattung nach Medienarten	• Nach Medienarten • Nach regional/überregional/international • Nach Print versus Online • Nach TV, Hörfunk, Tageszeitung, Publikums-zeitschrift, Anzeigenblatt • Nach Städten/Bundesländern/Regionen/Ländern
MEDIENREICHWEITE	Netto-Reichweite: Erreichte Personen in Tsd.	
TOPS UND FLOPS	Ranking der Veröffentlichungen nach einem Kriterium wie …	• Reichweite • Anzahl der Veröffentlichungen je Presseinformation • Anzeigenäquivalenzwert
NICHT-VERÖFFENTLICHUNG	Ja/nein oder Intensität der Berichterstattung zu Krise/Issue (Anzahl der kritischen Veröffentlichungen im Zeitverlauf)	Management Summary
ANZEIGENÄQUIVALENZWERT (AÄW)	Werbewert in Euro	Hinweis: Kein valider KPI für Einsparungen, aber für Platzierungskraft der Medienarbeit

Dimensionen und KPIs der Medienresonanzanalyse

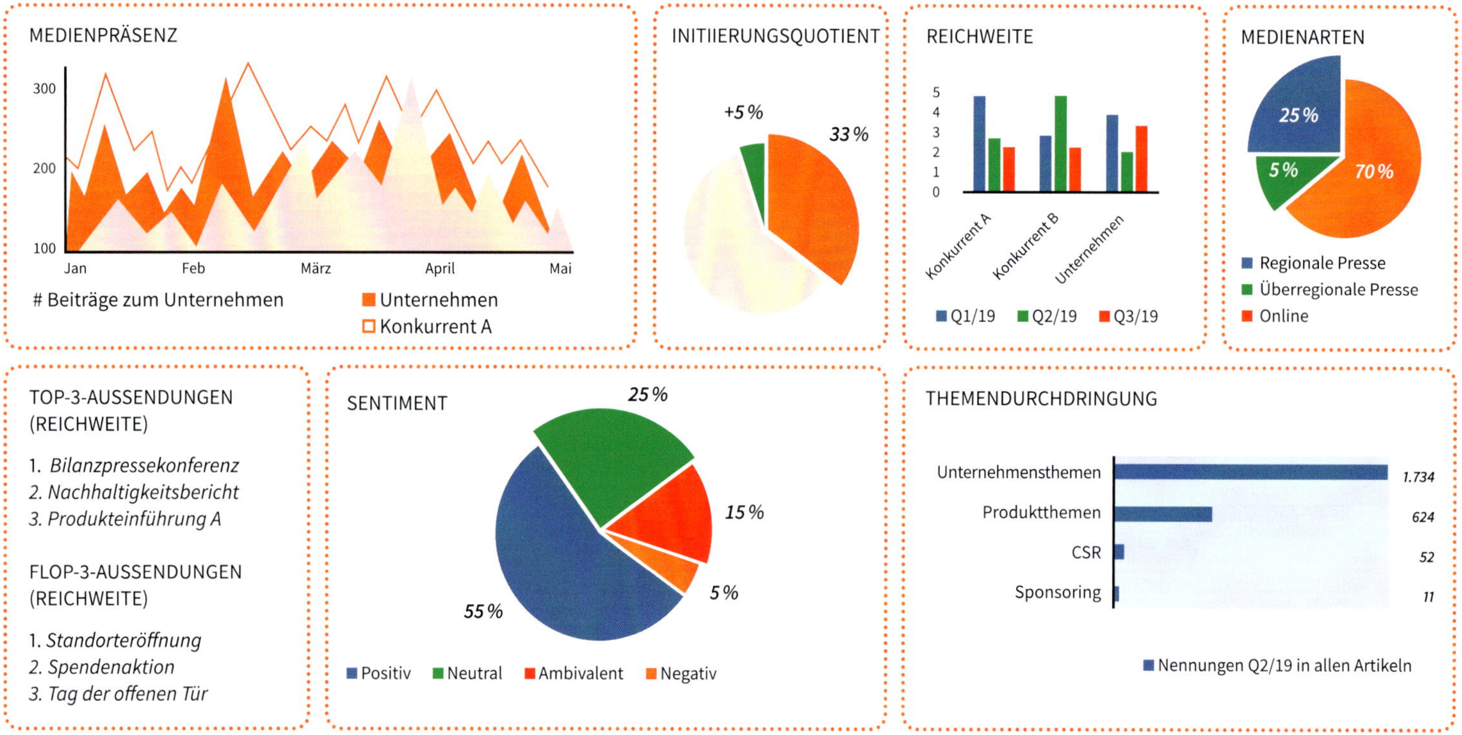

TOOL 84 RECALL-/RECOGNITION-TEST

Leitfrage

Wie hoch ist die gestützte/ungestützte Bekanntheit des Unternehmens/der Marke/der Botschaften?

Zielsetzungen

- Die Bekanntheit bzw. den Wiedererkennungswert der Marke in einer oder mehreren Stakeholdergruppen kennen
- Die eigene Bekanntheit mit der des Wettbewerbs vergleichen
- Aufschluss über die Werbe- und Markenwirkung erhalten
- Den Erfolg von Kommunikationsmaßnahmen messen

Umsetzung

Beim Recall-/Recognition-Test wird unterschieden zwischen:

- Ungestützter Wiedergabe (Free Recall)
- Gestützter Wiedergabe (Aided Recall)
- Wiedererkennung (Recognition)

Die Messergebnisse der drei Erinnerungsdimensionen sind nicht vergleichbar. Oft werden Validität und Reliabilität der Methoden kritisiert, denn die Ergebnisse variieren je nach Einstellung und Vorerfahrung der Testpersonen in Bezug auf Marke und Produkt.

So wird der Recall-/Recognition-Test durchgeführt (vgl. Esch o. J. a und b):

1. Je nach Testverfahren werden ggf. Kommunikationsmedien und Dummies (z. B. Werbeanzeigen) ausgewählt bzw. erstellt.
2. Die Auswahl der Probanden erfolgt entweder als Zufallsstichprobe oder als repräsentativer Querschnitt der Stakeholdergruppe.
3. Die Befragung erhebt die ungestützte oder gestützte Bekanntheit in einem standardisierten Verfahren.
4. Die Antworten werden ausgewertet.

Testverfahren Recall/Recognition

NAME DES TESTS	WAS WIRD GEMESSEN?	EINSATZZWECK	EINSCHRÄNKUNG
RECALL-TEST	Freie Wiedergabe aus der Erinnerung	Werbemittel, wie z. B. Anzeigen in einer Zeitschriftenausgabe	Unbewusste, vage oder Teilerinnerungen werden nicht gemessen
AIDED RECALL-TEST	Aktive und passive Gedächtnisleistung	Wirkung von Werbebotschaften; Vorlage von: • Produktkategorien • Markennamen • Markensymbolen	
RECOGNITION-TEST	Wiedererkennung von Werbemitteln	Werbemittel, wie z. B. Anzeigen	Kontrollfragen notwendig, inkl. Dummies
MARKENRECALL-TEST	Erinnerung von Marken	Aktive Markenkenntnis; gefragt wird nach Top-Marken in einer Produktkategorie	
MARKENRECOGNITION-TEST	Wiedererkennung von Marken	Passive Markenkenntnis ähnlich der Kaufsituation im Supermarkt mit geringem Involvement	Bewusste Käufe erfordern den Markenrecall
IMPACT-TEST	Gestützte Erinnerungsleistung an Werbung in Zeitschriften	Anzeigengestaltung; gefragt wird nach: • Aufmerksamkeitserregenden Elementen • Verständlichkeit • Vermitteltem Gefühl • Unterschieden zwischen Personengruppen	
GALLUP-IMPACT-TEST	Gestützte Erinnerungsleistung bei Fernsehspots	TV-Werbung; gefragt wird nach: • Spoterinnerung • Produkten (gestützt) • Markennamen (gestützt)	

(nach Schweiger/Schrattenecker 2005)

Schwäbisch Hall
Auf diese Steine können Sie bauen

LÜCKENTEXT ZUR MARKENBEKANNTHEIT

Der Slogan »Auf diese Steine können Sie ....« steht für die Marke ....

Das Maskottchen dieser Bausparkasse ist ein ....

(Schwäbisch Hall o. J.)

TOOL 85 PERCEPTION PROFILES

Leitfrage

Entspricht das Kommunikationsverhalten des Unternehmens den Erwartungen der Stakeholder?

Zielsetzungen

- Lücken/Fehlverhalten im Kommunikationsverhalten aus Stakeholdersicht erkennen
- Das Kommunikationsverhalten des eigenen Unternehmens mit dem des Wettbewerbs vergleichen
- Das Kommunikationsverhalten gegenüber den Stakeholdern optimieren

Umsetzung

Perception Profiles sind Befragungen zur wahrgenommenen Qualität der Kommunikation aus Sicht der Stakeholder. Dabei werden die Erfüllungsgrade zu relevanten Verhaltensmerkmalen des Unternehmens/der Organisation ermittelt.

Die Items der Befragung können auf Ergebnissen von Stakeholderbefragungen zu Erwartungen an das Kommunikationsverhalten von Unternehmen in der Branche/im Kommunikationsfeld basieren oder auch aus kodifizierten Verhaltensstandards in einem Berufsfeld abgeleitet werden. Befragungen zu mehreren Unternehmen ermöglichen das Benchmarking bzw. den Vergleich mit Unternehmen einer Branche/in einem Aktienindex.

Für die Finanzkommunikation hat die Deutsche Vereinigung für Finanzanalyse und Asset Management (DVFA) 2010 ein standardisiertes Verfahren zur Ermittlung der Perception Profiles entwickelt: Die Erhebung erfolgt als Online-Befragung von Investment Professionals (IR Perception Profiles) und Finanzjournalisten (Media Perception Profiles) auf Basis der »Grundsätze für Effektive Finanzkommunikation« (Bolwin/Frank 2010).

So werden die Perception Profiles erhoben und ausgewertet:

1. **Profile Items.** Über eine Vorstudie zu Verhaltenserwartungen (vgl. Tool 6) oder über die Festlegung von Verhaltensstandards in einem Berufsfeld (wie z. B. von IR-Managern) werden die relevanten Bewertungskriterien festgelegt und in Gruppen geclustert.
2. **Shortlist Panel.** Die Panellisten (Befragten) werden aus Kontaktlisten/Datenbanken selektiert, das Panel wird gebildet.
3. **Online-Erhebung.** Die ausgewählten Kontakte bewerten die Kommunikation des Unternehmens.
4. **Auswertung.** Die Ergebnisse sind index-, branchen- und unternehmensbezogene Wahrnehmungsprofile. Als Gesamtscore verdichtet, entsteht so ein Indexwert für die prozentuale Erfüllung des SOLL-Verhaltens.
5. **Reporting.** Im Abschlussbericht werden die Ergebnisse für das eigene Unternehmen mit den KPIs von Benchmarks verglichen und Optimierungspotenziale ausgewiesen.

IR Perception Profiles der DVFA. Verhaltensdimensionen und Gesamtscore

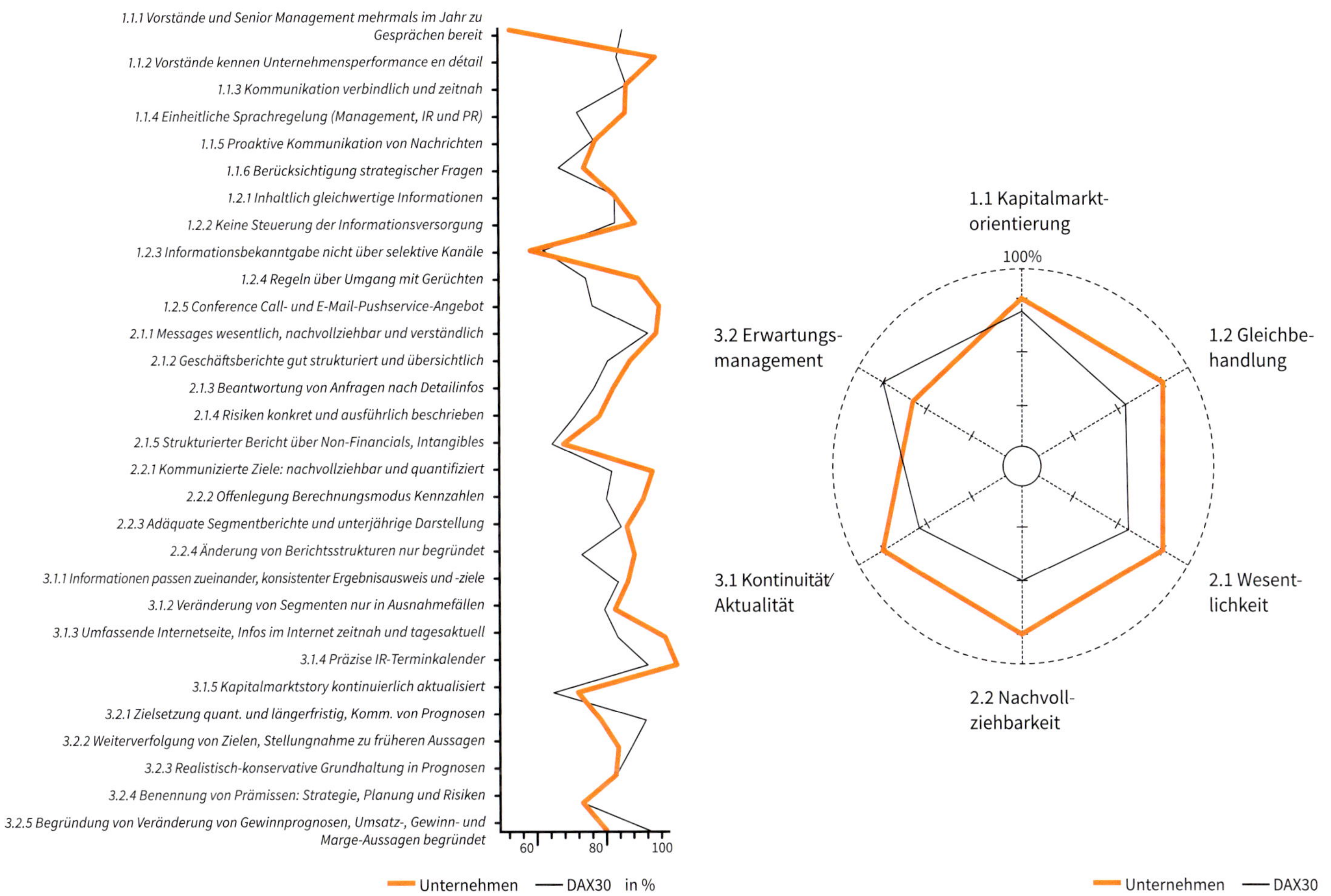

(Bolwin/Frank 2010)

TOOL 86 NET PROMOTER SCORE

Leitfrage

Wie hoch ist die Weiterempfehlungsbereitschaft für das Unternehmen/die Marke/das Produkt?

Zielsetzungen

- Die Zufriedenheit der Nutzer/Kunden mit dem Unternehmen/Produkt ermitteln
- Potenziale für die Weiterempfehlungsbereitschaft identifizieren
- Das eigene Unternehmen/Produkt mit dem Wettbewerb vergleichen

Umsetzung

Der Net Promoter Score (NPS) gibt in einem Index Antwort auf die Frage: Wie wahrscheinlich ist es, dass Stakeholder, wie z. B. Kunden oder Mitarbeiter, das Unternehmen/die Marke/das Produkt einem Freund oder Kollegen weiterempfehlen? Beantwortet wird die Frage auf einer Skala von 0 (= unwahrscheinlich) bis 10 (= äußerst wahrscheinlich).

In Nutzerbefragungen kann der NPS mit weiteren Fragen kombiniert werden (z. B. mit dem Vertrauensbarometer: Tool 6). So werden auch die Treiber/Ursachen für die NPS-Bewertung in die Evaluation einbezogen, z. B.:

- Zufriedenheit mit dem Produkt/Service
- Qualitätsbewertung des Produkts/Services
- Erreichbarkeit/Freundlichkeit/Lösungsgeschwindigkeit des Supports
- Identifikation mit dem Unternehmen

Als KPI bietet der NPS valide Benchmark-Werte nach Unternehmensgrößen und Branchen.

So wird der Net Promoter Score ermittelt:

1. Die Frage nach der Empfehlungsbereitschaft wird über eine schriftliche oder Online-Befragung den Kunden/Nutzern gestellt.
2. Aus der Antwort werden die Anteile der Promotoren (Skalenwerte 9 und 10) ermittelt.
3. Davon werden die Anteile der Detraktoren abgezogen (Skalenwerte 0 bis 6). Die Unentschiedenen (Skalenwerte 7 und 8) bleiben unberücksichtigt.
4. Das Ergebnis ergibt den NPS (zwischen –100 und +100).

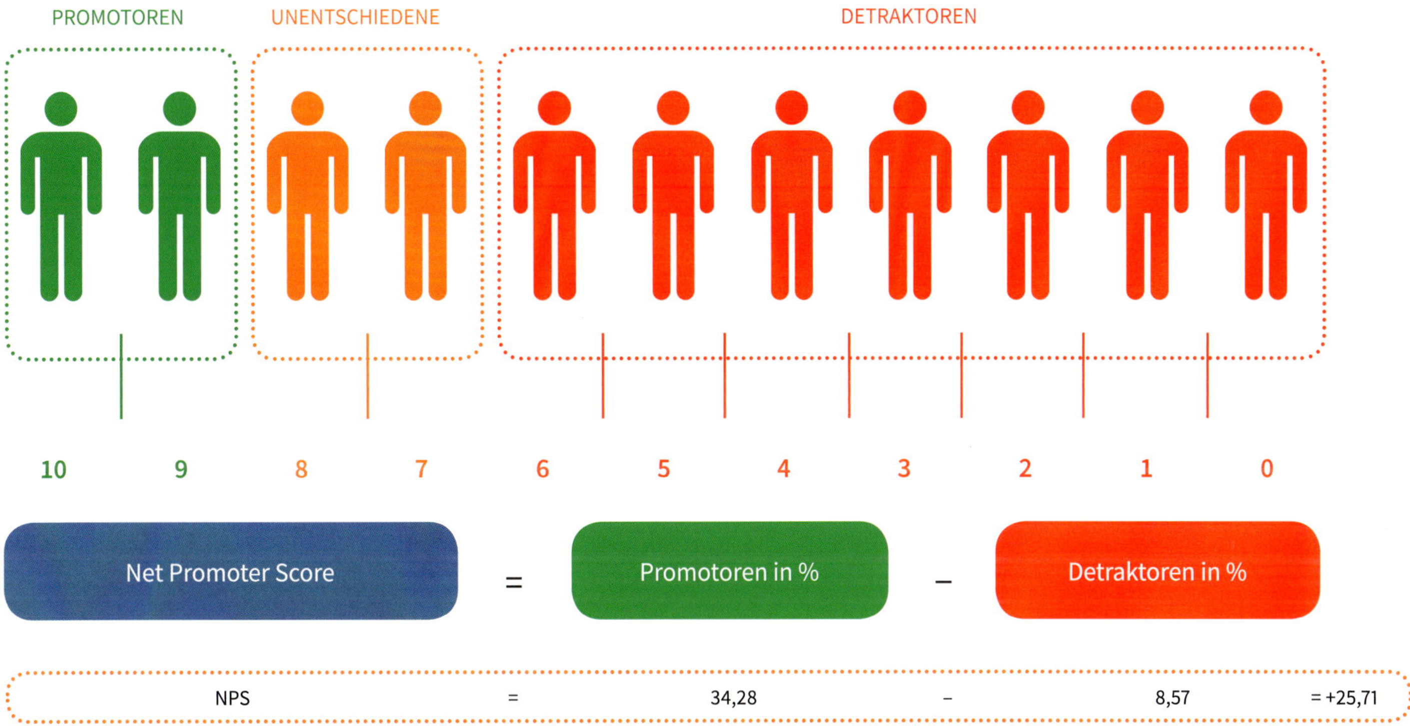

(nach Markey/Reichheld 2011)

TOOL 87 MYSTERY TESTING

Leitfrage

Wie verhält sich das Front Desk gegenüber dem Stakeholder in kritischen Situationen?

Zielsetzungen

- Service Readiness und Reaktionsgeschwindigkeiten im Stakeholderkontakt messen
- Einhaltung von Standards überprüfen
- Kompetenzen der Beteiligten im Stakeholderkontakt trainieren
- Schwachstellen und Optimierungspotenziale am Front Desk bzw. am betrachteten Touchpoint erkennen

Umsetzung

Das Mystery Testing stammt aus dem Marketing und simuliert in seiner ursprünglichen Version einen Einkaufsvorgang am Point of Sale (Mystery Shopping, vgl. Mysterypanel.com o. J.). Dafür werden geschulte Beobachter eingesetzt, die in einer realen Situation am Touchpoint als Kunden auftreten. Sie bewerten den Service nach einem festgelegten Kriterienkatalog und gewinnen so ein Bild der Servicequalität. Wird das Mystery Testing über verschiedene Unternehmen der Branche durchgeführt, lässt sich das eigene Ergebnis gegen den Wettbewerb benchmarken. Im Kommunikationsmanagement wird das Mystery Testing unter anderem eingesetzt, um Reaktion und Reaktionszeiten in Social Media oder bei Journalistenanfragen zu testen, z. B. beim Pressestellentest des PR-Magazins.

So wird das Mystery Testing durchgeführt:

1. Ziele, Scope (inhaltlich, zeitlich, Kanal) und Kriterienkatalog werden festgelegt. Dabei können die Kriterien unterschiedlich gewichtet werden.
2. Die Mystery-Tester werden geschult, um auch kritische Situationen und Eskalationsstufen zu simulieren.
3. Der Test wird telefonisch, schriftlich oder persönlich durch die Mystery-Tester am vorgegebenen Touchpoint durchgeführt und gemäß dem Kriterienkatalog dokumentiert. Am Ende des Tests geben sich die Mystery-Tester zu erkennen (geplante Enttarnung).
4. Die Testergebnisse werden ausgewertet und Empfehlungen zur Verbesserung des Kontakts am Touchpoint werden abgeleitet. Tests über mehrere Unternehmen/Organisationen hinweg können zu einem Ranking verdichtet werden.

Mystery Testing von Pressestellen: Bewertungsschema

	KONTAKT	ERREICHBARKEIT	REAKTIONSTEMPO	UMFANG DER AUSKUNFT	QUALITÄT DER AUSKUNFT
MAX. PUNKTE	*20*	*20*	*20*	*20*	*20*
KRITERIEN-KATALOG	*1 Klick führt von der Startseite zu einer Telefonnummer der Pressestelle:* ***20 Punkte*** *(…)* ***1 Punkt Abzug** in allen o.g. Fällen, wenn Pressekontakte wegen unlogischer Einordnung der Rubrik auf der Homepage länger als üblich gesucht werden müssen oder fehlen.* *(…)* *Weder Pressekontakte auf Homepage noch allgemeine Rufnummer einer Telefonzentrale, sondern allgemeine E-Mail-Adresse oder Kontaktformular als einzige Kontaktmöglichkeit zum Unternehmen:* ***1 Punkt*** *Gar keine Kontaktmöglichkeit zum Unternehmen auf der Homepage:* ***0 Punkte***	*Ansprechpartner beim ersten Anruf erreichbar:* ***20 Punkte*** *(…)* *Nach max. 3 vergeblichen Anrufversuchen (oder wenn eine telefonische Kontaktmöglichkeit fehlt) senden wir die Testanfrage per E-Mail:* *Ansprechpartner meldet sich (egal ob telefonisch oder per kurzer Mailbestätigung oder gleich mit den vollständigen Antworten) innerhalb von 2 Stunden nach E-Mail-Versand:* ***12 Punkte*** *(…)* *Rückmeldung am letzten Testtag:* ***2 Punkte*** *Niemand erreichbar:* ***0 Punkte***	*Direkt beim ersten Anruf:* ***20 Punkte*** *(…)* *Keine Reaktion:* ***0 Punkte*** ***1 Zusatzpunkt** für Verbindlichkeit gibt es für eine schnelle Eingangsbestätigung (auf schriftliche Anfragen via E-Mail/Kontaktformular) oder wenn die Pressestelle nach dem telefonischen oder schriftlichen Erstkontakt über den Stand der Bearbeitung auf dem Laufenden hält. Den Zusatzpunkt gibt es nicht, wenn es sich bei der Rückmeldung um den Erstkontakt zum Unternehmen handelt.*	*Zu 100 % erfüllt: **20 Punkte*** *(…)* *Keine Antwort, aber zumindest verbindliche Absage:* ***1 Punkt*** *Keine Antwort:* ***0 Punkte***	*Zu 100 % journalistisch und medienadäquat: **10 Punkte*** *(…)* *Unkomplizierte Freigabe (Daten, Quellen, Zitate): **5 Punkte*** *Weitere Recherchequellen/Ansprechpartner angeboten:* ***3 Punkte*** *Hintergrundinfos geliefert:* ***2 Punkte***
Σ PUNKTE					
GEWICHTUNG	*15 %*	*15 %*	*15 %*	*20 %*	*35 %*

(PR Magazin 2018)

TOOL 88 A/B-TESTING

Leitfrage

Welche Variante der Kommunikationsmaßnahme ist erfolgreicher?

Zielsetzungen

- Hypothesen über die Wirkung von Maßnahmeneigenschaften testen
- Stakeholderpräferenzen in Bezug auf Content, Design, Format besser einschätzen
- Ansätze für die Optimierung von Kommunikationsmaßnahmen gewinnen

Umsetzung

Der A/B- oder auch Split-Test prüft zwei oder mehr Varianten einer Maßnahme gegeneinander. Wie beim klassischen Experiment sollten die weiteren Rahmenbedingungen (intervenierenden Variablen) möglichst unverändert sein. Eine Erweiterung sind multivariate Tests, bei denen eine Vielzahl von Änderungen parallel ausgespielt und bewertet wird. Für signifikante Aussagen ist eine große Anzahl an Testern erforderlich, da ein Bereich – Content, Design oder Format – mehrere Variationen aufweisen kann.

In der Kommunikation wird das A/B-Testing vor allem für die Optimierung von Webseiten, insbesondere Shopseiten und Landingpages, von Newslettern und von Werbebannern eingesetzt. Getestet werden primär Varianten auf den Ebenen Content, Design und Format (vgl. Loveday/Niehaus 2007). Mittlerweile bieten viele Web-Analytics- und Enterprise-CMS-Anbieter die Möglichkeit, Tests in die Webseite zu integrieren und diese auszuwerten.

So wird das A/B-Testing durchgeführt (vgl. Optimizely o. J.; Optimize 2019):

1. Auf Basis der Kommunikationsziele werden Test-Hypothesen aufgestellt.
2. Die Maßnahme wird in Varianten umgesetzt und distribuiert.
3. Über Monitoring-Tools (vgl. Tools 90 und 92) wird die Wirkung der Varianten gemessen.
4. Die erfolgreiche Variante wird auf weitere Kommunikationsmaßnahmen ausgerollt.

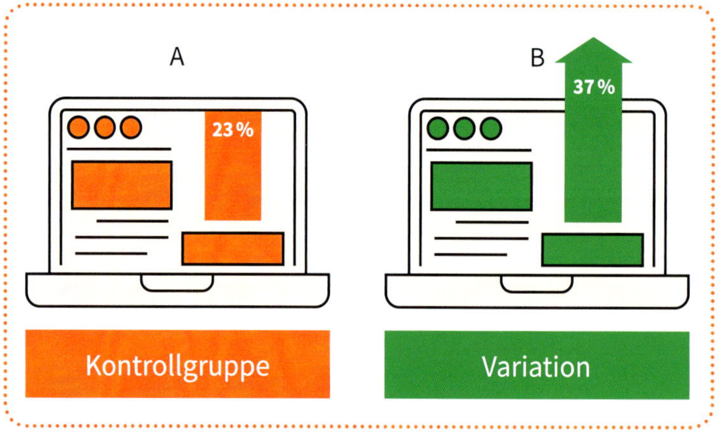

(nach Optimizely o. J.)

A/B-Testing Newsletter zur Produkteinführung

*Hypothese: Wenn ich als Newsletter-Aufmacher das **Video-Tutorial** verwende, steigen die **Abverkäufe** des Test-Pakets.*

	VARIANTE A	VARIANTE B
BESCHREIBUNG	*Packshot als Aufmacher*	*Video-Tutorial als Aufmacher*
ÖFFNUNGSRATE	*12%*	*18%*
CLICK-RATE	*2,5%*	*3%*
CONVERSION RATE *(Bestellung Test-Paket)*	*0,8%*	*1,2%*
ENTSCHEIDUNG		X

TOOL 89 KOSTEN-NUTZEN-ANALYSE

Leitfrage

Welche Aktivitäten bieten das beste Verhältnis von Kosten und Nutzen?

Zielsetzungen

- Die Wirtschaftlichkeit von abgeschlossenen oder geplanten Maßnahmen verbessern
- Die Wirkung der eingesetzten Ressourcen optimieren
- Das Maßnahmenportfolio kostenorientiert optimieren

Umsetzung

Kosten-Nutzen-Analysen werden im Kommunikationsmanagement für die Bewertung und den Vergleich von verschiedenartigen Maßnahmen/Projekten eingesetzt – und zwar ex post (rückblickende Analyse) wie auch ex ante (Abschätzung von Alternativen zur Entscheidungsfindung).

Die besondere Herausforderung von solchen Analysen in Marketing und Kommunikation besteht darin, dass die meisten Kommunikationsergebnisse wie *Image, Veränderungsbereitschaft, Veröffentlichungen* nicht monetär ausgedrückt werden können – sodass das Verhältnis von Kosten und Nutzen nicht als ein einfacher Quotient ausgedrückt werden kann, wie im Falle von Kontaktpreisen (TKP) oder Kosten pro Klick (CPC).

Wenn der Nutzen nicht monetär ist, können dennoch Quotienten gebildet werden aus einem vorgegebenen Ergebnis und unterschiedlichen Kosten – präferiert wird dann das Kostenoptimum. Oder es wird, ebenfalls über den Quotienten von Kosten und Nutzen, für vorgegebene Spendings die größte Wirkung gesucht.

Das sind die typischen Schritte der Kosten-Nutzen-Analyse (vgl. Nas 1996):

1. Alternative Maßnahmen/Projekte werden mit ihren Kosten tabellarisch erfasst.
2. Die (möglichen) Nutzen werden gegenübergestellt und – wenn möglich – monetär ausgedrückt.
3. Die Quotienten zwischen Kosten und Nutzen werden ermittelt.
4. Es erfolgt die Bewertung, welche Maßnahme sich stärker auszahlt bzw. welche Maßnahme/welche Methode gewählt werden soll.

Theorie: Kosten-Nutzen-Analyse

Kosten-Nutzen-Analysen werden sowohl im öffentlichen Bereich (»Wirtschaftlichkeitsuntersuchung« nach § 7 Bundeshaushaltsordnung) als auch auf volkswirtschaftlicher und betriebswirtschaftlicher Ebene ex post oder ex ante durchgeführt. Kosten-Nutzen-Analysen zielen entweder auf Rentabilität, Minimierung der Kosten oder auf Wirksamkeit ab.

- **Rentabilität.** Die klassische Kosten-Nutzen-Analyse misst sowohl Kosten als auch Nutzen monetär. Dafür müssen auch die Nutzen – z. B. Image, Kundenzufriedenheit oder redaktionelle Veröffentlichungen – in Geldeinheiten transferiert werden.
- **Kostenminimierung.** Hierfür werden die Kosten der Durchführungsvarianten verglichen. Die Nutzen können in unterschiedlichen Dimensionen angegeben sein. Die kostengünstigste Methode, die das gewünschte Ergebnis erzielt, wird gewählt.
- **Wirksamkeit.** Auch hier kann der Nutzen in unterschiedlichen Dimensionen angegeben sein. Allerdings geht es um den größtmöglichen Effekt bei vorgegebenen Kosten. Die Wirksamkeit wird als Quotient (Ratio) ausgedrückt.

	Display-Kampagne	*Newsletter-Kampagne*	*SEA-Kampagne*
Umsatz im Kampagnenzeitraum mit Trackingcode	*5.000 €*	*6.500 €*	*6.000 €*
Werbekosten	*2.000 €*	*1.500 €*	*2.500 €*
Agenturkosten	*500 €*	*1.000 €*	*250 €*
Interne Ressourcen	*500 €*	*1.000 €*	*500 €*
Zwischensumme Gesamtkosten	*3.000 €*	*3.500 €*	*3.250 €*
Return on Advertising Spendings (RoAS) mit der Formel: Umsatz – Gesamtkosten geteilt durch Werbekosten	$\frac{5.000 € - 3.000 €}{2.000 €}$	$\frac{6.500 € - 3.500 €}{1.500 €}$	$\frac{6.000 € - 3.250 €}{2.500 €}$
Nettogewinn beim Einsatz von 1 Euro	***1,00 €***	***2,00 €***	***1,10 €***

TOOL 90 SOCIAL-MEDIA-MONITORING

Leitfrage

Entsprechen die Social-Media-Aktivitäten den Relevanzen und Präferenzen der Stakeholder?

Zielsetzungen

- Erkennen, welche Social-Media-Aktivitäten erfolgreich sind, welche nicht
- Relevanzen und Präferenzen der Stakeholder besser beurteilen können
- Krisenpotenziale schnell erkennen
- Gut funktionierenden Social-Media-Content ausbauen
- Die Social-Media-Strategie, insbesondere die Wahl der Plattformen, optimieren

Umsetzung

Über das Social-Media-Monitoring behält der Kommunikationsmanager die Nutzeraktivitäten in allen Social-Media-Plattformen im Blick. Aussagekräftig werden die überwiegend quantitativen Kennzahlen allerdings erst in der Kombination mit anderen Metriken, z. B. Zeitreihenbetrachtungen oder Kausalbeziehungen (vgl. Fiege 2012, Rossmann 2013).

Typische Kennzahlen, die durch Monitoringsysteme ermittelt werden, sind:

- Fans/Follower eigener Präsenzen
- Shares/Likes auf eigenen Kanälen
- Kommentare zu eigenen Inhalten
- Mentions auf Präsenzen von Dritten
- Verweise aus Präsenzen von Dritten

Darüber hinaus können qualitative inhaltsanalytische Untersuchungen eingebunden werden, z. B. zu Tonalität (Sentiment), Trends/Themen oder Kontexten von Nennungen. Neben der Steuerung der Social-Media-Strategie und der Inhalte ist das Monitoring essenziell in der Krisenkommunikation.

So führt man das Social-Media-Monitoring durch:

1. **Konzeption.** Zunächst werden Zielsetzung und Scope des Monitorings definiert.
2. **Monitoringtool.** Es wird ein Monitoringsystem ausgewählt, das die zu erfassenden KPIs und ggf. weitere Analysen abdeckt.
3. **Erfassung und Auswertung.** Das gewählte Tool erfasst automatisch die Social-Media-Beiträge zu den definierten Themen und bewertet sie nach den festgelegten Kriterien.
4. **Reporting.** Die Darstellung erfolgt automatisiert, typischerweise in Form von Balken- und Tortendiagrammen. Diese können um Beispiele von Beiträgen, z. B. Reichweiten-Top-10, ergänzt werden. Die Frequenz des Reportings wird individuell eingestellt, in Krisen mindestens tagesaktuell.
5. **Management Summary.** Die Kommunikationsabteilung/Agentur ordnet die Ergebnisse ein und leitet Empfehlungen ab.

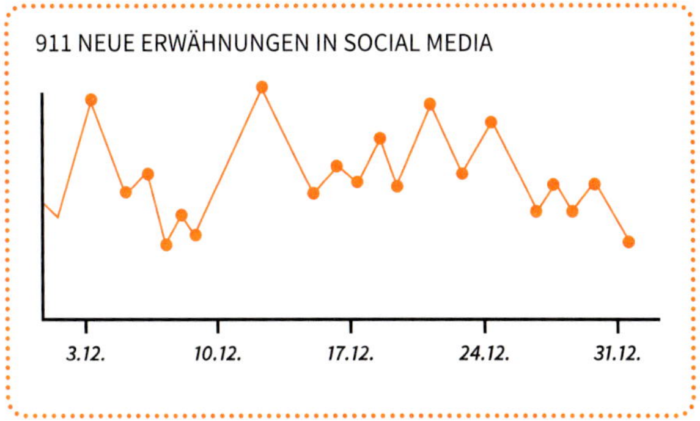
911 NEUE ERWÄHNUNGEN IN SOCIAL MEDIA
3.12.
10.12.
17.12.
24.12.
31.12.

MENSCHEN I ORTE I ORGANISATIONEN
651 Personen wurden gefunden im Inhalt von 911 Erwähnungen
Hans Meyer 63
Ben Müller 53
Franka Eisen 43
Manni Kurt 41

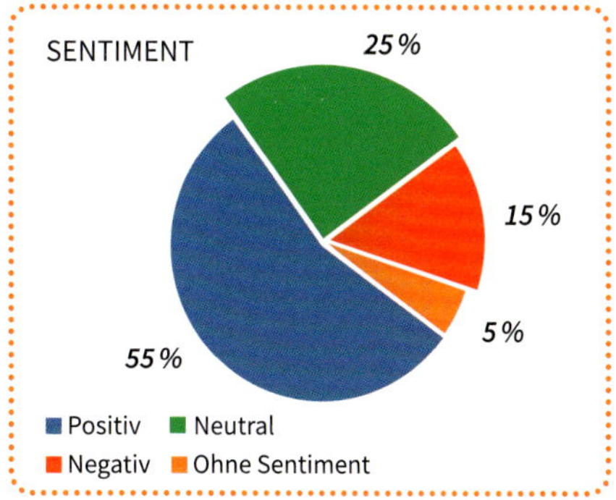
SENTIMENT
25 %
15 %
5 %
55 %
Positiv
Neutral
Negativ
Ohne Sentiment

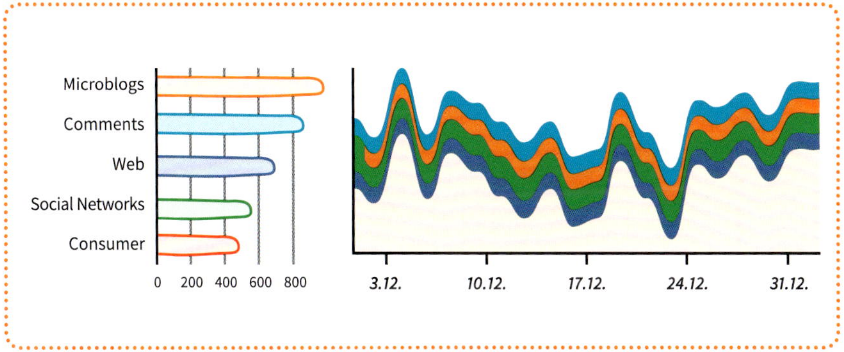
Microblogs
Comments
Web
Social Networks
Consumer
0 200 400 600 800
3.12.
10.12.
17.12.
24.12.
31.12.

Greendeal
Shopping
...
nachhaltig
ÖKO
TEUER
ECO-FASHION
FOOTPRINT
Angebot
Klamotten
kaufen

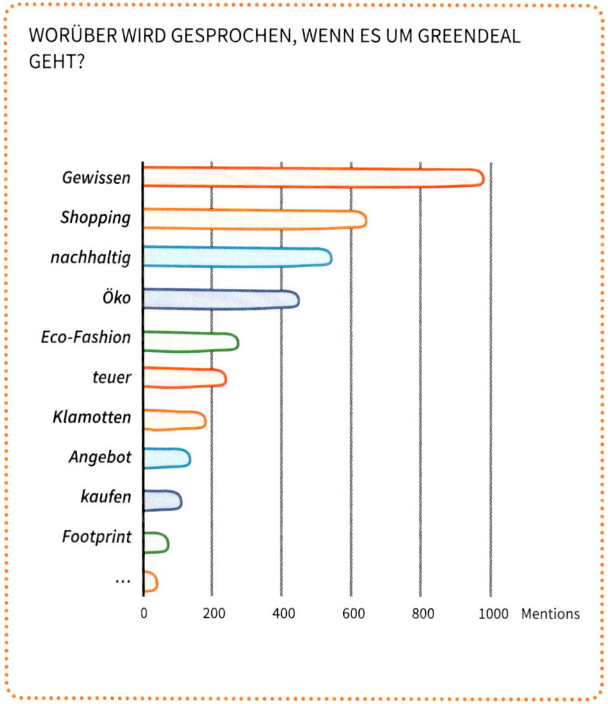
WORÜBER WIRD GESPROCHEN, WENN ES UM GREENDEAL GEHT?
Gewissen
Shopping
nachhaltig
Öko
Eco-Fashion
teuer
Klamotten
Angebot
kaufen
Footprint
...
0 200 400 600 800 1000 Mentions

TOOL 91 RANKING-MONITORING (SEO)

Leitfrage

Wie gut wird unsere Webseite in Suchmaschinen gefunden?

Zielsetzungen

- Erfolg von SEO (Search Engine Optimization, deutsch: Suchmaschinenoptimierung) messen und reporten
- Relevanz der Webseite tracken
- Die Steuerung von Fachabteilung und Agentur optimieren

Umsetzung

Für die Evaluation und den Ausbau des SEO-Erfolgs werden Suchmaschinen-Algorithmen analysiert. Da umfangreiche Webprojekte mehrere Hundert oder Tausend Keywords umfassen, werden diese mithilfe eines Webtools automatisiert eingelesen. Am Markt etablierte Anbieter sind u. a. Searchmetrics.com, Sistrix.de und Keywordmonitor.de. Die Algorithmen verändern sich ständig und berücksichtigen neue Trends und Anforderungen der Nutzer sowie Endgeräte. Als Beispiele hierfür lassen sich *Voice*, *Mobile* und *User Intent* nennen.

Das Ranking-Monitoring gibt Aufschluss darüber, welche Suchbegriffe an welchen Positionen in den Suchmaschinenergebnissen auftauchen. Die Erfassung des Rankings der eigenen Webseite ist neben der Analyse des Besucherverhaltens (vgl. Tool 92) eine zentrale Messgröße für die Attraktivität der Webseite.

Alle SEO-Bemühungen, unter die Top-Platzierungen zu kommen, lassen sich so in einem einfachen Report zusammenfassen. Einzelne Toolanbieter wie Sistrix gehen noch einen Schritt weiter und errechnen einen Indexwert, der die Sichtbarkeit der Webseite in einer Kennzahl zusammenfasst (vgl. Kronenberg 2013). Der Sichtbarkeitsindex weist Veränderungen des Rankings einer Domain in den organischen Suchergebnissen von Google gewichtet aus.

So funktioniert das Ranking-Monitoring:

1. Das Tool indiziert die Keywords der Webseite.
2. Das Tool listet die Positionen in den Suchergebnissen, URL, Land und Suchmaschine.
3. Regelmäßiges Crawlen zeigt Positionsveränderungen im Zeitverlauf.
4. Ein automatisierter Report wird erstellt.
5. Ggf. bildet das Trackingtool einen Index über die verschiedenen Keywords.

RANKING VON KEYWORDS

KEYWORD	POSITION	URL	STAND...	...	...	DATUM	
IPRN	5 +8	*www.eigene-domain.de*	*DE*		G	*19-01-20*	
Finanzkommunikation	14 -1	*www.eigene-domain.de*	*DE*		G	*19-01-20*	
Issue Management	23 -2	*www.eigene-domain.de*	*DE*		G	*19-01-20*	
Interne Kommunikation	67	*www.eigene-domain.de*	*DE*		G	*19-01-20*	
...	...	*www.eigene-domain.de*	*DE*		G	*19-01-20*	

ENTWICKLUNG IM ZEITVERLAUF

KEYWORD	STAND...	SUCHMASC...	...	01 2020	52 2019	51 2019	50 2019	49 2019	48 2019
IPRN	*DE*	*Google*		5	13	13	6	6	9
Finanzkommunikation	*DE*	*Google*		14	13	13	8	8	12
Issue Management	*DE*	*Google*		24	22	22	23	86	86
Interne Kommunikation	*DE*	*Google*		67	67	67	76	88	88
...	*DE*	*Google*		...	...	...	...	...	...

Grün = Besser als Vorwoche
Rot = Schlechter als Vorwoche

TOOL 92 WEBANALYTICS

Leitfrage

Woher kommen die Nutzer auf unsere Webseite und wie bewegen sie sich?

Zielsetzungen

- Besucherströme und -verhalten transparent machen
- Akquisitionsquellen für Besucher bewerten, z. B. Drittplattformen
- Umsetzungsvarianten in Echtzeit testen und anpassen
- Content, Design und Architektur nutzerorientiert optimieren

Umsetzung

Webanalytics zeigen, woher Besucher auf die Webseite des Unternehmens kommen und wie sie sich auf der Seite bewegen. Das erlaubt Rückschlüsse auf die Kampagnen-Performance, auf die Usability der eigenen Webseite sowie auf Brüche in der Customer Journey (vgl. Tool 74).

So arbeitet man mit dem Tool:

1. Der Scope der Analyse wird festgelegt.
2. Auf Basis der Kommunikationsziele werden die Fragestellungen der Analyse definiert.
3. In der Webanalytics-Software werden die relevanten KPIs ausgewählt.
4. Eigene Conversion-Ziele (Events, Tracking-Ziele) werden eingerichtet.

Webanalytics. Fragestellungen und KPIs

TRACKING VON	FRAGESTELLUNG	BEISPIELE KPIS/KRITERIEN
Visits, Page Impressions und Stickiness	• Wie viele Besucher hat die Webseite? • Wie viele Seitenabrufe gibt es? • Wie lange verweilen Besucher auf den Seiten?	• Visitors/User: unique, gesamt, Verlauf im Zeitraum • PI: Ø pro Besucher, Ø pro Sitzung • Stickiness: Ø Verweildauer pro Seite und Sitzung
Pfadanalyse	• Wie lässt sich der Pfad der Besucher zur gewünschten Conversion optimieren? • Wo gibt es Schwachstellen innerhalb der Webseite? • Wo bricht der Nutzer ab? (vgl. Tool 74: Customer Journey, vgl. Tool 17: Touchpoint-Analyse, vgl. Tool 93: Usability-Test)	Ranking oder individuelle Abbruchquote je Seite, insbesondere • Shops (Startseite) • Rubrikseite (Produktsegment) • Produktseite (Produktdetails) • Checkout (Bezahlvorgang) • Landingpages (Kampagnenseite)
Erstbesuch/ Wiederholungs-besuch	• Wie viele Nutzer sind Erstbesucher? • Wie viele Nutzer sind wiederkehrende Besucher der Webseite?	Wiederkehrende Besucher ermittelt über Cookies (Ausgangspunkt für Behavioral Targeting)
Entry-Exit-Pages	• Wo auf der Webseite steigen Besucher ein? • Auf welchen Seiten brechen sie ab oder verlassen gar die Webseite?	• Besucherinteressen • Top-Angebote der Webseite (vgl. URL- und Suchmaschinen-Referrer) • Schwachstellen der Webseite (vgl. Pfadanalyse)
Besucher-informationen	• Wie verhalten sich die Besucher auf der Webseite? • Wie sind die Besucher technisch ausgerüstet? • Wie sollte die Webseite technisch optimiert werden?	**Technik der Besucher:** • Betriebssysteme • Endgeräte • Bildschirmauflösungen • Zugriff mobil vs. Desktop **Infos erlauben Optimierungen im Hinblick auf:** • Seitenaufbau/-hierarchie • Navigation • Ladezeiten • Werbeplatzierungen

TRACKING VON	FRAGESTELLUNG	BEISPIELE KPIS/KRITERIEN
Suchmaschinen-Referrer	• Von welchen Suchmaschinen kommen Webseiten-Besucher? • Mit welchen Suchbegriffen landen Besucher auf der Webseite?	Individuelle Suchphrasen/Keywords
URL-Referrer	• Welche URL/Webseite haben Webseiten-Besucher zuvor geklickt? • Welche Traffic-Quellen (außer Suchmaschinen) gibt es? • Ist der Aufbau von Links (Linkbuilding) erfolgreich?	Individuelle URL/Webseite
Kampagnen	• Wie oft wird das Werbemittel geklickt? • Wie viel Traffic generiert die Kampagne? • Wie viele Conversions erzielt die Kampagne?	• Anzeigen • Banner • Sonstige Werbekampagnen (auch TV/Offline mit Call-to-Action auf die Webseite)
Aktionen	• Was interessiert Besucher auf der Seite? • Worauf wird am meisten geklickt? • Welche Conversions werden ausgelöst?	• Link-Tracking • Absenden von Formularen • Newsletter-Anmeldungen • Warenkorbbefüllung • Abschluss Checkout-Prozess

(nach Erlhofer 2016)

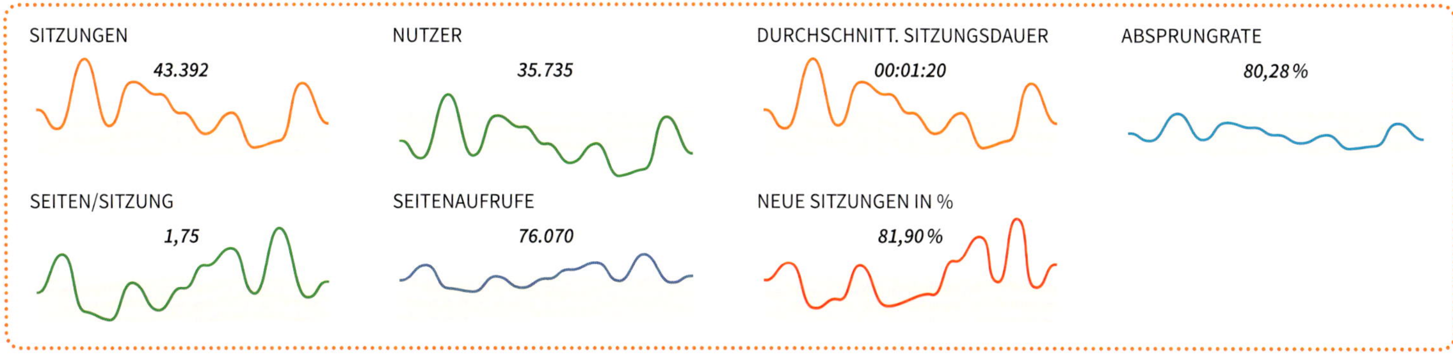

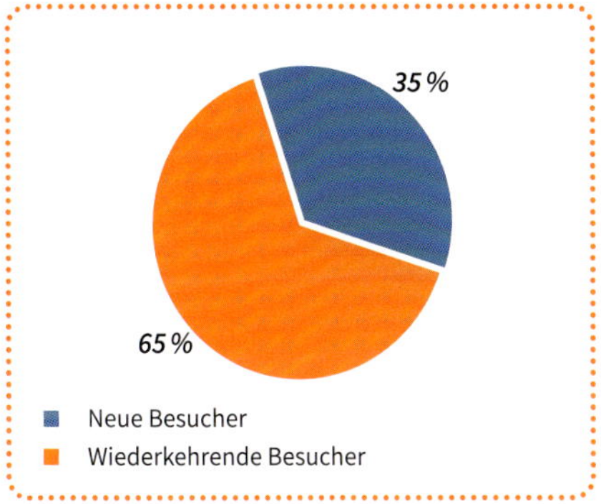

BROWSER	SITZUNGEN	% SITZUNGEN
1. Chrome	*14.326*	*33,02 %*
2. Firefox	*11.930*	*27,49 %*
3. Internet Explorer	*7.652*	*17,63 %*

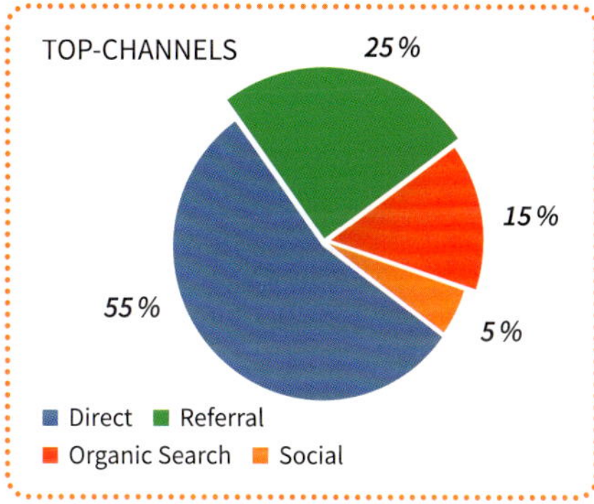

TOOL 93 USABILITY TEST

Leitfrage

Wie gut ist die Usability der Webseite/App?

Zielsetzungen

- Die Nutzerperspektive verstehen
- Kritische Punkte/Brüche in der User Journey identifizieren
- Usability (Anwenderfreundlichkeit) für die Nutzer steigern

Umsetzung

Web Usability Tests können rein technisch im Hintergrund ablaufen oder mit direkter Beteiligung und dem Wissen der Nutzer in einer Testlaborsituation durchgeführt werden.

Technische Analyse. Nicht immer ist ein aufwendiger Versuchsaufbau mit dem Eyetracking-Verfahren notwendig. Viele Erkenntnisse lassen sich bereits aus der Analyse der sogenannten Heatmap ableiten. Sie zeigt, wohin die Nutzer auf der Webseite klicken. Dabei werden alle Klicks oder Bewegungen aggregiert und die Aktionsbereiche auf der Seite in drei Farbabstufungen eingefärbt:

- Blau-Grün kennzeichnet geringe Konzentration.
- Gelb-Orange steht für mittlere Konzentration.
- Rot signalisiert hohe Konzentration.

Die so aggregierten Daten werden dargestellt als

- **Heatmap.** Wo klicken oder verweilen Nutzer?
- **Scrollmap.** Wo verweilen Nutzer bei Langformaten/Longpagern?
- **Klickmonitor.** Welche Punkte klicken Nutzer am meisten, gefiltert nach Segmenten?

Falls die verwendete Webanalytics-Software keine Heatmap-Darstellung anbietet, gibt es zusätzliche Analysetools, die sich integrieren lassen, z. B. crazyegg.com, hotjar.com oder overheat.io (deutscher Anbieter und Serverstandort).

Mit Nutzerbeteiligung. Befragung*:* Für die Usability eignen sich Nutzerbefragungen nur begrenzt, lediglich für frühe Prototypen erzeugt dies aussagekräftige Ergebnisse. Grenzen der Befragung zur Usability liegen im Bias: im Einfluss der Situation, in sozial erwünschten Antworten, in Ungeduld. Bei der Selbstauswahl von Online-Probanden äußern sich vor allem Unzufriedene.

Beobachtung*:* Im klassischen Versuchsaufbau testet der Proband als prototypischer Nutzer die Anwendung. Der Moderator stellt ein oder mehrere Aufgaben. Im Hintergrund protokolliert der Beobachter, ggf. durch technische Messungen unterstützt. Wichtig: Je nach Versuchsaufbau, Anzahl der Probanden und verwendeter Technik variiert die Aussagekraft der Tests stark.

Der richtige Usability-Test für jede Fragestellung

TESTTYP	MODELL-ABBILDUNG	NAME	WAS WIRD GEMESSEN?	EINSATZZWECK/ EINSCHRÄNKUNG
Maps	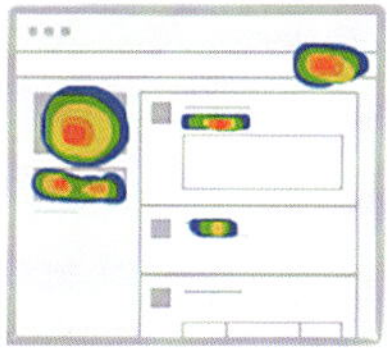	Heatmap	Bereiche mit den meisten Bewegungs- oder Klickaktivitäten (Maus- oder Finger)	Aggregierte Daten vereinfachen stark; Platzierung von Top-Inhalten und Navigationselementen
	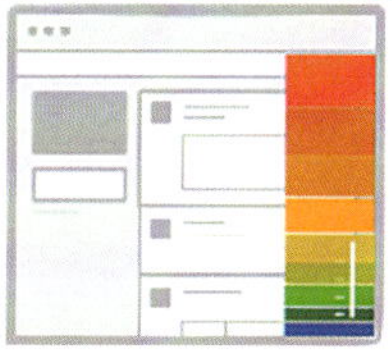	Scrollmap	Die optimale Scrolltiefe	Platzierung Call-to-Action/wichtiger Informationen
	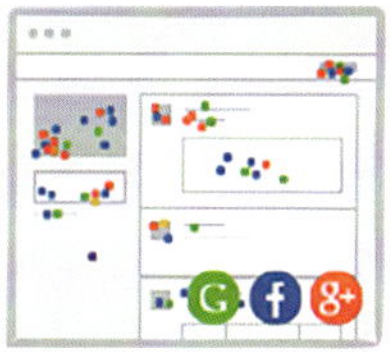	Klickmonitor nach Segmenten	Bereiche mit den meisten Klickaktivitäten (Maus- oder Finger), gefiltert und segmentiert nach Nutzereigenschaften wie *Geografie, Betriebssystem* etc.	Detailansicht der Heatmap
	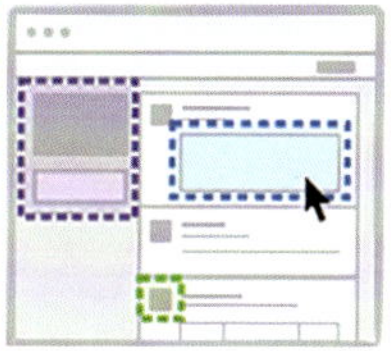	Seitenelemente	Prozentuale Verteilung der Klicks auf die einzelnen Seitenelemente	Optimierung einzelner Seitenelemente

TESTTYP	MODELL-ABBILDUNG	NAME DES TESTS	WAS WIRD GEMESSEN?	EINSATZZWECK/ EINSCHRÄNKUNG
Screen-Recording		Screen-Recording	Aufzeichnung der Maus- oder Fingerklicks	Einzelfallbetrachtung
	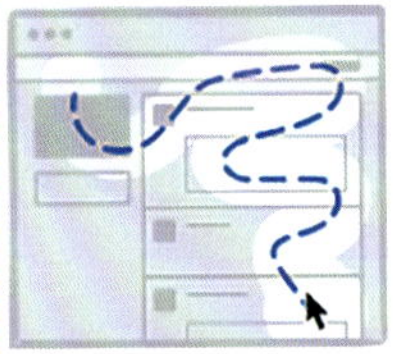	Screen-Recording	Aufzeichnung der Maus- oder Fingerbewegung	Einzelfallbetrachtung. Welche Bereiche werden vermieden/nicht beachtet?
	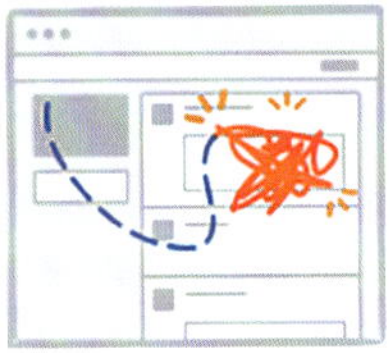	Screen-Recording	Aufzeichnung der Problembereiche	Einzelfallbetrachtung. Wo entstehen Irritationen, Schleifen, wiederholte Klickversuche?
Befragung	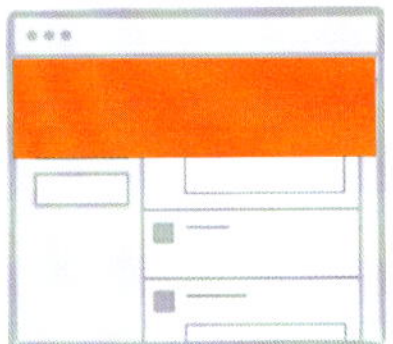	Nutzer-befragung	Antworten (offen, teil- oder vollstandardisiert)	Probleme können oft schwer formuliert werden, besser nach Bedürfnissen fragen

TEST-TYP	MODELL-ABBILDUNG	NAME DES TESTS	WAS WIRD GEMESSEN?	EINSATZZWECK/ EINSCHRÄNKUNG
Beobachtung		Eyetracking im Labor	Blickerfassung (Fixationen und Bewegungen) der Probanden während der Lösung einer Aufgabe	Anzahl und Auswahl der Tester, Aufwand für Laboraufbau und Eyetracker
		Live-Usability-Nutzertest	Alle Hindernisse beim Lösen der gestellten Aufgabe	Anzahl und Auswahl der Tester, Aufwand für Aufbau in kontrollierter Umgebung oder beim Kunden
		Remote-Usability-Nutzer	Alle technisch erfassbaren Hindernisse beim Lösen der gestellten Aufgabe	Installation einer Software; Beobachtung beschränkt durch Technik; Auswahl, Motivation und Konzentration der Probanden; höhere Teilnehmerzahl möglich; ortsunabhängig durchführbar

(nach Crazy Egg o. J.)

TOOL 94 CONVERSION RATE

Leitfrage

Wie hoch sind die Verluste an Nutzern bzw. die Umwandlungen (Conversions) von Touchpoint zu Touchpoint in der Customer Journey?

Zielsetzungen

- Die crossmedialen Umwandlungen in den Stufen der Customer Journey, z. B. im Inbound Marketing Funnel, ermitteln
- Die erfolgreichen und die weniger erfolgreichen Touchpoints in der Customer Journey identifizieren
- Hinweise für die Optimierung des Contents im Inbound und Outbound Marketing erhalten
- Die Zielerreichung (Conversion) des Marketing Funnels über alle Touchpoints optimieren

Umsetzung

Die Conversion Rate (Umwandlungsrate) ist ein KPI aus dem Marketing (vgl. Tool 45). Sie ist definiert als das Verhältnis zwischen den Besuchern/Clicks einer Webseite und einem definierten Zielverhalten in einem Zeitraum, z. B. Kauf. Meist wird die Conversion Rate in Prozent angegeben.

Über die gesamte Customer Journey hinweg entsteht so die Conversion Rate als Verhältnis von Page Impressions beim Erstkontakt (z. B. über ein Banner auf einer Webseite) zum Kauf oder einem anderen Zielverhalten. Was die Besuche (Visits) angeht, so sollte mit Unique Visitors gerechnet werden, d. h., jeder Besucher wird nur einmal gezählt. Auch sind Impressions durch Bots möglichst auszuschließen.

Im E-Commerce gehen Experten von einer typischen Conversion Rate von 1 % aus, das heißt, jeder hundertste Besucher tätigt einen Kauf. Weitere Benchmark-fähige Conversion Rates gibt es für die Teilschritte Visits-to-Leads-Conversion und die Leads-to-Customer-Conversion (vgl. Chaffey 2019).

Alternativ lässt sich die Conversion auch monetär und über andere KPIs ausdrücken:

- **Monetäre Bewertung.** Die Conversion Rate im Brand Funnel kann monetär bewertet werden, z. B. als Verhältnis zwischen allen Kosten des Visitors im Verlauf seiner Customer Journey und dem Ergebnisbeitrag aus dem Kauf (abzüglich Retouren): Übersteigen die Gesamtkosten pro Visitor die Erträge, kann dieses Medienportfolio oder Mediainventar nicht implementiert werden.
- **Nichtmonetäre KPIs.** Das Modell der Conversion Rate kann auch für andere vorgegebene KPIs, z. B. für Zielsetzungen der Unternehmenskommunikation, eingesetzt werden.

Die Messung der Conversion Rate ist die Basis für die Conversion-Rate-Optimierung (CRO), z. B. durch die Verbesserung der Usability, des Check-Out-Prozesses oder durch die Suchmaschinenoptimierung (vgl. Ryte Wiki o. J.).

So wird die Conversion Rate ermittelt:

1. Der Marketing Funnel wird entsprechend der Customer Journey aufgebaut (vgl. Tool 45).
2. Die Clickrate für den Start der Customer Journey und die – durch das Online-Tracking ermittelten – Conversion Rates in den einzelnen Umwandlungsstufen werden eingetragen.
3. Die Kosten pro Click bzw. Conversion werden ermittelt, ebenso die Erträge pro Kauf.
4. Die Gesamtkosten über alle Touchpoints und die Erträge pro Käufer werden gegenübergestellt.
5. Entsprechend den Ergebnissen erfolgt eine weitere Optimierung der Customer Journey mit dem Ziel der Conversion-Rate-Optimierung (CRO).

$$\text{CONVERSION RATE} = \frac{\text{(Anzahl an Conversions x 100 \%)}}{\text{(Anzahl an Visits)}}$$

Markenkauftrichter von Wettbewerbsprodukten mit Conversion Rates

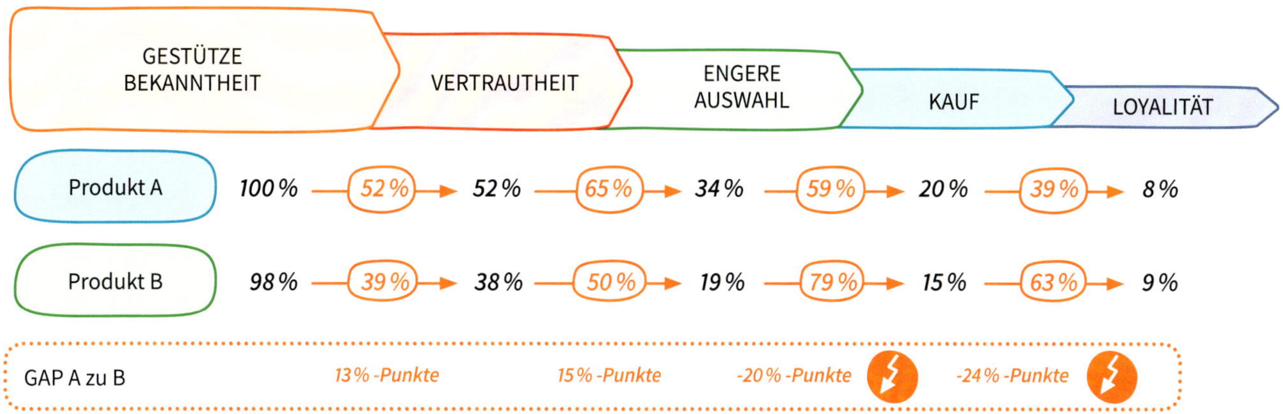

Die Prozentzahlen auf den Stufen geben an, wie viel Prozent der Kunden auf der jeweiligen Stufe abspringen bzw. auf der nächsten Stufe noch erreicht werden.

(nach Court/Elzinga/Mulder/Vetvik 2009; Riesenbeck/Perrey 2005)

TOOL 95 MATURITY PATH

Leitfrage

Wie weit ist die Kommunikationsmaßnahme im Downcascading umgesetzt?

Zielsetzungen

- Umsetzungsgrad der Maßnahme im Feld tracken
- Verbindlichkeit bei den Beteiligten (z. B. Führungskräften, Change-Botschaftern) schaffen
- Eine einheitliche Vorgehensweise über Abteilungs- und Ländergrenzen hinweg sichern
- Unterstützungsbedarfe und Lücken erkennen und nachsteuern

Umsetzung

Der Maturity Path ist ein Tool des inhaltsfreien Controllings. Er zeigt an, mit welchem Reifegrad eine Maßnahme von verschiedenen Beteiligten umgesetzt ist. Der Maturity Path eignet sich für das Tracking der Kaskadenkommunikation im Change oder die Steuerung der Umsetzung von globalen Maßnahmen in Regionen.

Die Ausdifferenzierung der Maßnahme in Reifegrade ermöglicht die verbindliche Rückmeldung über die Qualität der Umsetzung.

So arbeitet man mit dem Maturity Path:

1. Die Reifegrade für die Schritte der Maßnahmenumsetzung werden definiert und Ziele für den Umsetzungsfortschritt festgesetzt.
2. Der Maturity Path wird zusammen mit dem Briefing und/oder den Tools zur Maßnahmenumsetzung an die beteiligten Manager geschickt. Die zuständigen Manager führen die von der Zentrale vorgegebene Aktivität, z. B. ein Team-Meeting, durch.
3. Zur gesetzten Frist schicken die Beteiligten den ausgefüllten Maturity Path an die Kommunikationsabteilung zurück – unabhängig davon, ob die Maßnahme zu dem Zeitpunkt vollständig umgesetzt ist oder nicht.
4. Die Reifegrade aller Beteiligten werden gebündelt ausgewertet. Der Gesamtstatus der Maßnahme kann in Form eines Säulendiagramms sichtbar gemacht werden.

Maturity Path zur Implementierung der neuen Markenstrategie

ACHIEVEMENT	1	2	3	4	5
MEETING	☐ *Noch nicht stattgefunden*	☐ *Anberaumt*	☐ *Informationen wurden im Rahmen eines anderen Meetings weitergegeben*	☒ *Kurzes Meeting (weniger als 30 Min.)*	☐ *Ein- bis eineinhalbstündiges Meeting hat stattgefunden*
VERWENDUNG DER TOOLBOX-MEDIEN	☐ *Es wurden keine Medien verwendet*	☐ *Die PPT-Folien wurden verwendet*	☐ *Das Poster wurde verwendet*	☒ *Das Erklärvideo wurde verwendet*	☐ *Vielfältiger Medieneinsatz (min. 3 Medien)*
DISKUSSION	☐ *Nur Briefing*	☐ *Briefing, dann 3-5 Fragen und Antworten*	☒ *Briefing, dann längere Session mit Fragen und Antworten*	☐ *Diskussion über Folgen*	☐ *Offener Austausch zu Folgen und nächsten Schritten*
MASSNAHME	☐ *Keine Information über nächste Schritte*	☐ *Nächste Schritte erwähnt*	☒ *Nächste Schritte erwähnt inkl. Maßnahmen in der Region/ im Geschäftsfeld*	☐ *Maßnahmen beschlossen, Timeline und Verantwortlichkeiten noch offen*	☐ *Liste von Maßnahmen inkl. Timeline und Verantwortlichkeiten*

3 KREATIV-TOOLS

In allen Phasen der Strategieentwicklung braucht es Kreativität. Abgeleitet vom lateinischen »creare« (Deutsch: »schaffen«, »erzeugen«) bezeichnet Kreativität die kognitiven Prozesse, die zu einer neuen, nützlichen Idee oder Einsicht führen (vgl. Runco 1994). Im Design Thinking sind Innovation und Kreation dabei als iterativer Prozess angelegt, der in mehreren »Sprints« umgesetzt wird (vgl. Dam/Siang 2019; Uebernickel 2015).

Gruppen sind kreativer. Die Diversität der Teilnehmer sorgt von vornherein für ein breiteres Erfahrungsspektrum und gegenseitige Anregung, das holt sie aus ihrer Komfortzone (vgl. Daniel 2015). Die hier beschriebenen Tools eignen sich ideal für die kreative Arbeit in Gruppen von etwa vier bis sieben Personen. Ab zehn Teilnehmern sollte die Gruppe für einzelne Aufgabenstellungen gesplittet werden.

Kreativität braucht Raum. Wer die Teilnehmer körperlich in Bewegung hält, fördert zugleich die geistige Beweglichkeit. Darüber hinaus helfen räumliche Anker – Orte, die für einen bestimmten Standpunkt oder Schritt stehen, – gedanklich die Perspektive zu wechseln, die Einstellung zur Aufgabe zu verändern und neu anzusetzen (Separator). Dafür eignen sich Raumwechsel, die Ecken eines Raumes, Stühle oder Metaplanwände.

Viele Kreativtechniken werden heute durch digitale Medien unterstützt. Das erleichtert die ortsunabhängige, virtuelle Gruppenarbeit und ermöglicht das einfache Editieren der Beiträge. Das Crowdsourcing von Kreativität funktioniert über Hashtags auch in Social-Media-Kanälen.

Kreativer Prozess mit Tools in der Design-Thinking-Iteration

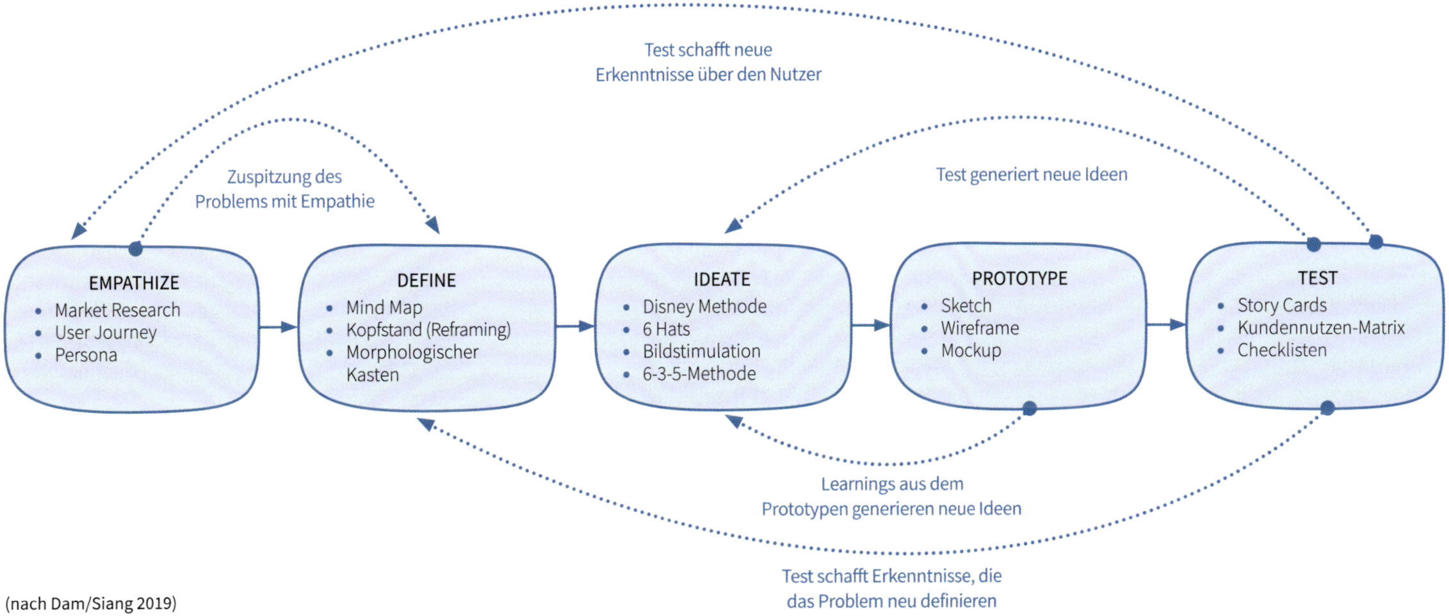

(nach Dam/Siang 2019)

TOOL 96 BRAINSTORMING

Leitfrage

Mit welchen neuen Ideen können wir die Aufgabe lösen?

Zielsetzungen

- Viele Ideen innerhalb kurzer Zeit generieren
- Grundverschiedene Lösungsansätze entwickeln
- Ungewöhnliche Ideen jenseits des Erwartbaren erzeugen
- Begeisterung und Commitment für die gemeinsame Sache wecken

Umsetzung

Beim Brainstorming geht es darum, Ideen spontan zu äußern. Vier Grundregeln stimulieren dabei die Ideenfindung, bauen geistige und soziale Hürden unter den Teilnehmern ab und fördern den Kreativitätsfluss in der Gruppe (vgl. Osborn 1963):

- **Streben nach Quantität.** Je mehr Lösungsansätze vorhanden sind, desto breiter sind die Anknüpfungspunkte für weitere Assoziationen und desto größer ist die Chance auf hochwertige Lösungen.
- **Keine Kritik.** Ideen werden während der Ideenfindung nicht bewertet, weder vom Moderator noch von den Teilnehmern. Das ermutigt zu ungewöhnlichen Vorschlägen.
- **Spinnen erwünscht.** Neue Lösungsansätze erfordern Ab- und Umwege. Der Moderator sollte verrückte, ungewöhnliche Ideen ermutigen, da diese vielleicht die entscheidende Assoziation zur besten Lösung hervorrufen.
- **Inspirieren lassen.** Es geht nicht darum, wer eine Idee hat, sondern was daraus entsteht. Das assoziative Kombinieren oder Weiterspinnen von vorgetragenen Ideen kann zu neuen Lösungsansätzen führen.

Die Brainstorming-Regeln stellen sicher, dass sich die Teilnehmer mitgenommen fühlen. Als Auftakt von Teamprojekten schafft das Brainstorming eine gemeinsame Basis und einen positiven Bezug zum erzielten Gruppenergebnis.

Das Brainstorming geschieht in folgenden Phasen:

1. **Einleitung.** Der Moderator stellt die Ausgangsfrage und erläutert die Brainstorming-Regeln.
2. **Ideenfindung.** Die Teilnehmer äußern spontan ihre Ideen. Der Moderator schreibt diese für alle lesbar auf Karten/Stattys und pinnt/klebt sie an die (Metaplan-)Wand.
3. **Letzter Aufruf.** Kurz vor Ablauf der festgesetzten Zeit kündigt der Moderator an, dass die Ideenfindung gleich abgeschlossen wird und sammelt letzte Ideen ein.
4. **Bewertung.** Erst jetzt bewerten die Teilnehmer die Vorschläge und verwerfen oder favorisieren die Ideen. Die Bewertung kann qualitativ erfolgen oder quantitativ, z. B. mit Klebepunkt-Scoring oder Voting.
5. **Ergebnissicherung.** Der Moderator fasst die Ergebnisse zusammen.

Theorie: Vier Stufen der Kreativität

Der englische Sozialpsychologe Graham Wallas definierte bereits 1926 ein Vier-Stufen-Modell des kreativen Denkens (vgl. Wallas 1926). Es gilt übergreifend für viele Kreativitätstechniken.

1. **Vorbereitung.** Diese Stufe hat einen explorativen Charakter. Informationen werden gesammelt und ausgewertet.
2. **Inkubation.** Diese Stufe ist ein Reifeprozess. Auch wenn sich der Kreative von dem Problem entfernt, reifen die Informationen unterbewusst weiter.
3. **Illumination.** Auf dieser Stufe hat der Kreative einen Geistesblitz. Aus dem Unterbewussten taucht die Lösung auf, oft ausgelöst durch ein zunächst unwichtiges Detail.
4. **Verifikation.** In dieser Stufe werden die Lösungsansätze auf ihre Machbarkeit hin ausgewertet.

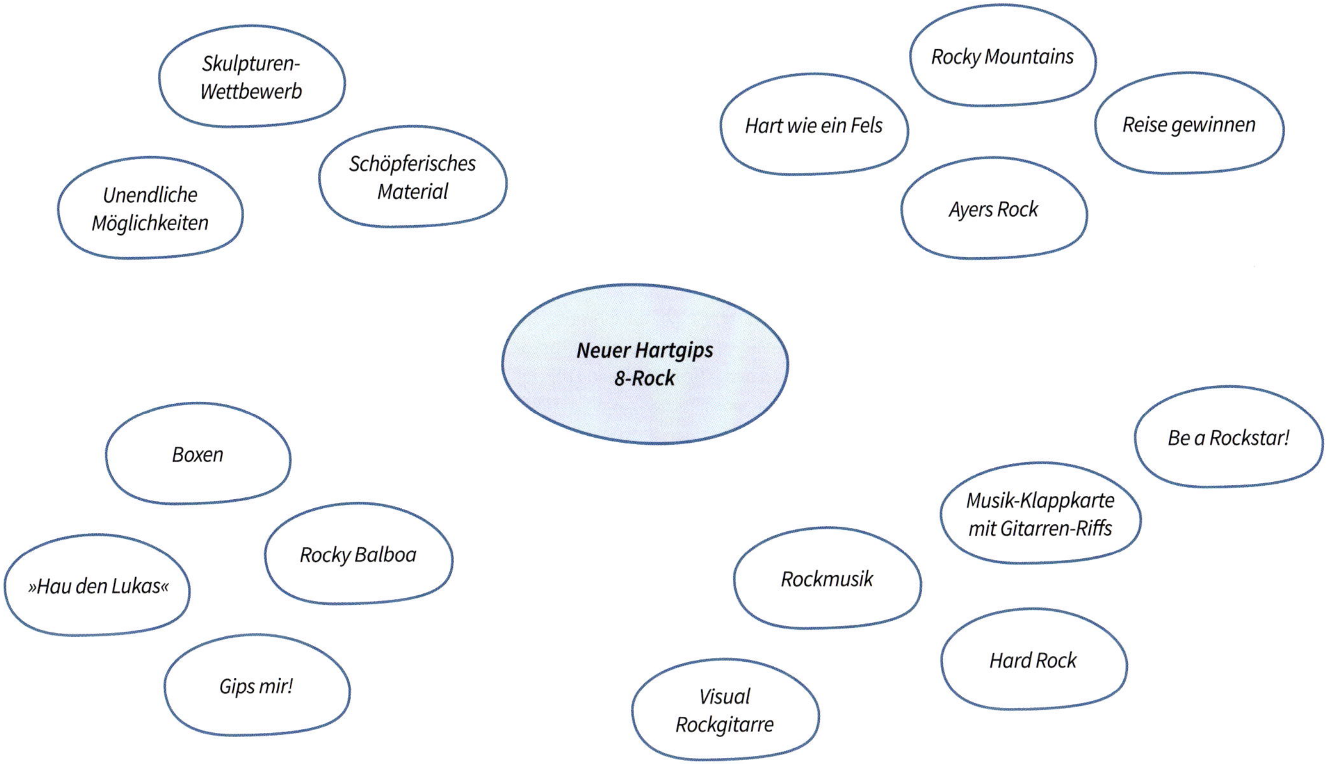
Skulpturen-Wettbewerb
Schöpferisches Material
Unendliche Möglichkeiten
Rocky Mountains
Hart wie ein Fels
Reise gewinnen
Ayers Rock
Neuer Hartgips 8-Rock
Boxen
Rocky Balboa
»Hau den Lukas«
Gips mir!
Be a Rockstar!
Musik-Klappkarte mit Gitarren-Riffs
Rockmusik
Hard Rock
Visual Rockgitarre

TOOL 97 BRAINWRITING 6-3-5-METHODE

Leitfrage

Wie können wir in kurzer Zeit möglichst viele Ideen generieren?

Zielsetzungen

- Möglichst viele Ideen generieren
- Ideen anreichern und ausdetaillieren
- Die Teilnehmer dazu bringen, sich von den Ideen anderer inspirieren zu lassen

Umsetzung

Der Name 6-3-5-Methode basiert auf der empfohlenen Anzahl von sechs Teilnehmern, die je drei Ideen vorschlagen, die von den anderen Teilnehmern in fünf Runden weiterentwickelt werden. In der Strategieentwicklung von Kommunikation eignet sich die 6-3-5-Methode zur Entwicklung von Kampagnenideen, zur Claim- oder Namensfindung sowie zur kreativen Ausarbeitung von Maßnahmen.

Beim Brainwriting nach der 6-3-5-Methode sprechen die Teilnehmer während der Ideenfindung nicht, sondern schreiben ihre Ideen still auf. Dieser zentrale Unterschied zum Brainstorming hat mehrere Vorteile: Die Hemmschwelle für das Einbringen ungewöhnlicher Ideen ist geringer, der Kreativitätsfluss des Einzelnen wird nicht so häufig unterbrochen. Zudem kann das Brainwriting über kollaborative Medien sehr leicht virtuell umgesetzt werden. Beispiele für digitale Brainwriting-Formate in größeren Öffentlichkeiten sind Tweet-Walls auf Veranstaltungen und Hashtag-Kampagnen in den sozialen Medien.

Der Zeitrhythmus, in dem die Ideen an den nächsten Teilnehmer weitergegeben werden, hängt von der Komplexität der Aufgabenstellung und dem Tempo der Teilnehmer ab. Ein Rhythmus von drei bis fünf Minuten lässt den Teilnehmern in der Regel ausreichend Raum zum Denken und produziert dennoch schnell verwertbare Ergebnisse.

Neben schriftlich ausformulierten Ideen können, gerade bei Gestaltungsaufgaben, Skizzen oder Bildcollagen als Format zur Weiterentwicklung von Ideen sinnvoll sein. Im Produktdesign wird die 6-3-5-Methode sogar um grobe Prototypen erweitert, die von den anderen Teilnehmern weiter ausgearbeitet werden.

So arbeitet man mit der Kreativtechnik (vgl. Rohrbach 1969):

1. Der Moderator erläutert die Fragestellung, schreibt sie für alle sichtbar an und erklärt das Vorgehen.
2. Jeder Teilnehmer bekommt ein Blatt, auf das er drei Ideen schreibt.
3. Nach der vereinbarten Zeit wird das Blatt an den linken Nachbarn weitergegeben. Dieser liest die aufgeschriebenen Ideen, entwickelt sie weiter, vertieft sie oder knüpft mit neuen Ideen an die bestehenden Vorschläge an. Dieser Vorgang wird fünf Mal wiederholt.
4. Dann erfolgt die Bewertung dieser in Summe bis zu 108 Ideen. Dazu liest jeder die Ideen auf dem Blatt vor, das vor ihm liegt. Die Auswahl der Ideen, die weiterverfolgt werden, kann mit qualitativen oder quantitativen Bewertungsinstrumenten erfolgen.

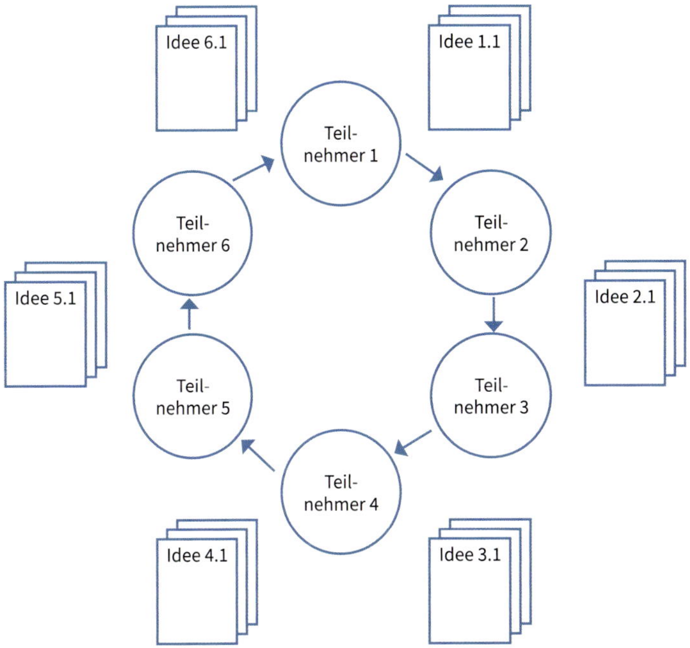
Idee 6.1
Idee 1.1
Teil-nehmer 1
Teil-nehmer 6
Teil-nehmer 2
Idee 5.1
Idee 2.1
Teil-nehmer 5
Teil-nehmer 3
Teil-nehmer 4
Idee 4.1
Idee 3.1

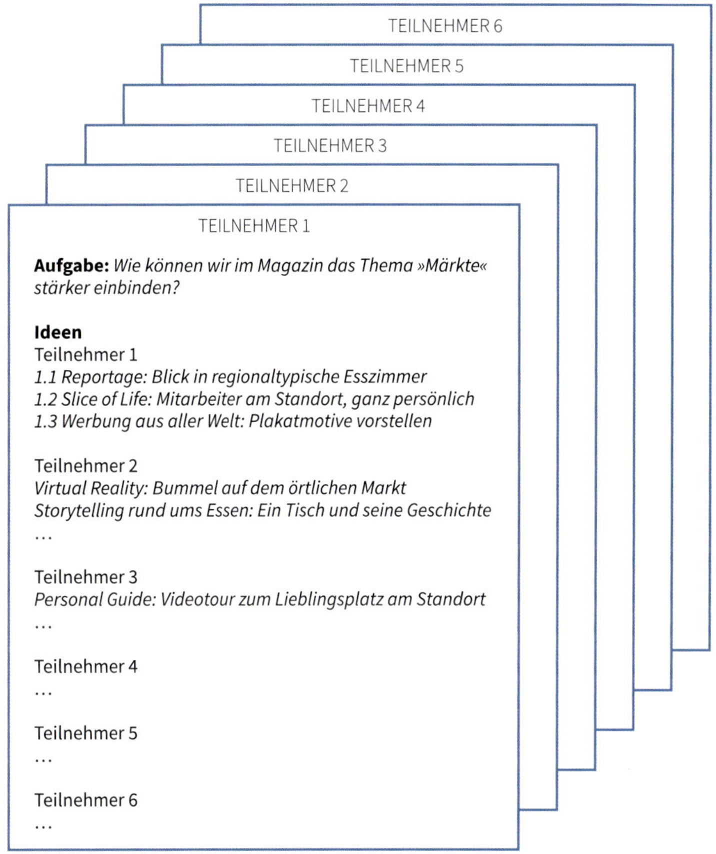
TEILNEHMER 6
TEILNEHMER 5
TEILNEHMER 4
TEILNEHMER 3
TEILNEHMER 2
TEILNEHMER 1
Aufgabe: *Wie können wir im Magazin das Thema »Märkte« stärker einbinden?*
Ideen
Teilnehmer 1
1.1 Reportage: Blick in regionaltypische Esszimmer
1.2 Slice of Life: Mitarbeiter am Standort, ganz persönlich
1.3 Werbung aus aller Welt: Plakatmotive vorstellen
Teilnehmer 2
Virtual Reality: Bummel auf dem örtlichen Markt
Storytelling rund ums Essen: Ein Tisch und seine Geschichte
…
Teilnehmer 3
Personal Guide: Videotour zum Lieblingsplatz am Standort
…
Teilnehmer 4
…
Teilnehmer 5
…
Teilnehmer 6
…

TOOL 98 MIND MAPPING

Leitfrage

Wie können wir das Thema strukturieren und neue Ideen dazu finden?

Zielsetzungen

- Ein Thema systematisch erschließen/strukturieren
- Beziehungen zwischen den Elementen sichtbar machen
- Das Thema in Tiefe oder Breite weiterentwickeln
- Ein anschauliches Bild der Themenstruktur schaffen

Umsetzung

Mind Mapping ist eine kognitive Technik. Als geistige Landkarte externalisiert die Mind Map das Denken und regt es zugleich weiter an. Sie kann zum Planen, für Mitschriften, aber auch zur Erschließung von Themengebieten genutzt werden. Indem es die Fähigkeiten des Gehirns zur Kategorienbildung nutzt, aktiviert Mind Mapping gleichzeitig Assoziationen: semantische Beziehungen zwischen Themen und Gegenständen.

Mind Maps werden nach den Regeln des Baumdiagramms erstellt: In der Mitte wird das zentrale Thema genau formuliert oder als Bild dargestellt. Davon ausgehend werden in Versalien die dazugehörigen Hauptthemen mit Linien verbunden. Daran schließen sich in dünner werdenden Zweigen in Normalschrift die zweite, dritte und weitere Gedankenebenen an. Weitere Zusammenhänge können durch weitere Verknüpfungen dargestellt werden. Wenn Elemente (Ideen oder Informationen) untereinander verbunden werden – wie beim Issue Mapping (Tool 3) – spricht man von semantischen Netzen.

Neben handschriftlichen Mind Maps gibt es digitale Softwarelösungen für das Mind Mapping. Ihre Vorteile sind die gute Lesbarkeit und Editierbarkeit. Einige Lösungen unterstützen die virtuelle Zusammenarbeit. Andere haben eine integrierte Bildersuchfunktion, um die Visualisierung zu verstärken (vgl. Mashable.com 2013).

So funktioniert das Mind Mapping (vgl. Scherer 2009, S. 27):

1. Das Hauptthema wird in die Mitte geschrieben oder als Bild gezeichnet.
2. Die Oberthemen werden rund um das Hauptthema angeordnet und – entsprechend der Stärke der semantischen Verbindung – mit dem Hauptthema verbunden. Unterschiedliche Farben unterstützen die grafische Strukturierung des Themas.
3. Zu den Oberthemen werden die Unterthemen hinzugetragen. Anstelle von Stichpunkten können Ideen auch durch kleine Zeichnungen oder Piktogramme dargestellt werden.
4. Zusätzliche Verbindungen zwischen Oberthemen und zwischen Unterthemen sowie zwischen Ober- und Unterthemen werden vermerkt.
5. Zusätzlich können die Themenverbindungen mit Pluszeichen und Blitzen bewertet werden.

Theorie: Radiant Thinking

Mind Mapping wurde in den 1970er-Jahren von dem Psychologen Tony Buzan entwickelt und basiert auf dem Radiant Thinking (vgl. Buzan/Buzan 1996). Das Modell des »strahlenförmigen Denkens« fußt auf der neuropsychologischen Erkenntnis, dass unser Gehirn Erfahrungen nicht linear verarbeitet, sondern von einem zentralen Element – beispielsweise einem Wort, einem Bild oder einem Geschmackserlebnis – Millionen von Verknüpfungen ausgehen, die gemeinsam verarbeitet und bewertet werden. So erschließt sich Neues durch Assoziation mit Bekanntem.

Mind Map »Traffic für das neue Social Intranet«

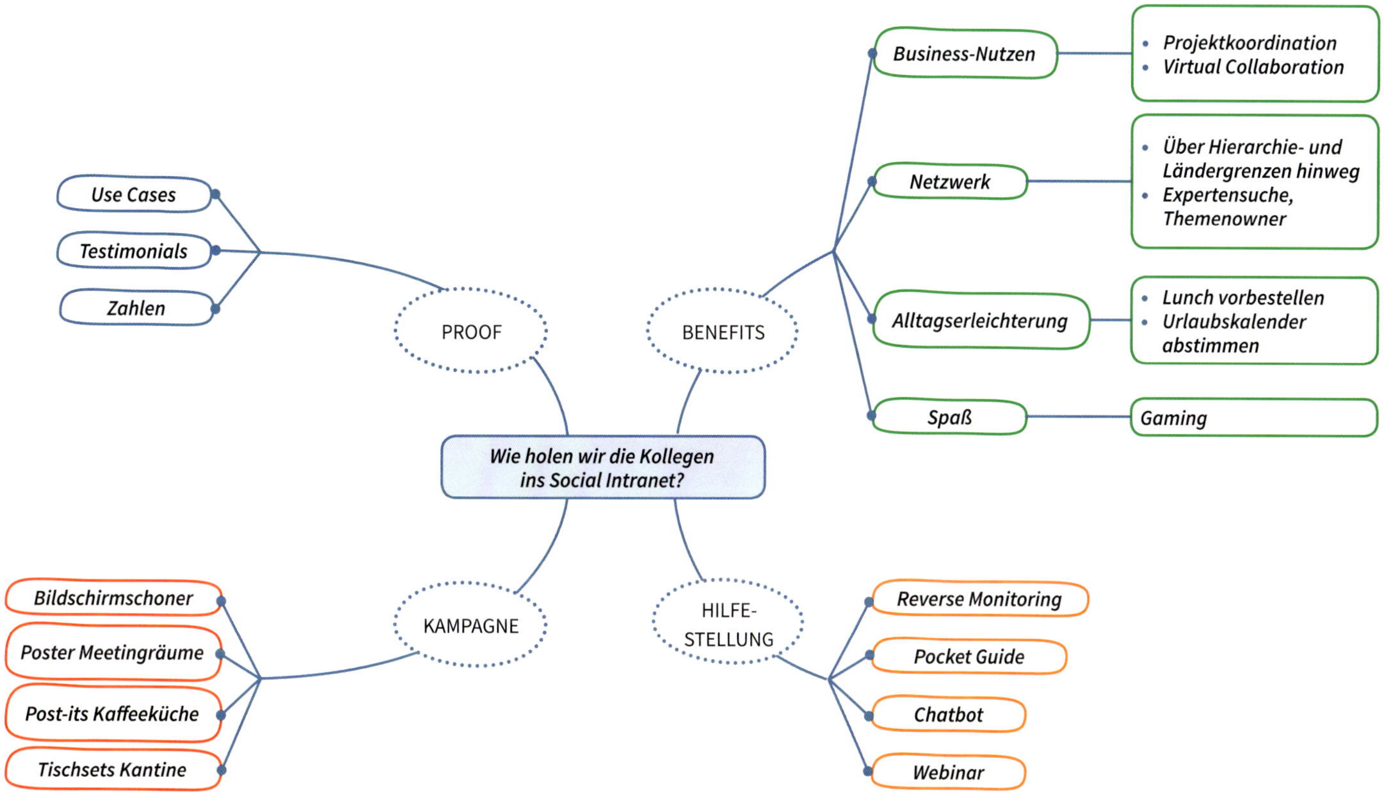

TOOL 99 6 THINKING HATS

Leitfrage

Wie können wir unterschiedliche Denkhaltungen und Perspektiven gewinnbringend für die Problemlösung nutzen?

Zielsetzungen

- Komplexe Aufgaben ganzheitlich beleuchten
- Die ganze Bandbreite der Ressourcen im Gehirn zur Informationsverarbeitung nutzen
- Aus anderen Perspektiven neue Lösungsansätze finden
- Erarbeitete Lösungen aus verschiedenen Perspektiven bewerten

Umsetzung

Die 6 Thinking Hats (im Deutschen auch: 6-Hüte-Methode) sind ein Rollenspiel, das verschiedene Blickwinkel in die Gruppendiskussion einbringt. Die Teilnehmer nehmen dabei Rollen ein, die durch verschiedenfarbige Hüte symbolisiert werden. Jeder Hut entspricht einer charakteristischen Herangehensweise an eine Aufgabenstellung (vgl. Scherer 2009, S. 119 f.).

Blau steht für den Prozess. Sein Träger nimmt eine Meta-Position ein und leitet als Moderator die Diskussion. Er wählt die Hutsequenzen, plant die Zeit und entscheidet über die nächsten Schritte.

Weiß steht für Information. Sein Träger sammelt und analysiert die Fakten, möglichst frei von Emotionen und Urteilen, ähnlich einem Computer.

Rot steht für Emotion. Sein Träger lässt alle Gefühle zu und äußert sie, ob Freude, Begeisterung, Angst, Frustration oder Zweifel. Das Bauchgefühl zählt, ohne Rechtfertigung.

Grün steht für Kreativität. Sein Träger sucht nach neuen Ansätzen und denkt über das Erwartbare hinaus. Er darf alles äußern, was zu neuen Ideen führt, ganz gleich wie verrückt, abwegig oder provokativ es sein mag.

Schwarz steht für Skepsis. Sein Träger ist vorsichtig und zurückhaltend. Er identifiziert Schwächen, Risiken und Hindernisse und trägt seine Bedenken sachlich vor.

Gelb steht für Zuversicht. Sein Träger ist optimistisch und sieht die positiven Seiten der Aufgabenstellung. Er identifiziert Stärken und Chancen auf sachlicher Ebene.

Die Reihenfolge der Hüte ist flexibel, mit einer Ausnahme: Die Diskussion beginnt und schließt mit dem blauen Hut. Alle Hüte sollten im Laufe der Diskussion zu Wort kommen. Jedem Hut ist eine Metaplanwand zugeordnet, auf der die Inhalte/Ideen der Perspektive stehen. Alle Teilnehmer nehmen die jeweilige Rolle für eine begrenzte Zeit (Moderation) stets gleichzeitig ein und wandern gemeinsam zur Metaplanwand des jeweiligen Huts.

So arbeitet man mit den 6 Thinking Hats:

1. Der Moderator setzt den blauen Hut auf. Er erläutert die Fragestellung und das Vorgehen einschließlich der Bedeutung der einzelnen Hüte.
2. Der Moderator legt die Reihenfolge der Hüte fest. Eine mögliche Startsequenz ist Weiß-Rot-Grün-Schwarz-Gelb. Je nach Situation können die Sequenzen angepasst werden.
3. Die Teilnehmer wandern gemeinsam zu den Metaplanwänden der einzelnen Hüte. Zu jedem Hut notiert der Moderator die Beiträge auf Karten und pinnt sie an die entsprechende Wand.
4. Sind alle Hüte zu Wort gekommen, kann der Moderator weitere Sequenzen einlegen oder die Diskussion beenden.
5. Die Gruppe bewertet ggf. die entstandenen Ideen und wählt die besten aus.

Theorie: Hemisphärenmodell

Der Erfinder der 6 Hüte, Edward de Bono, ging davon aus, dass das Gehirn nur schwer folgen kann, wenn eine Person ihre Gefühle zu einem Problem äußert, während eine andere eine sachliche Analyse vornimmt (vgl. de Bono 1985). Hintergrund ist die Annahme, dass emotionale und analytische Informationsverarbeitung in verschiedenen Hirnregionen (Hemisphären) erfolgen.

Das Hemisphärenmodell des lateralen Denkens basiert auf der Grundannahme, dass die beiden Gehirnhälften spezialisiert sind und Informationen daher unterschiedlich verarbeiten. Demnach verarbeitet die linke Gehirnhälfte hauptsächlich rationale, sprachliche, lineare und logische Prozesse, die rechte Gehirnhälfte dagegen emotionale, bildhafte, ganzheitliche und intuitive Prozesse (vgl. de Bono 1970).

In seiner Reinform gilt dieses Modell heute als überholt. Die beschriebene Informationsverarbeitung in den beiden Gehirnhälften zeigt lediglich Schwerpunkte auf: Während Sprache überwiegend in der linken Hälfte verarbeitet wird, sind nichtsprachliche Funktionen schwächer lateral zu verorten (vgl. Wikipedia 2019).

Entwicklung eines Produkt-Wiki

Prozess

- *Dauer: ca. 60 Minuten*
- *Sequenz: Weiß-Rot-Grün-Schwarz-Gelb*
- *Ggf. weitere Runde*

Zuversicht

- *Benefits: Aktualität, Kollaboration, Schnellsuche statt Blätterwald*
- *Chance: höhere Attraktivität für junge Kollegen*

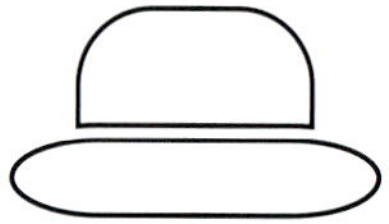

Information

- *Launch Produkt-Wiki geplant*
- *Ersetzt gedruckte Produktblätter ab Folgejahr*
- *Neue Tablets im Vertrieb*

Skepsis

- *Wie ältere Kollegen mitnehmen?*
- *Netzabdeckung in ländlichen Regionen?*

Emotion

- *»Cool! Endlich!«*
- *»Nutzt doch keiner«*
- *»Dafür haben wir also Geld …«*

Kreativität

- *Wettbewerb zw. Regionen: Wer hat die meisten Beiträge?*
- *Personalisierte Tablet-Hülle für die ersten 50 Beiträge*

TOOL 100 DISNEY-METHODE

Leitfrage

Wie kommen wir zu einer neuartigen und gleichzeitig machbaren Lösung?

Zielsetzungen

- Weitere Potenziale einer Idee entdecken
- Gemeinsame Vision erzeugen
- Machbarkeit von Ideen prüfen
- Hürden von vornherein erkennen und beheben
- Verständnis für unterschiedliche Herangehensweisen im Team schaffen

Umsetzung

Um neue Produkte und Angebote zu entwickeln, ließ Walt Disney seine Mitarbeiter in verschiedene Rollen schlüpfen. Die Disney-Methode ist ein Rollenspiel, bei dem der Coachee bzw. die Gruppe nacheinander vier verschiedene Perspektiven zur Fragestellung einnimmt (vgl. Dilts et al. 1994). Die Disney-Methode ist gut geeignet, die Lücke zwischen Vorstellungskraft und Realität zu überbrücken. Im Unterschied zu den 6 Hüten (vgl. Tool 99) ist die Reihenfolge der Rollen in der Disney-Methode festgelegt.

- Der **Beobachter** schaut von außen auf die Fragestellung, betrachtet die Fakten, analysiert die Lage.
- Der **Träumer** erträumt sich die ideale Lösung, entwickelt frei von Vorbehalten außergewöhnliche, radikale Ideen.
- Der **Realist** betrachtet die Ideen des Träumers pragmatisch und entwickelt für die besten Ideen einen realistischen Plan zur Umsetzung.
- Der **Kritiker** prüft den Plan des Realisten und weist auf Fehlerquellen, Schwächen und Hindernisse hin, um den Plan zu verbessern. Der Träumer reagiert darauf mit neuen Ideen.

Walt Disney schuf in seiner Firma für jede Rolle einen eigens eingerichteten Raum. Es können aber auch unterschiedliche Ecken eines Raums, Stühle oder andere Raumanker für die verschiedenen Rollen stehen. Symbolische Gegenstände wie eine Brille auf dem Beobachterstuhl, ein Zauberstab auf dem Träumerstuhl, ein Schraubenschlüssel auf dem Realistenstuhl und eine Pinzette auf dem Kritikerstuhl können helfen, den Charakter der jeweiligen Rolle zu veranschaulichen. Da die Teilnehmer die Rollen parallel einnehmen, beugt die Methode Konfrontationen in der Gruppe vor.

So arbeitet man mit der Disney-Methode:

1. Probelauf: Bei ungeübten Teilnehmern hilft dieser kurze Schritt, sich in die Rollen einzufinden. Dazu versetzen die Teilnehmer sich jeweils in eine Situation hinein, in der sie besonders kreativ waren (Träumer), etwas praktisch gelöst haben (Realisierer), etwas kritisch gesehen haben (Kritiker) oder eine Szene von außen betrachtet haben (Beobachter).
2. Der Moderator erläutert die Fragestellung. In der **Beobachterecke** hängen die Fakten zur Ausgangssituation aus, die Teilnehmer können zusätzliche Beobachtungen ergänzen.
3. In der **Träumerecke** »erträumen« die Teilnehmer ideale Lösungen und Visionen, frei von Vorgaben und Bewertungen. Je überraschender, desto besser.
4. In der **Realistenecke** wählt die Gruppe die besten Ideen aus und entwickelt für jede von ihnen einen pragmatischen Plan zur Umsetzung. Welche Schritte sind erforderlich? Welche Ressourcen sind vorhanden? Wie lassen sich die fehlenden Ressourcen beschaffen?
5. In der **Kritikerecke** setzen sich die Teilnehmer konstruktiv mit den Plänen auseinander. Sie durchleuchten sie auf Schwachstellen und Risiken, um sie zu verbessern.
6. Der Zyklus wird ggf. mehrfach durchlaufen mit immer weiteren Spezifizierungen der Idee. Auf den Kritiker antwortet der Träumer mit neuen Ideen, die der Realist umsetzt und der Kritiker erneut prüft.
7. Sind keine weiteren Bedenken vorhanden, wechselt die Gruppe in die Beobachterposition und der Moderator fasst die Ergebnisse zusammen.

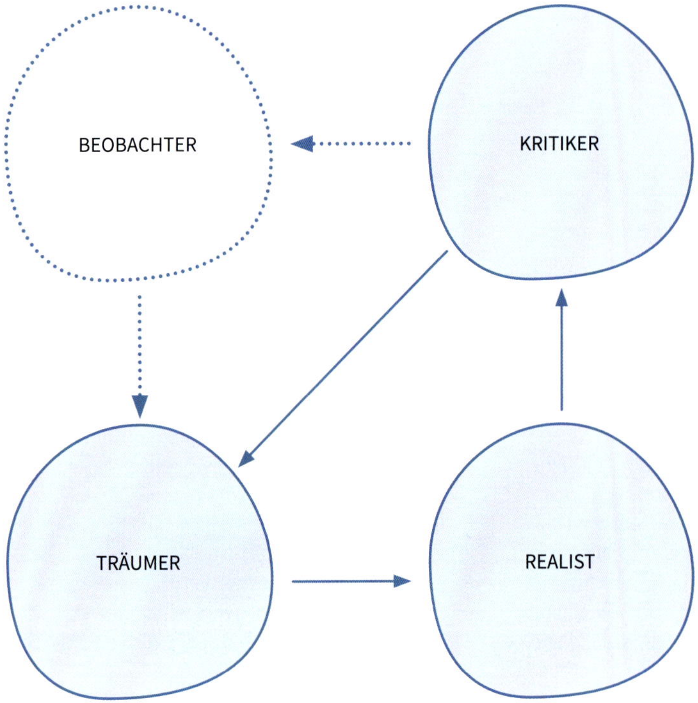
BEOBACHTER
KRITIKER
TRÄUMER
REALIST

Digitalisierung der Führungskräftekommunikation

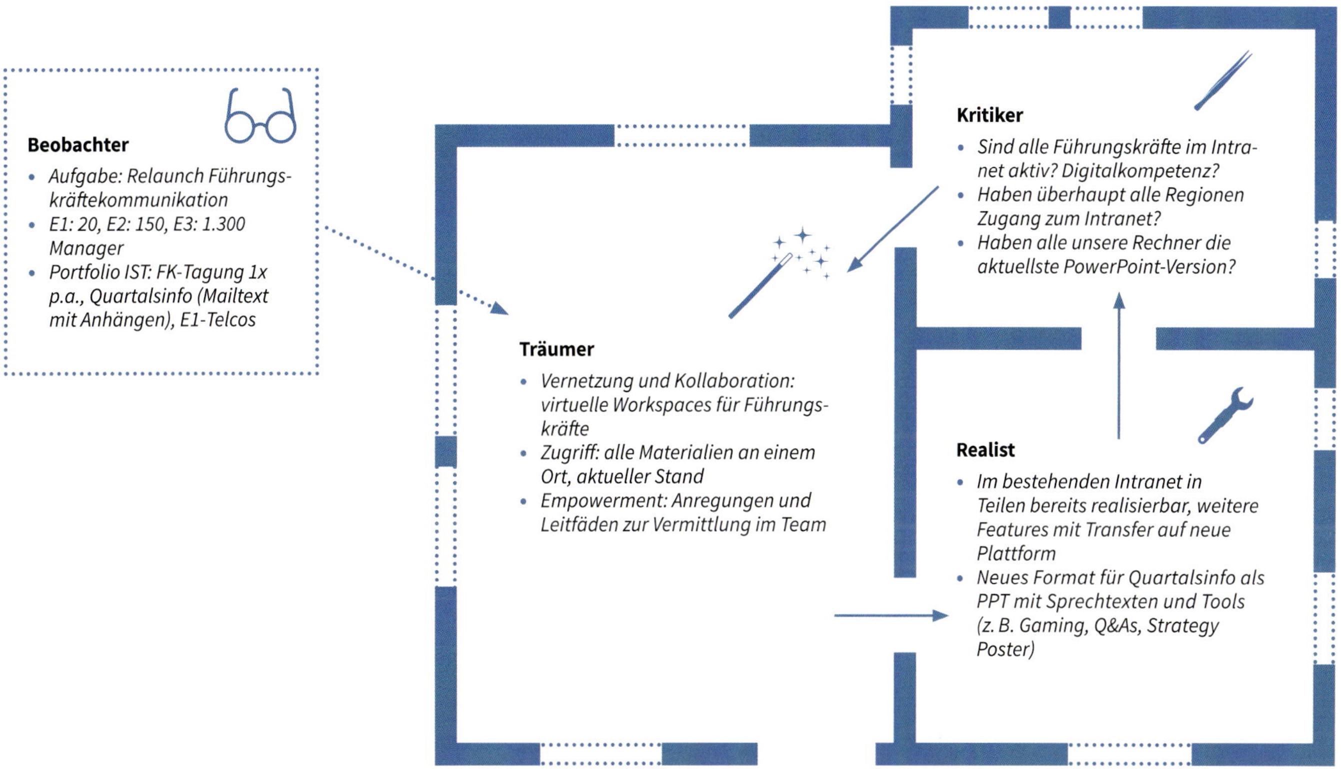

TOOL 101 KOPFSTAND

Leitfrage

Auf welche neuen Lösungsansätze kommen wir, wenn wir das Problem einmal ganz anders betrachten?

Zielsetzungen

- Etablierte Denkmuster und Hemmschwellen umgehen
- Unerwartete Einsichten in das Problem gewinnen
- Blinde Flecken überwinden
- Das Team mit Humor aus einer eingefahrenen Situation lösen

Umsetzung

Die Kopfstand-Methode basiert auf der Umkehrung, einer Variante von Edward de Bonos Provokationstechniken zur Förderung von Kreativität (vgl. de Bono 2015). Die Methode eignet sich gut für komplexe Planungsaufgaben und dabei insbesondere für das Aufbrechen eingefahrener Problemstellungen.

Die Umkehrung des Problems führt zu einem absurden Szenario, das die Teilnehmer erst einmal überrascht. Da es den meisten Menschen leichter fällt, negative Aspekte zu nennen, produziert die

Kopfstandmethode für die umgekehrte Herausforderung schnell viele Ideen. Zudem werden gedankliche Grenzen, zum Beispiel die finanzielle Realisierbarkeit, ausgeblendet. Entsprechend überraschend sind oft die Ideen, die dabei herauskommen.

Entscheidend ist, die umgekehrte Herausforderung so zu formulieren, dass ein starkes Bild entsteht. Das heißt, Negativierung meiden, starke Verben nutzen, extreme Szenarien ausmalen (vgl. Scherer 2009, S. 71).

So arbeitet man mit dem Kopfstand (vgl. Scherer 2009, S. 71):

1. Der Moderator kehrt die Aufgabenstellung ins Gegenteil um und schreibt die umgekehrte Herausforderung für alle sichtbar an.
2. Die Teilnehmer entwickeln Ideen für die umgekehrte Herausforderung und schreiben diese jeweils auf eine Karte/ein Statty (ca. 10 Minuten). Auch skurrile Ideen sind willkommen.
3. Der Moderator liest die Ideen vor und clustert sie nach Lösungsansätzen.
4. Die Teilnehmer stellen die Ideen für die umgekehrte Herausforderung wieder auf den Kopf.
5. Sie entwickeln daraus konkrete Lösungsansätze für die tatsächliche Herausforderung.

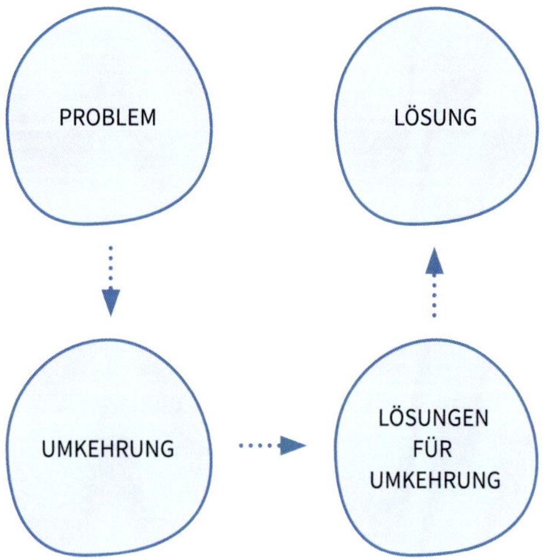

Verbesserung der Karriereseite

PROBLEM	UMKEHRUNG	LÖSUNGEN FÜR UMKEHRUNG	LÖSUNGEN FÜR AUSGANGSPROBLEM
Wie ziehen wir die relevanten Bewerber auf unsere Karriereseite?	*Wie schrecken wir die relevanten Bewerber von unserer Karriereseite ab?*	*Unübersichtliche Navigation*	*Navigation vereinfachen*
		Langweilen	*Überraschen, provozieren, Pain Points ansprechen*
		…	…

TOOL 102 DIFFERENZIEREN (SCAMPER-METHODE)

Leitfrage

Wie können wir die entstandenen Ideen noch besser machen?

Zielsetzungen

- Bestehende Angebote weiterentwickeln
- Ideen spielerisch eine neue Form geben
- Bestehende Ideen verbessern
- Neue Ideen gewinnen

Umsetzung

Mit den gezeigten Kreativ-Tools entsteht eine Vielzahl von Ideen. Um diese weiter auszudifferenzieren und zu optimieren, eignen sich die folgenden sieben Reizfragen (vgl. Scherer 2009, S. 74 ff.):

- Können wir einen Bestandteil **ersetzen**?
- Können wir das Bestehende mit etwas anderem **kombinieren**?
- Können wir Elemente eines ähnlichen Produkts auf unsere Idee **übertragen**?
- Können wir einen Bestandteil vergrößern, übersteigern, stärker gewichten?
- Können wir das Produkt oder einen Bestandteil **anders verwenden**?
- Können wir einen Bestandteil **verkleinern** oder **eliminieren**?
- Können wir Bestandteile **umstrukturieren** oder miteinander tauschen?

Die Methode wird auch »SCAMPER« (Eberle 1996) genannt. Das Akronym steht für die sieben differenzierenden Aktivitäten: **S**ubstitute, **C**ombine, **A**dapt, **M**agnify, **P**ut to other use, **E**liminate, **R**earrange.

Eine Variante des Differenzierens ist die »Powers of Ten«-Technik. Sie ermöglicht das Reframing der Aufgabe, indem diese auf verschiedenen Stufen der Vergrößerung oder Verkleinerung betrachtet wird. Eine Frage kann dann sein: »Was wäre, wenn das Budget zehnmal so groß wäre?« oder »Was wäre, wenn es fünfmal so klein wäre?«.

So arbeitet man mit der SCAMPER-Methode:

1. Auf Metaplanwänden sind die bisher erzeugten Ideen in Spalten angepinnt. Die Zeilen der so entstehenden Tabelle stehen für die Varianten der Idee (Differenzierungen).
2. Spalte für Spalte spielen die Teilnehmer alle Differenzierungen für die jeweilige Idee durch. Die veränderten Ideen werden auf Karten geschrieben und in das entsprechende Tabellenfeld geheftet. Pro Idee sollte eine Stunde eingeplant werden.
3. Die Gruppe bewertet, was aus den Differenzierungen für die Weiterentwicklung der vorhandenen Ideen folgt.

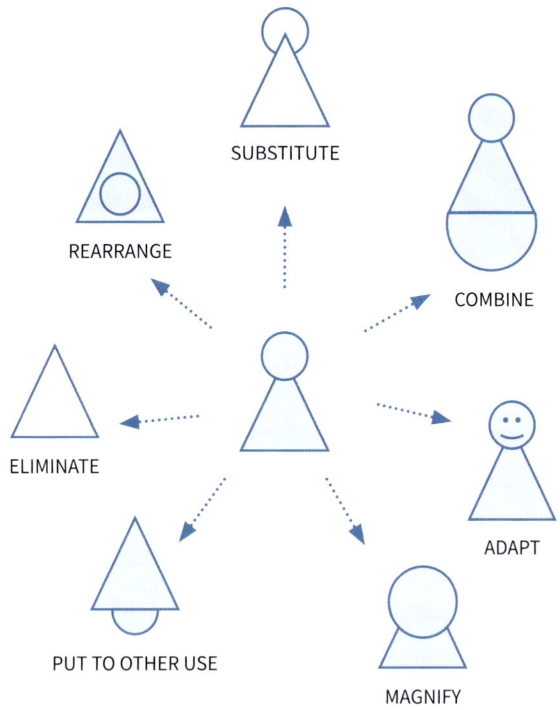

Ideen zu Produkt-Datenbanken

DIFFERENZIERUNG	IDEE 1: PRODUKT-DATENBANK IM INTRANET FÜR VERTRIEB UND SERVICE	IDEE 2: …
ERSETZEN?	*Wiki statt Datenbank*	…
KOMBINIEREN?	*Suchfunktion mit externer Websuche kombinieren*	
ÜBERTRAGEN?	*Videos integrieren*	
VERGRÖSSERN?	*Bildanteil erhöhen, Packshots, Anwendungsbilder*	
ANDERS VERWENDEN?	*Für Kunden zugänglich machen → Verknüpfung zum Webshop*	
ELIMINIEREN?	*Prägnanter Sprachstil, nicht im technischen Detail verlieren*	
UMSTRUKTURIEREN?	*Kundenorientierter Aufbau: Benefits first*	

TOOL 103 KUNDENNUTZEN-MATRIX

Leitfrage

Welche Benefits wollen wir mit unserem Medienangebot für den Nutzer erzeugen?

Zielsetzungen

- Nähe zu den Bedürfnissen/Erwartungen des Users sichern
- Die User Journey ganzheitlich betrachten
- Die User Experience im Detail und insgesamt verbessern

Umsetzung

Die Kundennutzen-Matrix betrachtet ein Produkt- oder Dienstleistungsangebot über die gesamte Customer Journey (vgl. Tool 74) hinweg aus Kundensicht. Jeder Schritt von der Kaufentscheidung über das Einkaufserlebnis bis zum Konsum wird auf Optimierungspotenziale hin abgeklopft (vgl. Scherer 2009, S. 69).

Als »Kunde« der Kommunikationsabteilung wird hier der Stakeholder und Nutzer ihrer Medien angesehen. Die Währung ist *Aufmerksamkeit*: Eine positive User Experience ist die Voraussetzung dafür, dass der Nutzer bereit ist, seine Zeit für das Medienangebot des Unternehmens aufzuwenden und sich mit den Inhalten zu beschäftigen.

Die standardisierten Fragen der Kundennutzen-Matrix lauten (vgl. Scherer 2009, S. 69):

- Was kann für den Nutzer einfacher gestaltet werden?
- Woraus kann der Nutzer einen Zusatznutzen ziehen?
- Wie kann der Nutzer sein Risiko verkleinern?
- Was wäre »Wow«?

So arbeitet man mit der Kundennutzen-Matrix:

1. Die Teilnehmer zerlegen die User Journey in ihre Schritte. Jeder Schritt wird auf eine Karte/ein Statty geschrieben. Das vereinfacht das Ergänzen und Umsortieren. Die Teilnehmer legen gemeinsam die Reihenfolge fest, in der die Schritte in der oberen Zeile der Kundennutzen-Matrix befestigt werden.
2. In einem Brainwriting (ca. 10 Minuten) schreiben die Teilnehmer ihre Verbesserungsideen für die einzelnen Schritte entsprechend den Suchfragen auf Karten/Stattys und befestigen diese im betreffenden Feld der Matrix
3. Der Moderator liest die Ideen vor. Falls entscheidende Lücken in der Matrix geblieben sind, kann der Moderator in einem weiteren Brainstorming Ideen für die freigebliebenen Felder sammeln.
4. Die Ideen werden priorisiert, zum Beispiel mit Klebepunkten.

Nutzerorientierte Verbesserung der Karriereseite

	SUCHE	STARTSEITE	FREIE STELLEN	BEWERBUNG
EINFACHER MACHEN?	*SEO* *Ad-Words*	*Neue Rubrikenstruktur*	*Überblick Top-3* *Schnellsuche*	*Weniger Clicks*
ZUSÄTZLICHER NUTZEN?	*Metatext in Landessprachen*			
RISIKO VERKLEINERN?				
WAS WÄRE »WOW«?				

TOOL 104 INNOVATION GAMES®

Leitfrage

Wie können wir die Kundennähe unserer Ideen sicherstellen?

Zielsetzungen

- Erkennen, welche Funktionen eines Mediums für den Nutzer entscheidend sind
- Verborgene Probleme und Wünsche der Nutzer identifizieren
- Das Produkt- bzw. Maßnahmenportfolio marktnah optimieren
- Ideen aus Anwendersicht weiterentwickeln

Umsetzung

Innovation Games® sind Spiele, die eine Idee oder ein Produkt auf Marktnähe testen (vgl. Hohmann 2006). Sie werden zusammen mit (potenziellen) Anwendern durchgeführt, um deren bewusste oder unbewusste Bedürfnisse, Probleme und Wünsche aufzudecken. Dazu hat der Kognitionspsychologe Luke Hohmann zwölf kollaborative Spiele entwickelt, die persönlich oder online gespielt werden können.

Hier drei Beispiele, wie die Kreativtechnik funktioniert:

Funktionen kaufen. Die Teilnehmer »kaufen« aus einer Liste Funktionen (Produktmerkmale), die jeweils mit einem Schätzpreis versehen sind. Jeder Teilnehmer erhält ein fiktives Budget, das er kooperativ einsetzen kann, um gemeinsam in der Gruppe Funktionen zu kaufen. Die Kaufentscheidung zeigt die Wertstellung der geplanten Funktionen bei den Nutzern. Die Diskussion über den Budgeteinsatz gibt Einblick in den Entscheidungsprozess und die Kriterien der potenziellen Nutzer. (Vgl. Osterwalder et al. 2015, S. 235)

Speedboat. Die Teilnehmer schreiben Hindernisse, Probleme und Risiken, die sie von der Nutzung des Produkts abhalten, auf Post-its. Diese kleben sie als bremsende Anker auf ein Poster mit einem Schnellboot: Je tiefer unter Wasser, desto gravierender ist das Problem. Sollen auch die Benefits des Produkts ausgewertet werden, kann das Boot zusätzlich Segel erhalten. Diese stehen für die Stärken und Chancen, die das Boot schneller machen. (Vgl. Osterwalder et al. 2015, S. 233)

Verpackung. Die Teilnehmer gestalten für die Idee gemeinsam eine Verpackung, die dazu führen würde, dass sie das Produkt selbst kaufen/das Medium selbst nutzen. Dazu beschriften, bekleben und bemalen sie eine Pappschachtel. Diese sollte die wichtigsten Merkmale und die entscheidenden Vorteile enthalten, die sie von dem Medium erwarten. Die Teilnehmer präsentieren das Medienprodukt wie ein Verkäufer auf einer Messe. Neben der Verpackung und der Präsentation selbst gibt auch die Gruppendiskussion während der Erstellung Aufschluss über Präferenzen und Prioritäten der Teilnehmer. (Vgl. Osterwalder et al. 2015, S. 234)

Funktionen kaufen

	PREIS	SPIELER 1	SPIELER 2	SPIELER 3	DIFFERENZ	GEKAUFT?
		(Budget 35 €)	*(Budget 35 €)*	*(Budget 35 €)*		
FUNKTION 1	*35 €*	*20 €*	*0 €*	*10 €*	*-5 €*	***Nein***
FUNKTION 2	*50 €*	*5 €*	*0 €*	*0 €*	*-45 €*	***Nein***
FUNKTION 3	*70 €*	*10 €*	*35*	*25*	*0 €*	***Ja***

Speedboat (Beispiel Webshop)

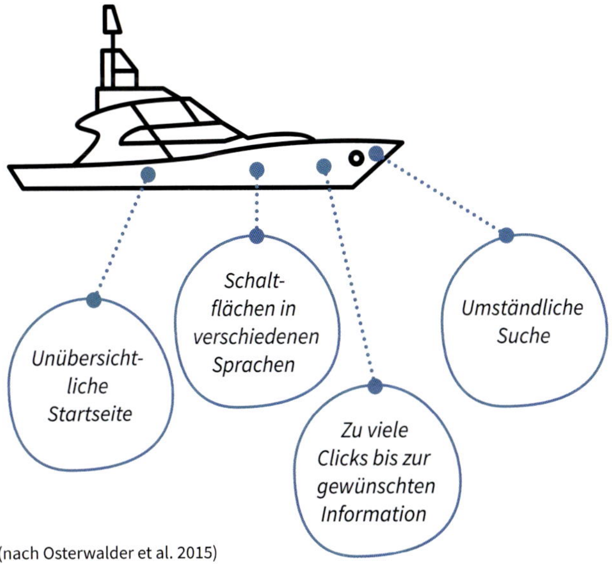

(nach Osterwalder et al. 2015)

Verpackung (Beispiel Produkt-Wiki)

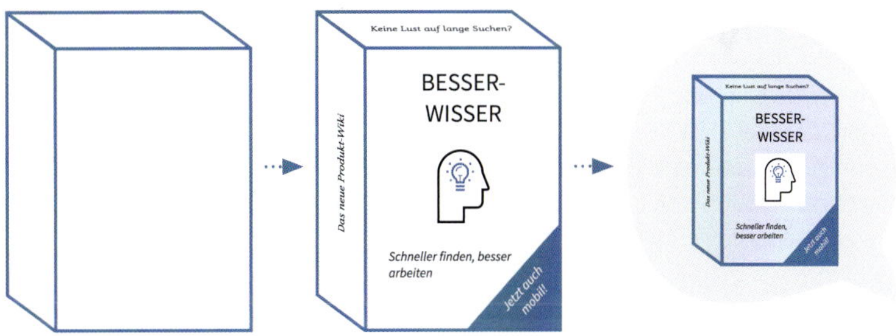

TOOL 105 PROTOTYPING

Leitfrage

Wie können wir mit niedrigem Ressourceneinsatz die Idee veranschaulichen?

Zielsetzungen

- Ideen in einem frühen Stadium auf ihre Brauchbarkeit testen
- Ideen gezielt/nutzerorientiert weiterentwickeln
- Funktionalität und Merkmale anschaulich und erlebbar machen
- Entscheider von einer Idee überzeugen

Umsetzung

Prototypen sind grobe Studienmodelle einer Idee (vgl. Osterwalder et al., S. 76). Entwickler und Designer verwenden Prototypen traditionell für physische Artefakte wie Möbel oder Autos. In der Kommunikation veranschaulichen Prototypen auf Papier oder am Bildschirm in einem frühen Entwicklungsstadium schnell und preiswert, wie Maßnahmen funktionieren. Sie machen Benefits, aber auch Probleme erlebbar.

Die Arten von Prototypen werden nach Detaillierungsgrad unterschieden. Die gängigen Prototypen in der Maßnahmenkonzeption sind:

- **Paper Prototype.** Hier wird die Idee grob auf Papier skizziert. Die Anwendungsumgebung wird simuliert, indem z. B. auf einer skizzierten Webseite beim »Klicken« die Blätter ausgetauscht werden. Eine stark reduzierte Form des Paper Prototyping sind Serviettenskizzen.
- **Wireframes.** Sie zeigen das Gerüst hinter einer Webseite oder App, die Elemente und Funktionen sowie ihre Verknüpfung untereinander. Wireframes sind schematisch gehalten, ohne detaillierte textliche und grafische Inhalte (vgl. Tool 72).
- **Mockup.** Hier ist das Design ausgestaltet und die wichtigsten Funktionen werden simuliert (vgl. Tool 72). So erhält der Tester einen realitätsnahen Eindruck vom späteren Produkt, bevor dieses aufwendig programmiert wird.

Prototyping lässt sich als Weiterentwicklung des Brainwriting (Tool 97) auch in der Gruppe umsetzen. Statt schriftlicher Ideen werden dabei Maßnahmen/Medien inklusive ihrer relevanten Funktionen grob auf Papier skizziert und von den anderen Teilnehmern in mehreren Runden weiterentwickelt.

So arbeitet man mit dem Paper Prototype:

1. Auf Papier werden in Kleingruppen parallel oder nacheinander erste Prototypen der Ideen skizziert. Für dreidimensionale Objekte kann das Papier gefaltet werden. Ein solcher Prototyp kann zum Beispiel das User Interface einer App zeigen, den Aufbau eines Plakats oder das Unternehmensleitbild als Faltboot. Für die Generierung eines Prototypen sollten nicht mehr als fünf bis zehn Minuten aufgewendet werden.
2. Die Prototypen werden verglichen und priorisiert. Verbesserungen können direkt auf dem Papier eingezeichnet werden.
3. Auf dieser Basis erfolgt die weitere Ausarbeitung der ausgewählten Prototypen als Mockup oder die direkte Erstellung des voll funktionsfähigen Produkts.

Paper Prototype eines Faltboots für Leitbild-Workshops

TOOL 106 STORYTELLING

Leitfrage

Wie muss die Maßnahme aussehen, damit sie dem Anwender im täglichen Leben/in seiner Mediennutzung weiterhilft?

Zielsetzungen

- Den Bedarf emotionalisieren (Empathie für den Nutzer schaffen)
- Ideen nutzerorientiert weiterentwickeln
- Entscheider von einer Idee überzeugen

Umsetzung

Beim Storytelling in der Maßnahmenentwicklung (Story-Prototyping) werden die Merkmale und Funktionen durch Geschichtenerzählen entwickelt. Nach den Regeln des Storytellings (vgl. Tool 53) erzählen sich die Teammitglieder Geschichten, in denen das Medium/die Maßnahme als Hilfsmittel (Enabler) dient. Das Erzählen kann über die folgenden Formate erfolgen:

- **Schriftlich.** Texte haben den Vorteil, dass sie ohne besondere Hilfsmittel erstellt und ohne technische Hürden verteilt werden können.
- **Visuell.** Bilder (z. B. Comics) erhöhen die Verständlichkeit. Auch mit Infografiken oder Fotos lassen sich Geschichten erzählen.
- **Bewegtbild.** Dies ist die aufwendigste Variante. Die technischen Möglichkeiten sind vielfältig, von der Animation in Prezi bis zum Video-Trailer.

So arbeitet man mit der Kreativtechnik, hier am Beispiel Comic:

1. Die Storyelemente (Personen, Räume, Aufgabe etc., vgl. Tool 53) werden festgelegt.
2. Im Drehbuch halten die Teilnehmer die grobe chronologische Abfolge der Szenen fest.
3. Für jede Szene wird eine Abbildung entwickelt, die die Kernaussage pointiert darstellt.
4. Der Comic wird von einem Teilnehmer gezeichnet.
5. Die Gruppe gibt Feedback zur Verfeinerung des Comics.

Storyelemente

STORYELEMENT	ZUWEISUNG
HELD	*Reisender Geschäftsmann Mr. Jones*
RÄUME	*Büro, Taxi, Flughafen, Zuhause*
AUFGABE	*Zum Geburtstag der Tochter rechtzeitig da sein*
WIEDERHOLUNG MIT BEDEUTSAMEM UNTERSCHIED	*Erste gebuchte Reiseroute fällt aus, Alternativvorschlag stellt pünktliches Ankommen dennoch sicher*
RESSOURCE (ENABLER)	*Mobility-App, die alle Verkehrsmittel verknüpft*

Drehbuch

SZENE	HANDLUNG	ABBILDUNG	SPRECHBLASE
AUFBRUCH	*Mr. Jones verabschiedet sich von Kollegin*	*Mr. Jones mit Flugticket und Koffer, im Hintergrund Kollegin*	*»Schönes Wochenende!« »Danke, dir eine schöne Feier mit deiner Familie!«*
1. SCHWELLE	*Mr. Jones vor dem Flughafen, textet seiner Tochter Gina*	*Mr. Jones's Handydisplay, Selfie/ Face Time, im Hintergrund Flughafen, am Himmel aufziehendes Gewitter*	*»Happy Birthday, meine Große. Bis gleich!«*
PRÜFUNG	*Mr. Jones schimpft mit Flugpersonal über gestrichenen Flug*	*Mr. Jones mit Gewitterwolke, Anzeige »Flight to Berlin cancelled«*	*»Das darf doch nicht wahr sein!«*
»SEGNUNG«	*Mr. Jones öffnet die Mobility-App auf seinem Handy und sucht eine Alternativroute*	*Display zeigt App mit neuem Routenvorschlag: Bahn → dann Buchungsoption Taxi, Mietauto oder Rad*	
HEIMKEHR	*Mr. Jones kommt nach Hause und begrüßt stürmisch seine Tochter*	*Mr. Jones hebt Gina in die Luft, Gina hat Krone auf dem Kopf, im Hintergrund Hauseingang mit Luftballon »6«*	*»Papa, ich bin sooo happy!«*

Comic

1
DANKE, DIR EINE SCHÖNE FEIER MIT DEINER FAMILIE!
SCHÖNES WOCHENENDE!
2
HAPPY BIRTHDAY, MEINE GROSSE. BIS GLEICH!
3
...

TOOL 107 ROLLENSPIEL

Leitfrage

Wie fühlt sich die Nutzung der Maßnahme/des Mediums aus Anwender-/Stakeholderperspektive an?

Zielsetzungen

- Neue Einsichten zu Motiven und Bedürfnissen des Nutzers gewinnen
- Potenziale und Hürden identifizieren
- Ideen weiterentwickeln

Umsetzung

Beim Rollenspiel ist der Verlauf der Geschichte teiloffen. Die Mitglieder des Teams nehmen die Rolle des Nutzers oder des Anbieters ein. Je tiefer sie sich in die Rolle hineinfühlen, desto besser erkennen sie Probleme und Weiterentwicklungsmöglichkeiten der Idee.

Rollenspiele eignen sich für die Simulation von Dienstleistungen, Produkten oder Medien. Für Letztere sollten Papierprototypen (Tool 105) hinzugezogen werden.

So arbeitet man mit dem Rollenspiel:

1. Die Storyelemente (Personen, Räume, Aufgabe etc., siehe Tool 53) werden festgelegt.
2. Im Storyboard halten die Teilnehmer die Schlüsselszenen fest.
3. Für jede Rolle wird ein Profil mit Eigenschaften, Issues und Zielen definiert. Alle Rollen werden mit Darstellern besetzt.
4. Der Moderator liest die Regieanweisungen. Die Darsteller spielen weitgehend frei in den Vorgaben der Rollenprofile.
5. Anschließend wird das Spiel analysiert, um Bedürfnisse des Nutzers und damit Verbesserungspotenziale zu erkennen.

Storyelemente

STORYELEMENT	ZUWEISUNG
HELD	*Produktmanager John*
HELFER	*Social Media Manager Tanya, Remote: Technical Designer Mike und Analyst Lee*
GEGENSPIELER	*Die Zeit; Kollege Nico (Legal), der nichts von kurzfristigen Änderungen hält*
RÄUME	*Bahnhof, Bahn, Konferenzraum*
AUFGABE	*Eine neue Idee rechtzeitig in die Unterlage für das globale Meeting einbringen*
WIEDERHOLUNG MIT BEDEUTSAMEM UNTERSCHIED	*1. Schleife: Information zur Machbarkeit kommt von Experten,* *2. Schleife: Umsetzungsvorschläge und Verbesserungen zur Idee kommen aus dem Team*
RESSOURCE (ENABLER)	*Social-Intranet-App (Papierprototyp aus Post-its)*

Drehbuch Rollenspiel

SZENE	REGIEANWEISUNG
Herausforderung	*Um 5 Uhr morgens treffen sich John, Tanya und Nico am Bahnhof in Hamburg. Sie warten auf den Zug zu ihrem globalen Meeting in München.* • *John berichtet den Kollegen von einer spontanen Idee, wie sie das geplante Neuprodukt deutlich verbessern könnten.* • *Tanya findet die Idee interessant.* • *Nico zweifelt die Machbarkeit an.*
Test 1	• *In der Bahn grübelt John, wie er die Idee noch vor dem Meeting validieren kann.* • *Tanya rät ihm, sein Expertennetzwerk im Intranet zu kontaktieren und erklärt, wie das in der App geht.*
Ergebnis 1	• *John freut sich: Drei Kollegen aus Australien und Asien antworten direkt positiv.* • *Nico bezweifelt, dass die spontane Einschätzung der Märkte aussagekräftig genug ist und fordert Daten und Skizzen.*
Test 2	*John leitet die Anforderungen in die Intranetgruppe seines Teams weiter, zusammen mit zwei Charts zur Idee.*
Ergebnis 2	*Mike zieht relevante Marktdaten in ein Chart, Lee erstellt grobe Serviettenskizzen, die er von der Handykamera direkt ins Intranet lädt*
Auflösung	*Im Meetingraum schaltet Tanya Mike und Lee über ihren Laptop dazu. John bedankt sich bei den Kollegen.*

TOOL 108 LEGO® SERIOUS PLAY®

Leitfrage

Wie finden wir originelle Lösungen, die unterschiedliche Nutzerperspektiven berücksichtigen?

Zielsetzungen

- Die schöpferische Vorstellungskraft aktivieren
- Spielerisch neue Lösungsansätze finden
- Erarbeitete Lösungen aus verschiedenen Perspektiven bewerten
- Ideen weiterentwickeln

Umsetzung

Lego® Serious Play® (LSP) ist ein systemischer Ideationsansatz, bei dem die Teilnehmer durch spielerisches Bauen von 3D-Modellen mit Legosteinen Lösungen konstruieren. Typische Gegenstände der Aufgabenstellung sind Strategie, Team und Produkt-/Serviceinnovation. Kernannahme von LSP ist, dass das für die Lösung erforderliche Wissen bereits in der Organisation vorhanden ist und durch das Bauen offengelegt wird.

Legosteine und -elemente stehen in der Konstruktion symbolisch für Aspekte der Herausforderung bzw. für die Ideen zur Lösung. LSP dient also nicht der Herstellung von Prototypen, sondern ist – ähnlich wie im kindlichen Spiel – der Startpunkt für ein metaphorisches Storytelling: Die Bedeutung der gebauten Artefakte wird von den Teilnehmern in wechselseitigen Erzählungen und Erläuterungen über das geschaffene Modell aktiviert und im Austausch erweitert.

Entscheidend ist dabei die Rolle des LSP-Facilitators, der die Sitzung vorbereitet und als Moderator während der Sitzung die Diskussions- und Reflexionsprozesse unterstützt. Der Facilitator konzipiert eine zweistufige »Building Challenge«: eine bauliche Herausforderung für die Teilnehmer, die möglichst offen formuliert ist – z. B.: »Wie können wir das Innovationstempo in unserem Unternehmen steigern?« (Schritt 1) und »Was müssen Führungskräfte tun, um ihre Mitarbeiter innovativer zu machen?« (Schritt 2).

So arbeitet man mit Lego® Serious Play®:

1. Der Facilitator erläutert den Hintergrund der »Building Challenge« und das Vorgehen.
2. Der Konstruktion der Aufgabe ist ein Skillsbuilding-Modul vorgeschaltet: Die Teilnehmer machen sich mit den Steinen des Lego Sets vertraut, sie bauen einen Gegenstand nach Anleitung (Skillsbuilding 1). Die Teilnehmer bearbeiten eine Musteraufgabe mit LSP, um das symbolische/metaphorische Bauen mit Lego zu lernen und das Storytelling einzuüben.
3. Die Teilnehmer konstruieren – entweder allein oder im Team – mit Legosteinen die Aufgabe, Schritt 1.
4. Im Storytelling erläutern die Teilnehmer ihr Konstrukt: Die Elemente des geschaffenen Artefakts repräsentieren unterschiedliche Perspektiven, Träume, Wünsche, Ängste und Vorbehalte der Anwender in Bezug auf die Aufgabenstellung. Die anderen Teilnehmer stellen Rückfragen zu Details des Konstrukts (»Was bedeutet dieses Element?«). Dadurch und durch den Austausch reichern sich die Ideen/Perspektiven weiter an.
5. Die Teilnehmer konstruieren die Aufgabe in Schritt 2 als Erweiterung des Artefakts von Schritt 1 in das Modell hinein.
6. Das so erweiterte Modell wird wiederum durch Storytelling, Nachfragen der anderen Teilnehmer und Austausch reflektiert. Ggf. können unterschiedliche Perspektiven (ähnlich wie bei einer Aufstellungsarbeit in der Familientherapie) mit Legofiguren im Modell aufgestellt und von den Teilnehmern reflektiert werden.
7. Die symbolisch im Lego-Konstrukt gebauten Ideen werden versprachlicht.
8. Die Ideen werden »geborgen«, d. h. schriftlich auf Karten/Stattys festgehalten, geclustert und geordnet, z. B. in einer Mind-Mapping-Struktur. Es erfolgt eine erste Bewertung.
9. Ausgewählte Ideen können mit einer weiteren Runde LSP oder einem anderen Kreativverfahren weiterentwickelt werden.
10. Alternativ/im nächsten Schritt kann Lego® Serious Play® auch verwendet werden, um eine Idee als ersten Prototyp zu bauen (Making). Dieser Prototyp kann dann wieder Startpunkt für eine LSP-Sequenz werden.

Theorie: Konstruktionismus

Lego® Serious Play® greift Konzepte aus der Verhaltenswissenschaft und der Psychologie auf, insbesondere den Konstruktivismus und den Konstruktionismus.

Der Konstruktivismus ist eine Theorie des Wissenserwerbs von Kindern (vgl. Piaget 1951), entwickelt in den 1940er-Jahren von Jean Piaget und seinen Kollegen am Institut J.-J. Rousseau, Genf. Piaget erkannte, dass Kinder im Wissenserwerb Eindrücke und Informationen nicht passiv aufnehmen, sondern aktiv Theorien entwickeln. Kinder konstruieren Wissen in kohärente massive Strukturen (»Wissensstrukturen«) hinein. Sie sind demnach »Entwickler von Theorien, die Wissen auf Basis ihrer Erfahrungen in der Welt konstruieren und immer wieder neu organisieren« (The Lego Group 2002, S. 9).

Der Konstruktionismus ist eine Lerntheorie (vgl. Papert 1980), entwickelt in den 1970er-Jahren von Seymour Papert und seinen Kollegen am Massachusetts Institute of Technology (MIT). Der Konstruktionismus weitet die Ansätze des Konstruktivismus zum Wissensaufbau des Kindes zu einer allgemeinen Lerntheorie und einem pädagogischen Konzept aus: dem konkreten Denken mithilfe von Objekten (Denken mit den Händen, vgl. The Lego Group 2002, S. 12).

Die Kernthese lautet: Konstruktivistisches Lernen ist vor allem dann möglich, »wenn Menschen ein Produkt, etwas außerhalb von ihnen Liegendes erzeugen wie zum Beispiel eine Sandburg« (The Lego Group 2002, S. 9). Denn wenn Menschen solche Artefakte bauen, dann konstruieren sie gleichzeitig Theorien und Modelle von Wirklichkeit in ihrem Denken.

Dies ist ein sich selbst verstärkender Zyklus: Der Bau komplexer Dinge erschließt neues Wissen, was wiederum in komplexen Konstruktionen dargestellt werden kann, die dann wieder das Wissen erweitern. (Vgl. The Lego Group 2002, S. 9)

(nach The Lego Group 2010)

FOKUS	BUILDING CHALLENGE (KONSTRUKTIONSAUFGABE)	ZEIT	MATERIALIEN
Corporate Identity IST (2020)	*Bauen Sie ein Modell, das zeigt, wie Sie das Unternehmen heute sehen. Welchen Nutzen stiftet es für die Stakeholder?*	*15 min. bauen, 15 min. teilen*	*LSP© Identity und Landscape Kit*
Corporate Identity SOLL (2025)	*Erweitern Sie Ihr Modell: Wie soll das Unternehmen in 5 Jahren aussehen?*	*15 min. bauen, 15 min. teilen*	…
Rolle der Abteilung in der Transformation	…	…	…
…	…	…	…

TOOL 109 BILDSTIMULATION (VISUELLE SYNEKTIK)

Leitfrage

Wie können wir die Aufgabe auf neue Weise lösen?

Zielsetzungen

- Die Aufgabenstellung in einem anderen Kontext sehen
- Aus dem gewohnten Denkmuster ausbrechen
- Durch Assoziation neue Ideen entwickeln

Umsetzung

Bei der Bildstimulation formuliert die Gruppe das Problem um, indem sie sich zunächst von ihm entfernt und dann anhand von Bildern Analogien bildet. Die Methode zielt – wie ein Bogenschütze – bewusst leicht am Ziel vorbei, um es umso besser zu treffen. Deshalb sollten Bildmotive zur Auswahl stehen, die mit dem eigentlichen Problem wenig zu tun haben: Das können Menschen sein, Naturszenen oder auch Gegenstände.

So arbeitet man mit visueller Synektik:

1. **Bildauswahl.** Bilder auf Karten oder Magazinausschnitte liegen aus. Nach dem Zufallsprinzip wählt jeder Teilnehmer drei Bilder und betrachtet diese.
2. **Bildanalyse.** Jeder Teilnehmer wählt ein Bild aus und beschreibt, was er sieht und wie das Motiv auf ihn wirkt. Dabei werden auch Assoziationen und ausgelöste Gefühle beschrieben.
3. **Transfer.** Die Teilnehmer übertragen die Eigenschaften und Wirkungen des Bildmotivs auf die Problemstellung. Wie sähe die Lösung aus, wenn das Problem ein XYZ wie auf dem Bild wäre?
4. **Lösungen.** Aus der Analogie heraus werden im Brainstorming neue Lösungsansätze entwickelt.

Theorie: Synektik

Die Synektik (griech. συνέχεια, »synechea«, das Zusammenhängen), stimuliert unbewusste Denkprozesse. Ihr Entwickler Gordon betonte die Bedeutung von metaphorischen Prozessen: »Mache dir das Fremde vertraut und verfremde das Vertraute.« (Gordon 1961). Dies meint zum einen die tiefgehende Problemanalyse, zum anderen die Verfremdung des Problems durch Analogiebildung.

(nach Harmeier 2015)

Wertevermittlung

BILDMOTIV	BESCHREIBUNG EIGENSCHAFTEN UND WIRKUNGEN	TRANSFER AUF DAS PROBLEM	LÖSUNGSANSATZ
	• *Korallenriff mit Wassertieren* • *Bunt, Vielfalt* • *Friedlich, harmonisch* • *Eigene Sphäre unter Wasser* • *Jenseits des Lärms* • *Entspannt*	• *Eigene Sphäre, Räume schaffen für Vermittlung jenseits des »Betriebslärms«* • *Vielfältige Formate nebeneinander*	• *After-Work-Party mit Markt der Möglichkeiten* • *Werte-Ausstellung in der Cafeteria (Lounge-Stil)* • *Eigener Bereich im Intranet, der Formate bündelt*
…	• …	• …	• …

TOOL 110 MORPHOLOGISCHER KASTEN

Leitfrage

Wie können wir aus der Aufgabenstellung heraus neue Lösungen entwickeln?

Zielsetzungen

- Das Problem in all seinen Facetten und Details verstehen
- Neue Lösungen aus bestehenden Elementen zusammensetzen
- Die Gesamtheit der denkbaren Lösungen aufzeigen

Umsetzung

Der Morphologische Kasten eignet sich für komplexe Aufgaben, die viele Details umfassen, so auch zur Entwicklung von Medien. Voraussetzung ist die gute Kenntnis des Problembereichs. Nach seinem Erfinder Fritz Zwicky wird der Morphologische Kasten auch als Zwicky-Box bezeichnet.

Mit dem Morphologischen Kasten lassen sich komplexe Probleme vollständig erfassen. Dabei wird das Problemfeld zunächst erweitert und aus einem größeren Blickwinkel betrachtet. Dann wird es in seine Einzelteile (Parameter) zerlegt: Jedes Gestaltungsmerkmal, in dem sich denkbare Lösungen unterscheiden, bildet einen Parameter. Die Parameter müssen logisch voneinander unabhängig sein und konzeptionelle Relevanz haben, sonst verliert man sich in Details. Es sollten nicht mehr als zehn Parameter betrachtet werden. (Vgl. Zwicky 1966)

So arbeitet man mit dem Morphologischen Kasten (vgl. Scherer 2009, S. 59):

1. Der Moderator erläutert die Aufgabenstellung. Der Problembereich wird zunächst aus der Vogelperspektive betrachtet, um ein ganzheitliches Bild zu bekommen.
2. Die Teilnehmer zerlegen die Aufgabenstellung in ihre Parameter. Die Parameter werden in die erste Spalte des Morphologischen Kastens geschrieben.
3. Für jeden Parameter listen die Teilnehmer jede denkbare Ausprägung in der jeweiligen Parameterzeile. Sind alle Parameter mit allen Ausprägungen berücksichtigt, umfasst der Morphologische Kasten nun alle denkbaren Lösungen.
4. Mit verschiedenfarbigen Stiften werden alle denkbaren Kombinationen über Linien miteinander verbunden und so sichtbar gemacht.
5. Abschließend bewerten die Teilnehmer die Lösungen qualitativ oder quantitativ.

Theorie: Morphologie

Der Begriff Morphologie setzt sich aus den griechischen Wörtern »morphe« (Form, Gestalt, Figur) und »logos« (Lehre) zusammen, bezeichnet also die Gestaltlehre. Morphologie ist die dynamische Gesamtschau eines Betrachtungsgegenstands. Um ein ganzheitliches Bild zu gewinnen, werden aus allen Perspektiven Wirkungen und Einflussfaktoren betrachtet. Es geht darum, das Wesen des betrachteten Objekts zu erfassen und im Detail Muster, Ähnlichkeiten und Zusammenhänge zu erkennen. Die Morphologie kann sich auf natürliche Gebilde wie Pflanzen oder Gesteine ebenso beziehen wie auf soziale oder kulturelle Gebilde.

Lösungen für die Leitbild-Kommunikation

PARAMETER	AUSPRÄGUNG 1	AUSPRÄGUNG 2	AUSPRÄGUNG 3	AUSPRÄGUNG 4	AUSPRÄGUNG 5
KANAL	*Blog*	*E-Mail-Newsletter*	*Posts im Social Intranet*	*Schwarzes Brett*	*Mitarbeiterzeitung*
FREQUENZ	*Täglich*	*Wöchentlich*	*Monatlich*	*Quartalsweise*	*Halbjährlich*
ABSENDER	*CEO*	*Corp Comms*	*Mitarbeiter*	*Trainee*	*Kunde*
FORMAT	*Nur Text*	*Text und Bild*	*Video*	*Infografik*	*Spiel*
FEEDBACK	*Keins*	*Leserbrief*	*Kommentarfunktion*	…	

= Lösung 1
= Lösung 2

TOOL 111 IDEENSTECKBRIEF

Leitfrage

Wie stellen wir sicher, dass die Ideen nach der Kreativsitzung implementiert werden?

Zielsetzungen

- Idee standardisiert dokumentieren
- Verbindlichkeit schaffen
- Idee schnell erfassbar machen
- Vergleichbarkeit zwischen Ideen ermöglichen
- Entscheidung über die Realisierung der Idee unterstützen

Umsetzung

Aus der Nutzung der gezeigten Kreativ-Tools entsteht eine Vielzahl von Ideen mit unterschiedlichem Detaillierungs- und Reifegrad. Die erste Priorisierung erfolgt in der Regel bereits in der Gruppe. Damit die Ideen nicht in der Schublade verschwinden, sollten sie systematisch dokumentiert werden:

- Das ermöglicht es, Ideen auch nach längerer Zeit schnell einzuordnen und ggf. zu realisieren.
- Zudem erfordern die weitere Ausarbeitung und Realisierung von Ideen meist ein Budget, über das außerhalb des Teilnehmerkreises entschieden wird. Der standardisierte Ideensteckbrief bereitet die Entscheidung effizient vor.

Die Ideensteckbriefe für die priorisierten Ideen werden zum Abschluss der Gruppenarbeit gemeinsam befüllt. Das schafft eine hohe Verbindlichkeit, was die Bewertung der Idee angeht. Wenn in der Kreativsitzung die Zeit fehlt, können die Steckbriefe notfalls auch hinterher von einem benannten Teilnehmer erstellt und dann mit den anderen Teilnehmern abgestimmt werden.

So entsteht der Ideensteckbrief (vgl. Brain Connection/Denkmotor 2018):

1. Der Moderator erläutert den Steckbrief und die Kriterien für die qualitative Bewertung in den grau hinterlegten Feldern.
2. Für jede priorisierte Idee wird ein Ideensteckbrief ausgefüllt. Dabei werden die zuvor erarbeiteten Ergebnisse eingesetzt.
3. Über die blau hinterlegten Kriterien kann die Gruppe quantitativ abstimmen: Jedes Teammitglied gibt seine Bewertung ab. Die Summe der Wertungen wird durch die Teilnehmerzahl geteilt.
4. Die Ideensteckbriefe sollten nach der Kreativsitzung zusammen mit den Ergebnissen der Gruppenarbeit für die Teilnehmer zugänglich abgelegt werden.

NAME DER IDEE	*Produkt-Wiki*	☐ Radikal ☒ Verbesserung ☐ Routine			
BESCHREIBUNG DER IDEE (EVTL. SKIZZE AUF DER RÜCKSEITE)	*Wiki im Intranet mit Informationen zu allen bestehenden und früheren Produkten als Nachschlagewerk für Vertrieb und Service, statt Vielzahl von Produktdatenblättern*				
KUNDENNUTZEN	*Schnellere Auskunft bei technischen Rückfragen*				
CHANCEN DIESER IDEE	• *Hohe Aktualität* • *Mobile Verfügbarkeit* • *Ressourcenschonend*				
GEFAHREN DIESER IDEE					
UMSETZBARKEIT DER IDEE?	☐ sehr hoch	☐ hoch	☐ mittel	☐ tief	☐ sehr tief
MARKTPOTENZIAL?	☐ sehr hoch	☐ hoch	☐ mittel	☐ tief	☐ sehr tief
NOTWENDIGE INVESTITIONEN?	☐ sehr tief	☐ tief	☐ mittel	☐ hoch	☐ sehr hoch
PASST DIE IDEE ZU UNSERER STRATEGIE?	☐ sehr hoch	☐ hoch	☐ mittel	☐ tief	☐ sehr tief
GESAMTBEURTEILUNG	☐ sehr hohes Potenzial	☐ hohes Potenzial	☐ gewisses Potenzial	☐ kleines Potenzial	☐ sehr kleines Potenzial
FAZIT					

(nach Brain Connection/Denkmotor 2018)

QUELLEN

A

Aaker, David (2013): Points of Parity. So positionieren Sie Ihre Marke wettbewerbsorientiert. www.absatzwirtschaft.de/Points-of-Parity-So-positionieren-Sie-Ihre-Marke-wettbewerbsorientiert-18772/ (Stand 24.04.2019).

Adkins, Bryan/Kaur, Jasmit (2018): 100 Actions. What Organizations Do to Build a High-Performance Culture. https://www.denisonconsulting.com/transform/100-actions-build-culture/ (Stand 30.03.2019).

Anderson, James C./Wynstra, Finn (2010): Purchasing Higher-Value. Higher-Price Offerings in Business Markets. Journal of Business-to-Business Marketing, 17(1), S. 29–61.

Anonym (2012): Price Your Product or Service: Cost-Plus Versus Value-Based Pricing. https://www.nibusinessinfo.co.uk/content/cost-plus-versus-value-based-pricing (Stand: 23.08.2012).

Anonym (2017): How Can Communications be Managed and Steered. A New Toolbox Compiles Key Management Tools for Communications. In: Volk, Sophia C./Berger, Karen/Zerfaß, Ansgar/Bisswanger, Luisa/Fetzer, Marcus/Köhler, Karolin (Hrsg.): How to Play the Game. Strategic Tools for Managing Corporate Communications and Creating Value for Your Organization (Communication Insights, Issue 3). Leipzig: Academic Society for Management & Communication. http://www.akademische-gesellschaft.com/service/publikationen/communication_insights/ (Stand 11.03.2019).

Anonym (o. J.): Issue Mapping Online. http://www.issuemapping.net (Stand: 25.02.2019).

Arbeitsgemeinschaft Media-Analyse e. V. (o. J.): Media-Analysen – Forschungsmethoden und Veröffentlichungen. https://www.agma-mmc.de/ (Stand: 25.02.2019).

Armstrong, Gary/Adam, Stewart/Denize, Sara/Kotler, Philip (2014): Principles of Marketing (6. Aufl.). Melbourne.

B

Backhaus, Klaus (2003): Industriegütermarketing (7. Aufl.). München.

Bandler, Richard/Grinder, John (1981): Metasprache und Psychotherapie. Die Struktur der Magie I. Paderborn.

Baumgarth, Carsten (2004): Markenpolitik: Markenwirkungen, Markenführung, Markencontrolling (2. Aufl.). Wiesbaden.

Beck, Ulrich (1986): Risikogesellschaft. Auf dem Weg in eine andere Moderne. Frankfurt a. M.

Birkigt, Gisela/Stadler, Marinus/Funck, Hans Joachim (2000): Corporate Identity. Grundlagen, Funktionen, Fallbeispiele. Landsberg am Lech.

Bertenrath, Roman/Fritsch, Manuel/Lichtblau, Karl/Schleiermacher, Thomas (2017): Digitale Wirtschaft in Nordrhein Westfalen. https://www.essen.ihk24.de/blob/eihk24/Innovation/downloads/3707192/f51d61938497d457176ef94498069ac7/Studie-Digitale-Potenziale-in-NRW-data.pdf (Stand 30.03.2019).

Blumer, Herbert (1992): Symbolic Interactionism: Perspective and Method. Berkeley (CA).

Bolwin, Boris/Frank, Ralf (2010): Erfolgsmessung in der Finanzkommunikation: Inhalte und Perzeption. In: Pfannenberg, Jörg/Zerfaß, Ansgar (Hrsg.): Wertschöpfung durch Kommunikation. Kommunikations-Controlling in der Unternehmenspraxis. Frankfurt am Main, S. 181-191.

Brain Connection/Denkmotor (2018): Ideensteckbrief. https://www.brainconnection.ch/wp/simplicity-und-innovation/publikationen/buch-innovationsmanagement/tabelle_9_beispiel_f_r_eine_ideenbeschreibung/ (Stand: 09.12.2018).

Broom, Glen M. (1977): Coorientational Measurement of Public Relations. In: Public Relations Review, 3(4), S. 110–119.

Bruhn, Manfred (2004): Handbuch Markenführung. Kompendium zum erfolgreichen Markenmanagement. Strategien – Instrumente – Erfahrungen. Wiesbaden.

Bruhn, Manfred (2009): Kommunikationspolitik. Systematischer Einsatz der Kommunikation für Unternehmen. München.

Bühler, Karl (1934): Sprachtheorie. Die Darstellungsfunktion der Sprache. Jena.

Bürker, Michael (2013): »Die unsichtbaren Dritten«. Ein neues Modell zur Evaluation und Steuerung von Public Relations im strategischen Kommunikationsmanagement. Wiesbaden.

Buzan, Tony/Buzan, Barry (1996): The Mind Map Book. How to Use Radiant Thinking to Maximize Your Brain's Untapped Potential. New York.

C

Campbell, Joseph/Moyers, Bill (1994): Die Kraft der Mythen. Bilder der Seele im Leben des Menschen. München.

Caspar, Mirko (2002): Markenausdehnungsstrategien. In: Meffert, Heribert/Burmann, Christoph/Koers, Martin (Hrsg.): Markenmanagement. Grundfragen der identitätsorientierten Markenführung). Wiesbaden, S. 233-259.

Chaffey, Dave (2019): Ecommerce Conversion Rates – How Do Yours Compare? https://www.smartinsights.com/ecommerce/ecommerce-analytics/ecommerce-conversion-rates/ (Stand: 25.02.2019).

Chaudhuri, Oliver (2015): Die Corporate Website – Hub der Online-Kommunikation. In: Pfannenberg, Jörg/Schmalstieg, Denise (Hrsg.): Toolbox Social Media. 111 Instrumente für die Kommunikationsstrategie 2.0. Stuttgart, S. 27-81.

Cognis AG (1999): Anzeigenkampagne. »Dear competitors/Dear customers«, Monheim am Rhein.

Cohen, Bernard C. (1963): The Press and Foreign Policy. Berkeley (CA).

conSens (2013): Balanced Brand Card. Markenforschung und Markensteuerung mit System. http://www.consens-forschung.de/cms/pages/de/balanced-brand-card.php (Stand: 01.03.2019).

Court, David/Elzinga, Dave/Mulder, Susan/Vetvik, Ole Jørgen (2009): The Consumer Decision Journey. https://www.mckinsey.com/business-functions/marketing-and-sales/our-insights/the-consumer-decision-journey (Stand 24.02.2019).

Crazy Egg (o. J.): See Where Your Visitors Click and Where They Don't with Snapshots. https://www.crazyegg.com/snapshots (01.03.2019).

Cutlip, Scott M./Center, Allen H./Broom, Glen M. (2000): Effective Public Relations (7. Aufl.). Englewood Cliffs (NJ).

D

Daft, Richard L./Lengel, Robert H. (1986): Organizational Information Requirements, Media Richness and Structural Design. In: Management Science, 32(5), S. 554-571.

Dam, Rikke/Siam, Teo (2019): 5 Stages in the Design Thinking Process. https://www.interaction-design.org/literature/article/5-stages-in-the-design-thinking-process (Stand: 01.03.2019).

Daniel, Jan-Christoph (2015). 3 Gründe warum multikulturelle Teams kreativer sind. http://www.untoldcolors.com/3-gruende-warum-multikulturelle-teams-kreativer-sind/ (Stand: 13.12.2018).

De Bono, Edward (1970): Lateral Thinking. A Textbook of Creativity. London.

De Bono, Edward (1985). Six Thinking Hats. An Essential Approach to Business Management. Boston (MA).

De Bono, Edward (2015): Serious Creativity. How to Be Creative Under Pressure and Turn Ideas into Action. London.

Denison Consulting (2018): Achieve Organizational Culture Change Success. https://www.denisonconsulting.com/ (Stand: 10.04.2019).

Denison, Daniel R./Haaland, Stephanie/Goelzer, Paolo (2003): Corporate Culture and Organizational Effectiveness: Is There a Similar Pattern Around the World? In: Advances in Global Leadership, 3. Jg., S. 205-227.

Denison, Daniel R./Mishra, Aneil K. (1995): Toward a Theory of Organizational Culture and Effectiveness. In: Organization Science, 6(2), S. 204-223.

Dietrich, Gini (2013): The Four Different Types of Media. https://spinsucks.com/communication/the-four-different-types-of-media/ (Stand: 26.11.2018).

digits. Kundenmagazin der Deutschen Telekom. Ausgabe 1.1998.

Dill, Christoph (2015): Szenarioanalyse.http://www.innovationslotsen.de/2015/08/31/szenarioanalyse/ (Stand 03.01.2019).

Dilts, Robert B./Eppstein, Todd/Dilts, Robert W. (1994): Tools for Dreamers. Strategies for Creativity and the Structure of Innovation. Scotts Valley (CA).

Done for you (o. J.): Inbound Marketing: How to Use Funnels for Your Inbound Marketing Strategy. https://doneforyou.com/inbound-marketing-use-funnels-for-your-inbound-marketing-strategy/ (Stand 03.01.2019).

Downs, Anthony (1972): Up and Down with Ecology – the »Issue Attention Cycle«. In: The Public Interest, Nr. 28, S. 38-50.

E

Eberle, B. (1996): Scamper. Games for Imagination Development. Waco (TX).

Edelman 2018: Trust Barometer. Global Report. https://www.edelman.com/sites/g/files/aatuss191/files/2018-10/2018_Edelman_Trust_Barometer_Global_Report_FEB.pdf (Stand 30.03.2019).

Elkin, Paul M. (2007): Mastering Business Planning and Strategy – the Power and Application of Strategic Thinking (2. Aufl.). London.

Erlhofer, Sebastian (2016): Suchmaschinen-Optimierung: Das umfassende Handbuch. Das SEO-Standardwerk im deutschsprachigen Raum. On- und Offpage-Optimierung für Google und Co. (8. Aufl.). Bonn.

Esch, Franz-Rudolf (2005): Moderne Markenführung (2. Aufl.). Wiesbaden.

Esch, Franz-Rudolf (2006): Wirkung integrierter Kommunikation. Ein verhaltenswissenschaftlicher Ansatz für die Werbung. (4. Aufl.). Wiesbaden.

Esch, Franz-Rudolf (2010): Strategie und Technik der Markenführung. (6. Aufl.). München.

Esch, Franz-Rudolf (o. J. a): Recalltest. https://wirtschaftslexikon.gabler.de/definition/recalltest-45770 (Stand: 01.03.2019).

Esch, Franz-Rudolf (o. J. b): Recognitiontest. https://wirtschaftslexikon.gabler.de/definition/recognitiontest-45022 (Stand: 01.03.2019).

Esch, Franz-Rudolf/Wicke, Andreas (2000): Herausforderungen und Aufgaben des Markenmanagements. In: Esch, Franz-Rudolf (Hrsg.): Moderne Markenführung – Grundlagen – Innovative Ansätze – Praktische Umsetzungen. Wiesbaden, S. 3-60.

Ethority (2019): Social Media Prisma 2017/18. https://ethority.de/social-media-prisma/ (Stand 20.02.2019).

F

Felfe, Jörg (2008): Mitarbeiterbindung. Göttingen.

Fiege, Roland (2012): Social Media Balanced Scorecard. Erfolgreiche Social Media-Strategien in der Praxis. Wiesbaden.

Freud, Sigmund (1900): Die Traumdeutung. Wien.

Fuhlrott, Eva/Durst, Jessica (2010): Die Messung von Mitarbeitereinstellungen und -verhalten. In: Pfannenberg, Jörg/Zerfaß, Ansgar (Hrsg.): Wertschöpfung durch Kommunikation. Kommunikations-Controlling in der Unternehmenspraxis (2. Aufl.). Frankfurt a. M., S. 168-180.

G

Gordon, William (1961): Synectics. The Development of Creative Capacity. New York.

Graubner, Lorenz (o. J.): 7 kostenlose Mockup-Tools kurz vorgestellt. https://www.webschmoeker.de/webdesign/mockup-tools/ (Stand: 12.05.2019).

Griesbach, Johann Jakob (1776): Synopsis Evangeliorum Matthäi, Marci et Lucae. Halle.

H

Harmeier, Jens (2015): Mit Kreativitätstechniken zu neuen Lösungen! https://www.weka.de/qualitaetsmanagement/kreativitaetstechniken-neuen-loesungen-entwickeln/ (Stand: 20.12.2018).

Herrmann, Andreas/Huber, Frank (2013): Produktmanagement: Grundlagen – Methoden – Beispiele. Wiesbaden.

Hinterhuber, Andreas (2008): Value Delivery and Value-Based Pricing in Industrial Markets. In: Woodside, Arch G./Golfetto, Francesca/Gibbert, Michael (Hrsg.): Creating and Managing Superior Customer Value. Advances in Business Marketing and Purchasing (14. Aufl.). Bingley, S. 381-448.

Hogrefe (o. J.): Hogrefe Testsystem. www.hogrefe-testsystem.com (Stand: 29.12.2018).

Hohmann, Luke (2006): Innovation Games®. Creating Breakthrough Products Through Collaborative Play. Upper Saddle River (NJ).

Holler, Manfred. J./Illing, Gerhard (1991): Einführung in die Spieltheorie. Heidelberg.

Hölscher, Lorenz (2012): Mit der 5-Satz-Technik zur perfekten Rede. Wie Sie mit der 5-Satz-Technik rhetorisch glänzen und Ihre Zuhörer begeistern. https://www.akademie.de/wissen/5-satz-technik-rede-vortrag (Abgerufen am 19.12.2018).

Homburg, Christian/Krohmer, Harley (2009): Marketingmanagement. Strategie – Instrumente – Umsetzung – Unternehmensführung (3. Aufl.). Wiesbaden.

Hotjar (o. J.): Connect All the Dots with One Powerful Solution. https://www.hotjar.com/tour (Stand: 01.03.2019).

Hoxie, Robert F. (1923): Trade Unionism in the United States: General Character and Types. Chicago.

Hubig, Christoph (2014): Vertrauen und Glaubwürdigkeit als konstituierende Elemente der Unternehmenskommunikation. In: Piwinger, Manfred/ Zerfaß, Ansgar (Hrsg.): Handbuch der Unternehmenskommunikation. Wiesbaden, S. 351-369.

I

IBM (2011): Anzeigenkampagne »Outcomes car«. Abrufbar unter https://www.adsoftheworld.com/media/print/ibm_outcomes_car (Stand 30.03.2019).

IfD Allensbach(2018): Allensbacher Markt- und Werbeträgeranalyse 2018. https://www.ifd-allensbach.de/awa/ (Stand: 25.02.2019).

Ingenhoff, Diana/Röttger, Ulrike (2008): Issues Management. Ein zentrales Verfahren der Unternehmenskommunikation. In: Meckel, Miriam/Schmid, Beat (Hrsg.): Unternehmenskommunikation. Kommunikationsmanagement aus Sicht der Unternehmensführung (2. Aufl.). Wiesbaden, S. 323-354.

J

Jakobson, Roman (1979): Was ist Poesie. In: ders.: Poetik. Ausgewählte Aufsätze 1921-1971. Frankfurt a. M., S. 67-82.

Jenkins, Sabrina (2015): Inbound-Marketing-Funnel-Landscape. http://emarketingblog.nl/2015/01/six-misconceptions-of-inbound-marketing/inbound-marketing-funnel-landscape/ (Stand: 03.01.2019).

K

Kano, Noriaki/Seraku, Nobuhiko/Takahashi, Fumio/Tsuji, Shin ichi (1984): Attractive Quality and Must-be Quality. In: Journal of the Japanese Society for Quality Control, 14(2), S. 147-156.

Kaplan, Robert S./Norton, David (1997): Die Balanced Scorecard. Strategien erfolgreich umsetzen. Stuttgart.

Kaplan, Robert S./Norton, David (2004): Strategy Maps. Der Weg von immateriellen Werten zum materiellen Erfolg. Stuttgart.

KeywordMonitor (o. J.): Keyword Monitoring. https://www.keywordmonitor.de/ (Stand: 01.03.2019).

Kilian, Karsten (o. J. a): Markenerweiterung. absatzwirtschaft.de/markenlexikon/markenerweiterung/ (Stand: 18.04.2019).

Kilian, Karsten (o. J. b): Produktlinienerweiterung. absatzwirtschaft.de/markenlexikon/produktlinienerweiterung/ (Stand: 18.04.2019).

Kotler, Philip/Lane, Kevin (2009): Marketing Management (13. Aufl.). Upper Saddle River (NJ).

Kotter, John P. (1996): Leading Change. Boston (MA).

Kronenberg, Hanns (2013): SEO-Analysen-mit-dem-SISTRIX-Sichtbarkeitsindex. E-Book unter https://www.sistrix.de/buch-seo-analysen/ (Stand: 25.02.2019).

L

Lange, Mirko (2014): Die 8 Hebel des strategischen Content Marketings. http://www.talkabout.de/infografik-die-acht-hebel-der-content-kontrolle/ (Stand: 31.03.2019).

Lautenbach, Christoph/Sass, Jan (2010): Reporting im Kommunikations-Controlling. Daten aufbereiten, visualisieren und kommunizieren. In: Pfannenberg, Jörg/Zerfaß, Ansgar (Hrsg.): Wertschöpfung durch Kommunikation. Kommunikations-Controlling in der Unternehmenspraxis. Frankfurt a. M., S. 84-96.

Leipziger, Jürg W. (2009): Konzepte entwickeln: Handfeste Anleitungen für bessere Kommunikation (3. Aufl.). Frankfurt a. M.

Li, Charlene/Bernoff, Josh (2008): Groundswell. Winning in a World Transformed by Social Technologies. Boston.

Liebl, Franz (2000): Der Schock des Neuen. Entstehung und Management von Issues und Trends. München.

Liehr, Kerstin/Peters, Paul/Zerfaß, Ansgar (2010): Reputation messen und bewerten – Grundlagen und Methoden. In: Pfannenberg, Jörg/Zerfaß, Ansgar (Hrsg.): Wertschöpfung durch Kommunikation. Kommunikations-Controlling in der Unternehmenspraxis (2. Aufl.). Frankfurt a. M., S. 153-167.

linkfluence/JP|KOM (o. J.): Netzwerkanalyse Immunonkologie. http://tools.linkfluence.net/tmp/crawler/unimap/DE_Immunonkologie_Map_V2/crawlermap.swf (Stand: 08.05.2019).

Lotman, Jurij M. (1972): Die Struktur literarischer Texte. München.

Loveday, Lance/Niehaus, Sandra (2007): Web Design for ROI. Turning Browsers Into Buyers and Prospects into Leads. Thousand Oaks (CA).

Luhmann, Niklas (1997): Die Gesellschaft der Gesellschaft. Frankfurt a. M.

Luhmann, Niklas (2014): Vertrauen. Ein Mechanismus der Reduktion sozialer Komplexität (5. Aufl.). Konstanz.

M

Manpower Group Solutions (2017): Global Candidate Preference Survey. https://www.manpowergroupsolutions.com/candidatepreferences (Stand: 21.12.2018).

Markey, Rob/Reichheld Fred (2011): Introducing the Net Promoter System®. https://www.bain.com/insights/introducing-the-net-promoter-system-loyalty-insights/ (Stand 18.02.2019).

Mashable.com (2013): 24 Essential Mind Mapping and Brainstorming Tools. https://mashable.com/2013/09/25/mind-mapping-tools. (Stand: 30.11.2018).

Matzke, Dieter (2015): Das Kano Modell. https://www.lean-bd.de/?p=290 (Stand: 20.12.2018).

Mayring, Philipp (2002): Einführung in die qualitative Sozialforschung. (5. Aufl.). Weinheim.

Mayring, Philipp (2010): Qualitative Inhaltsanalyse. In: Mey, Günther/Mruck, Katja (Hrsg.): Handbuch Qualitative Forschung in der Psychologie. Wiesbaden, S. 601-613.

McCombs, Maxwell E./Shaw, Donald L. (1972): The Agenda-Setting Function of Mass Media. In: The Public Opinion Quarterly, 36(2), S. 176-187.

McLeod, Jack M./Chaffee, Stefan H. (1973): Interpersonal Approaches to Communication Research. In: American Behavioral Scientist, 16(4), S. 469-499.

Meffert, Heribert/Burmann, Christoph (2002): Managementkonzept der identitätsorientierten Markenführung. In: Meffert, Heribert/Burmann, Christoph/Koers, Martin (Hrsg.): Markenmanagement. Grundfragen der identitätsorientierten Markenführung. Wiesbaden, S. 73-97.

Meffert, Heribert/Burmann, Christoph/Kirchgeorg, Manfred (2015). Marketing: Grundlagen marktorientierter Unternehmensführung. Konzepte – Instrumente – Praxisbeispiele. Wiesbaden.

Meffert, Heribert/Schneider, Helmut/Ebert, Christian (2002): Markenführung im Rahmen des Going International — Das Beispiel Deutsche Post Euro Express. In: Meffert, Heribert/Burmann, Christoph/Koers, Martin (Hrsg.): Markenmanagement Grundfragen der identitätsorientierten Markenführung. Wiesbaden, S. 613-643.

Meidl, Oliver (2014): Globales Webdesign. Anforderungen und Herausforderungen an Globale Webseiten. Wiesbaden.

Merten, Klaus (1995): Inhaltsanalyse. Einführung in Theorie, Methode und Praxis. (2. Aufl.). Opladen.

Merten, Klaus (2008): Einführung in die Public Relations. Bd. 1. Wiesbaden.

Merten, Klaus (2013): Konzeption von Kommunikation. Theorie und Praxis des strategischen Kommunikationsmanagements. Wiesbaden.

Microtool (2018): Was sind Use Cases? https://www.microtool.de/wissen-online/was-sind-use-cases/ (Stand: 01.04.2019).

Mintzberg, Henry/Ahlstrang, Bruce/Lampel, Joseph (2002): Strategy Safari. Eine Reise durch die Wildnis des strategischen Managements. Wien.

Möhring, Wiebke/Schlütz, Daniela (2003): Die Befragung in der Medien- und Kommunikationswissenschaft: Eine praxisorientierte Einführung. Wiesbaden.

Monaco, James (1980): Film verstehen. Kunst, Technik, Sprache, Geschichte und Theorie des Films und der Neuen Medien. Reinbek.

Mysterypanel.com (o. J.): Überblick und Hintergrund. Was ist Mystery Shopping? https://www.mysterypanel.de/leistungen/mystery-shopping.html (Stand: 13.01.2019).

N

Nas, Tevfik F. (1996): Cost-Benefit Analysis. Theory and Application. Thousand Oaks (CA).

Newcomb, Theodore M. (1953): An Approach to the Study of Communicative Acts. In: Psychological Review, 60(6), S. 393-404.

news aktuell (2018): Whitepaper: Recherche 201. Mit visuellen Storys in die Medien. https://www.newsaktuell.de/academy/wp/recherche2018/ (Stand 30.03.2019).

Nothaft, Howard/Bentele, Günter (2013): PR-Konzeptionslehre. Theoretisches Begleitheft zum Seminar »Strategische Planung und Kontrolle«. Leipzig.

O

O'Gorman, Susanne/Pirner, Peter (2005): Messen und Monitoren von Stakeholder-Beziehungen: Der TRI*M-Index. In: Pfannenberg, Jörg/Zerfaß, Ansgar (Hrsg.): Wertschöpfung durch Kommunikation. Wie Unternehmen den Erfolg ihrer Kommunikation steuern und kommunizieren. Frankfurt a. M., S. 60-68.

Optimize (2019): Optimize-Hilfe. Einen A-B-Test erstellen. https://support.google.com/optimize/answer/6211930?hl=de (Stand: 25.02.2019).

Optimizely (o. J.): A/B Testing. https://www.optimizely.com/optimization-glossary/ab-testing/ (Stand: 01.03.2019).

Osborn, Alex F. (1963): Applied Imagination. Principles and Procedures of Creative Problem-Solving (3. Aufl.). New York.

Osterwalder, Alexander/Pigneur, Yves/Bernarda, Greg/Smith, Alan/Papadados, Trish (2015): Value Proposition Design. Entwickeln Sie Produkte und Services, die Ihre Kunden wirklich wollen. Frankfurt a. M.

overheat (o. J.): Mousetracking wie es sein muss. https://overheat.io/de/funktionen (Stand: 01.03.2019).

P

Papert, Seymour (1980): Mindstorms. Children, Computers, and Powerful Ideas. New York.

Pelz, Waldemar (2004): Kompetent führen. Wirksam kommunizieren, Mitarbeiter motivieren. Wiesbaden.

Peters, Tom/Waterman, Robert H. (1982): In Search of Excellence. New York.

Pfannenberg, Jörg (2010): Strategisches Kommunikations-Controlling mit der Balanced Scorecard. In: Pfannenberg, Jörg/Zerfaß, Ansgar (Hrsg.): Wertschöpfung durch Kommunikation: Kommunikations-Controlling in der Unternehmenspraxis. Frankfurt a. M., S. 61-83.

Pfannenberg, Jörg (2013): Issue Management in Veränderungsprozessen. In: Pfannenberg, Jörg (Hrsg.): Veränderungskommunikation. So unterstützen Sie den Change-Prozess wirkungsvoll (3. Aufl.). Frankfurt a. M., S. 31-44.

Pfannenberg, Jörg/Plog, Kirsten (2000): Latente Botschaften prägen das Image und die Beziehungen zu den Zielgruppen. Sprachanalysen von Mitarbeiter- und Kundenmedien. In: Public Relations Forum, 6(1), S. 28-30.

Pfannenberg, Jörg/Schmalstieg, Denise (2015): Toolbox Social Media. 111 Instrumente für die Kommunikationsstrategie 2.0. Stuttgart.

Piaget, Jean (1951): Das Weltbild des Kindes. Stuttgart.

Pollitt, Chad (2011): The New 5 Step Inbound Marketing Methodology. https://www.kunocreative.com/blog/bid/65371/the-new-5-step-inbound-marketing-methodology (Stand: 25.02.2019).

Pope, Emily Kate (2014): How the Loyalty Loop is Replacing the Marketing Funnel. https://generalassemb.ly/blog/loyalty-loop-replacing-marketing-funnel/ (Stand: 31.03.2019).

Porter, Michael E. (1985): Competitive Advantage. Creating and Sustaining Superior Performance. New York.

Porter, Michael E. (1986): Wettbewerbsvorteile: Spitzenleistungen erreichen und behaupten. Frankfurt a. M.

Porter, Michael E./Fuller, Mark B. (1986): Coalitions and Global Strategy. In: Porter, Michael E.: Competition in Global Industries. Boston, S. 315-344.

PR-Magazin (2018): Pressestellentest. Die Testkriterien. http://www.prmagazin.de/pressestellentest/ (Stand: 13.01.2019).

PR-Report (2017): Awards. Manual zur Jurierung. Salzburg (unveröffentlichtes Dokument).

Propp, Vladimir (1928/1972): Morphologie des Märchens. Hrsg. von Karl Eimermacher. München.

R

Raupp, Juliana/Vogelgesang, Jens (2009): Medienresonanzanalyse. Eine Einführung in Theorie und Praxis. Wiesbaden.

Renn, Ortwin (1990): Die gesellschaftliche Erfahrung und Bewertung von Risiken. Eine Ortsbestimmung. In: Schweizerische Zeitschrift für Soziologie, 16(3), S. 307-355.

Renn, Ortwin (2008): Das Arena-Modell – öffentliche Konflikte erfassen. In: JP|KOM (Hrsg.): News-Service 05/2008. https://www.yumpu.com/de/document/

view/1604112/das-arena-modell-a-affentliche-konflikte-erfassen-jp-kom-gmbh (Stand: 03.12.2018).

Riesenbeck, Hajo/Perrey, Jesko (2005): Mega-Macht Marke. Erfolg messen, machen, managen (2. Aufl.). Heidelberg.

Rohrbach, Bernd (1969): Kreativ nach Regeln – Methode 635, eine neue Technik zum Lösen von Problemen. In: Absatzwirtschaft, 12(19), S. 73–76.

Rolke, Lothar (2002): Kommunizieren nach dem Stakeholder-Kompass. In: Kirf, Bodo/Rolke, Lothar (Hrsg): Der Stakeholder-Kompass. Navigationsinstrument für die Unternehmenskommunikation. Frankfurt a. M., S. 16-33.

Rolke, Lothar (2005): Wertschöpfende Unternehmenskommunikation nach dem Stakeholder- Kompass. In: Bentele, Günter/Piwinger, Manfred/Schönborn, Gregor (Hrsg.): Kommunikationsmanagement (Loseblattwerk, 2001ff.), Nr. 4.16, München, S. 1-28.

Rolke, Lothar/Zerfaß, Ansgar (2010): Wirkungsdimensionen der Kommunikation: Ressourceneinsatz und Wertschöpfung im DPRG/ICV-Bezugsrahmen. In: Pfannenberg, Jörg/Zerfaß, Ansgar (Hrsg.): Wertschöpfung durch Kommunikation: Kommunikations-Controlling in der Unternehmenspraxis. Frankfurt a. M., S. 50-60.

Roll, Oliver/Krampitz, Sven (2017): Pricing 4.0. Neue Wege jenseits des Value Pricing. In: Marketing Review St. Gallen 6/2017, S. 64-70.

Rossmann, Alexander (2013): Auf der Suche nach dem Return on Social Media. Perspektiven und Grenzen der Erfolgsmessung im Social Web. Eine Studie der Universität St.Gallen in Kooperation mit Adobe, Publicis und Akamai. http://socialmedia2013.de/res/pdf/AufderSuchenachdemReturnonSocialMedia_Final.pdf (Stand: 19.09.2013).

Röttger, Ulrike (2009): Campaigns (f)or a Better World? In: dies. (Hrsg.): PR-Kampagnen. Über die Inszenierung von Öffentlichkeit (4. Aufl.). Wiesbaden, S. 9-23.

Runco, Mark A. (1994): Creative and Imaginative Thinking. In: Ramachandran, V.S. (Hrsg.): Encyclopedia of human behaviour (2. Aufl.). San Diego u.a., S. 11-16.

Rusch, Gebhard (1986): Verstehen verstehen. Ein Versuch aus konstruktivistischer Sicht. In: Luhmann, Niklas/Schorr, Karl-Eberhard (Hrsg.): Zwischen Intransparenz und Verstehen. Fragen an die Pädagogik. Frankfurt a. M., S. 40-71.

Ryte Wiki (o. J.): Conversion Rate. https://de.ryte.com/wiki/Conversion_Rate (Stand: 01.03.2019).

S

Schank, Roger (1995): Tell me a Story. Narrative and Intelligence. Evanston (IL).

Schatten, Alexander/Biffl, Stefan/Demolsky, Markus/Gostischa-Franta, Erik/Östreicher, Thomas/Winkler, Dietmar (2010): Best Practice Software-Engineering. Eine praxiserprobte Zusammenstellung von komponentenorientierten Konzepten, Methoden und Werkzeugen. Heidelberg.

Schein, Edgar (1984): Coming to a New Awareness of Organizational Culture. In: MIT Sloan Management Review, 25(2), S. 3-16.

Schenk, Michael (2007): Medienwirkungsforschung. Tübingen.

Scherer, Jiri (2009): Kreativitätstechniken. In 10 Schritten Ideen finden, bewerten, umsetzen (2. Aufl.). Offenbach.

Schmidt, Beat F./Lyczek, Boris (2006): Die Rolle der Kommunikation in der Wertschöpfung der Unternehmung. In: Meckel, Miriam/Schmidt, Beat (Hrsg): Unternehmenskommunikation. Kommunikationsmanagement aus Sicht der Unternehmensführung. Wiesbaden, S. 5-130.

Schmidt, Siegfried J. (2004): Unternehmenskultur. Die Grundlage für den wirtschaftlichen Erfolg von Unternehmen. Weilerswist.

Schulz von Thun, Friedemann (1981): Miteinander reden 1: Störungen und Klärungen: Allgemeine Psychologie der Kommunikation. Reinbek.

Schwäbisch Hall (o. J.): Die Marke. https://www.schwaebisch-hall.de/unternehmen/ueber_uns/die_marke.html (Stand: 25.02.2019).

Schwamborn, Susanne (1994): Strategische Allianzen im internationalen Marketing. Planung und portfolioanalytische Beurteilung. Wiesbaden.

Schweiger, Günter/Schrattenecker, Gertraud (2005): Werbung. Stuttgart.

SCM School for Communication and Management (2018): Inkometa. Award für erfolgreiche interne Kommunikation. Bewertungskriterienn Inkometa-Award. Berlin.

Searchmetrics (o. J.): Search & Content Performance in einer neuen Dimension. https://suite.searchmetrics.com/de/research (Stand: 01.03.2019).

Selbach, David (2018): Verschmähte Toolbox. In: prmagazin, 10/2018, S. 44-52.

Seltzer, Trent (2006): Measuring the Impact of Public Relations: Using a Coorientational Approach to Analyze the Organization-Public-Relationship. Gainesville (FL).

Solis, Brian/JESS3 (2019): Conversation Prism 5.0. https://conversationprism.com/ (Stand: 25.02.2019).

Spies, Marco (2014): Branded Interactions. Digitale Markenerlebnisse planen und gestalten (2. Aufl.). Mainz.

Storck, Christopher (2017): Strategische Kommunikation als Entwicklungsgebiet der Unternehmensführung. In: Holenweger, Michael (Hrsg.): Strategische Kommunikation. Baden-Baden.

strategyzer.com (2018a): The Business Model Canvas. https://www.strategyzer.com/canvas/business-model-canvas (Stand: 01.03.2019).

strategyzer.com (2018b): The Value Proposition Canvas. https://www.strategyzer.com/canvas/value-proposition-canvas (Stand: 01.03.2019).

Strauß, David Friedrich (1835/2012): Das Leben Jesu, kritisch bearbeitet (2 Bde.). Nachdruck 2012. Darmstadt.

Szyszka, Peter (2008): Analyse- und Entscheidungsmodell strategischer PR-Planung. Befunde und Entwurf. In: Szyszka, Peter/Dürig, Uta-Micaela (Hg.): Strategische Kommunikationsplanung. Köln, S. 37-73.

T

Tams, Sina (o. J.): Online Marketing, Digital Branding und Social Media. Block 2. Vorlesungsscript/PPT. Köln.

Techt, Uwe (o. J.): Strategie und Taktik. In: ControllingWiki. https://www.controlling-wiki.com/de/index.php/Strategie_und_TaktikTecht (Stand: 08.09.2018).

Tessmer, Anne (2015): Mitarbeiterkommunikation 2.0. In: Pfannenberg, Jörg/Schmalstieg, Denise (Hrsg.): Toolbox Social Media. 111 Instrumente für die Kommunikationsstrategie 2.0. Stuttgart, S. 139-175.

The Lego Group (2002): Die Wissenschaft von LEGO® SERIOUS PLAY®. Spiel, Konstruktion, Imagination. https://www.strategicplay.de/wp-content/uploads/2018/09/Wissenschaft-von-Lego-Serious-Play.pdf (Stand: 25.02.2019).

The Lego Group (2010). Lego® Serious Play®. Open Source. https://www.lego.com/r/www/r/seriousplay/-/media/serious%20play/pdf/2017/lego_serious_play_opensource_14mb.pdf?l.r2=423213558 (Stand: 19.12.2018).

Thilk, Chris (2016): ComScore's New Social Numbers (PPT). https://christhilk.com/2016/04/04/comscores-new-social-numbers/ (Stand 05.04.2019).

TNS Infratest (2005): TRI*M Analyse (unveröffentlichte PPT).

t3n digital pioneers (2016a): A/B-Testing: Das sind die wichtigsten Tools für die Website-Optimierung. https://t3n.de/magazin/wichtigsten-tools-fuer-ab-testing-241143/ (Stand: 25.02.2019).

t3n digital pioneers (2016b): 15 Tipps für das perfekte Google-Analytics-Setup. https://t3n.de/news/google-analytics-tipps-595562/2/ (Stand: 01.03.2019).

U

Uebernickel, Falk (2015). Design Thinking. Das Handbuch. Frankfurt a. M.

V

von Reibnitz, Ute (1992): Szenario-Technik. Instrumente für die unternehmerische und persönliche Erfolgsplanung (2. Aufl.). Wiesbaden.

Voß, Jessica (2013): Issue Management in Veränderungsprozessen. In: Pfannenberg, Jörg (Hrsg.): Veränderungskommunikation. So unterstützen Sie den Change-Prozess wirkungsvoll (3. Aufl.). Frankfurt a. M., S. 31-44.

W

Wallas, Graham (1926). The Art of Thought. New York.

Watzlawick, Paul (1969): Menschliche Kommunikation. Bern.

Webster, Frederick E./Wind, Yoram (1972): Organizational Buying Behavior. Upper Saddle River (NJ).

Weihrich, Heinz (1982): The TOWS matrix. A Tool for Situational Analysis. In: Long Range Planning, 15(2), S. 54-66.

Weiner, Mark/Kochhar, Sarab (2016): Irreversible. The Public Relations Big Data Revolution. Gainesville (FL).

Wenz, Christian/Hauser, Tobias/Heinemann, Katja/Kraehe, Thomas/Fischerländer, Stefan (2013): Websites optimieren. München.

Wesemeier, Jochen (2002): Vertrauen als Strategie der Kundenbindung. Eine Operationalisierung und empirische Überprüfung im Dienstleistungssektor. Hamburg.

Wessling, Ewald (2015): SWOT ist gut – TOWS ist besser. Zur Anwendung von SWOT- und TOWS-Analyse in der strategischen PR-Planung. In: prmagazin 08/2015, S. 56-61.

Wiedmann, Klaus-Peter/Fombrun, Charles J./van Riel, Cees B. M. (2005): Reputation messen und vergleichen: Der Reputations-Quotient. In: Pfannenberg, Jörg/Zerfaß, Ansgar (Hrsg.): Wertschöpfung durch Kommunikation. Wie Unternehmen den Erfolg ihrer Kommunikation steuern und kommunizieren. Frankfurt a. M., S. 48-59.

Wiedmann, Klaus-Peter/Hennigs, Nadine/Schmidt, Steffen/Wüstefeld, Thomas (2012): The Perceived Value of Brand Heritage and Brand Luxury. Managing the Effect on Brand Strength. In: Diamantopoulos, Adamantios/Fritz, Wolfgang/Hildebrandt, Lutz (Hrsg.): Quantitative Marketing and Marketing Management. Marketing Models and Methods in Theory and Practice. Wiesbaden, S. 563-583.

Wikipedia (2019). www.wikipedia.de (Stand 24.04.2019).

Wyatt, Paul (2018): 20 Pro Zips for Creating Inspirational Mood Boards. http://www.creativebloq.co/graphic-design/mood-boards-812470 (Stand: 1.01.2019).

Z

Zerfaß, Ansgar (2010): Unternehmensführung und Öffentlichkeitsarbeit. Grundlegung einer Theorie der Unternehmenskommunikation und Public Relations. Wiesbaden.

Zwicky, Fritz (1966): Entdecken, Erfinden, Forschen im morphologischen Weltbild. München.

BILDNACHWEISE

S. 63: DHL, Hermes

S. 73: F8 Studio

S. 95: Branislav Nenin, Monkey Business Images (2), Likman Uladzimir (alle Bilder via Shutterstock)

S. 123: Rudo film, SkyPics Studio (alle Bilder via Shutterstock)

S. 131: derter (via Shutterstock)

S. 167: Ogilvy für IBM

S. 173: ImageFlow, A Lot Of People, nuchao, Dean Drobot, pisaphotography, ASDF_MEDIA (4), nd3000, TierneyMJ, marvent, chinasong, seamind224, kram9, Singkham, luckypic, Sokolova Maryna, Lucky Business, Alohafl aminggo, Lena May, Swetlana, Wall (2), A3pfamily, Jomic, paffy (alle Bilder via Shutterstock)

S. 178: Von Kuiper, TheWonderWays, EB Adventure Photography, Robsonphoto, Vladimir Melnik, mRGB, Baiajaku, Halina1601, stockcreations, Dmitrijs Mihejevs (alle Bilder via Shutterstock)

S. 180: Pathdoc, Stokkete, Dmitrij Skorobogatov, Tortoon (alle Bilder via Shutterstock)

S. 213: Sievert/iOiO.Design für JP|KOM

S. 221: Early Spring (via Shutterstock)

S. 279-280: crazyegg.com

S. 311: Tessmer/JP|KOM

S. 321: Elster/StrategicPlay® (2), Gerlach/JP|KOM (2)

S. 323: V_E (via Shutterstock)

DIE AUTOREN

Jörg Pfannenberg ist geschäftsführender Gesellschafter der Kommunikationsagentur JP|KOM in Düsseldorf und Frankfurt. Er berät seit über 25 Jahren die deutschen Hidden Champions und internationale Industrieunternehmen in den Bereichen Kommunikationsmanagement, Veränderungskommunikation, Issue Management und Kommunikations-Controlling. Als langjähriger Leiter des DPRG Arbeitskreises »Wertschöpfung durch Kommunikation«, Autor und Dozent hat er das strategische Kommunikationsmanagement in Deutschland begründet und gilt heute als einer der Top-Experten hierfür in Deutschland.

Anne Tessmer ist Seniorberaterin bei JP|KOM. Sie unterstützt seit zehn Jahren Unternehmen in Veränderungsprozessen sowie in der internen und externen Regelkommunikation. Die Schwerpunkte ihrer Kunden liegen in den Bereichen Gesundheit und Bildung.

Manuel Wecker ist Director Digital bei JP|KOM. Als Group Head berät er Kunden beim Transformationsprozess von der analogen in die digitale Medienwelt. Zu diesen Kunden zählen Unternehmen aus der Finanzwirtschaft, dem Industrie- und Konsumentengeschäft sowie aus dem Bereich Berg- und Maschinenbau. Wecker ist Gewinner der Talent-Initiative #30u30 des PR Reports.